财政部规划教材
全国财政职业教育教学指导委员会推荐教材
全国高职高专院校基础类课程教材

高等数学

（第二版）

主　编　甄海燕　王文静
副主编　王翠珍　陈　潇　袁海君　李婧梓

中国财经出版传媒集团
中国财政经济出版社

图书在版编目（CIP）数据

高等数学/甄海燕，王文静主编．—2 版．—北京：中国财政经济出版社，2018. 1
财政部规划教材．全国财政职业教育教学指导委员会推荐教材．全国高职高专院校基础类课程教材
ISBN 978 - 7 - 5095 - 8016 - 5

Ⅰ. ①高…　Ⅱ. ①甄… ②王…　Ⅲ. ①高等数学 - 高等职业教育 - 教材　Ⅳ. ① O13

中国版本图书馆 CIP 数据核字（2018）第 004360 号

责任编辑：王佳欣　　　　责任校对：刘　靖
封面设计：孙俪铭

本书微网站

扫描微网站二维码
获取内容更新
不断添加中……

中国财政经济出版社 出版
URL：http：//www. cfeph. cn
E - mail：cfeph @ cfeph. cn

社址：北京市海淀区阜成路甲 28 号　邮政编码：100142
营销中心电话：88190406　北京财经书店电话：64033436　84041336
北京密兴印刷有限公司印刷　各地新华书店经销
787 × 1092 毫米　16 开　12. 25 印张　293 000 字
2018 年 1 月第 2 版　　2019年7月北京第3次印刷
定价：28. 80 元
ISBN 978 - 7 - 5095 - 8016 - 5
（图书出现印装问题，本社负责调换）
质量投诉电话：010 - 88190744
打击盗版举报热线：010 - 88190414　QQ：447268889

编写说明

本书是财政部规划教材、全国财政职业教育教学指导委员会推荐教材，由财政部教材编审委员会组织编写并审定，作为全国高职高专院校基础类课程教材使用。

为了适应高职教育的特点，满足各专业对高等数学知识的需求，我们以培养学生必要的数学素养为目的，以便满足应用型、技能型人才培养的需要，结合高职教育学制短、学时少的教学特点，在《高等数学》（第一版）的基础上进行了修订。

在符合科学性、系统性的基础上，我们正确地把握内容的广度和深度。本书的编者均为一线教师，他们在编写过程中结合自己多年的教学经验，针对高职学生的接受能力和理解程度对于一些基本的数学概念，尽可能地运用通俗易懂的语言，结合学生的基础和学习特点使学生更好地理解数学知识的含义。本次修订对于一些重要的定理我们给出了必要的证明，一般的定理更加注意直观的解释，尽量引导学生能够正确运用定理和公式分析解决简单的问题。本次修订对第一版中的例题和习题进行了精心挑选，使其能够贴切地解释和说明相关的数学知识，使读者能够更容易地掌握相关的解题方法。

本书内容包括：函数、极限与连续；导数与微分及其应用；不定积分；定积分；常微分方程；多元函数微分学及其应用；二重积分；无穷级数。本书的每一节后都有适量的练习题，每一章后面都有综合练习，并在课本的最后附有参考答案。本教材通俗易懂，便于教师教学和学生自学。

本书由山东商业职业技术学院甄海燕副教授、王文静副教授担任主编，王翠珍、陈潇、袁海君、李婧梓担任副主编，参加编写的还有苏毓婧、朱艳艳、董黎萍等。

限于编者的水平和经验有限，书中错误在所难免，恳请读者批评指正。借此机会，向曾经关心教材出版的领导和同仁表示感谢。

编　者

2018 年 1 月

目录

第一章　函数、极限与连续 ………………………………………………（1）
第一节　函数 ………………………………………………………………（1）
第二节　极限 ………………………………………………………………（7）
第三节　两个重要极限 …………………………………………………（15）
第四节　无穷小与无穷大 ………………………………………………（18）
第五节　函数的连续性与间断点 ………………………………………（21）
复习题一 …………………………………………………………………（25）

第二章　导数与微分及其应用 …………………………………………（27）
第一节　导数的概念 ……………………………………………………（27）
第二节　函数求导法则 …………………………………………………（33）
第三节　微分及其应用 …………………………………………………（42）
第四节　洛必达法则与微分中值定理 …………………………………（47）
第五节　函数的单调性、极值与最值 …………………………………（52）
第六节　经济应用 ………………………………………………………（59）
第七节　函数的凹凸性与函数作图 ……………………………………（62）
复习题二 …………………………………………………………………（66）

第三章　不定积分 ………………………………………………………（69）
第一节　不定积分的概念及性质 ………………………………………（69）
第二节　换元积分法 ……………………………………………………（73）
第三节　分部积分法 ……………………………………………………（78）
复习题三 …………………………………………………………………（80）

第四章　定积分 …………………………………………………………（82）
第一节　定积分的概念及性质 …………………………………………（82）
第二节　微积分基本公式 ………………………………………………（87）

第三节　定积分的计算 …… (90)
第四节　广义积分 …… (93)
第五节　定积分的应用 …… (97)
复习题四 …… (103)

第五章　常微分方程 …… (106)
第一节　微分方程的基本概念 …… (106)
第二节　一阶微分方程 …… (108)
第三节　高阶方程的特殊类型 …… (113)
第四节　高阶常系数线性微分方程 …… (114)
复习题五 …… (118)

第六章　多元函数微分学及其应用 …… (119)
第一节　多元函数的极限与连续 …… (119)
第二节　偏导数及全微分 …… (124)
第三节　多元复合函数与隐函数的偏导数 …… (132)
第四节　多元函数微分学在几何上的应用 …… (137)
第五节　多元函数的极值与最值 …… (140)
复习题六 …… (142)

第七章　二重积分 …… (144)
第一节　二重积分的概念与性质 …… (144)
第二节　二重积分的计算 …… (147)
第三节　二重积分的应用 …… (153)
复习题七 …… (155)

第八章　无穷级数 …… (156)
第一节　常数项级数的概念与性质 …… (156)
第二节　常数项级数的收敛法则 …… (160)
第三节　幂级数 …… (165)
第四节　函数的幂级数展开 …… (170)
复习题八 …… (173)

附录　参考答案 …… (175)

第一章 函数、极限与连续

极限，作为高等数学中一个极其重要的概念，是在解决几何、物理等方面的一些实际问题的过程中，为求精确解而产生的．极限理论是微分和积分坚实的逻辑基础，使微积分在当今科学的各个领域得以更广泛而深刻的应用和发展．当学完高等数学后，大家就会深刻领悟到极限概念就是微积分的灵魂．

本章先从几何上，以直观形象的语言来描述极限的概念．接下来介绍极限的运算，并用极限的方法讨论无穷小及函数的连续性．

第一节 函　　数

在现实世界中，一切事物都在一定的空间中运动着．17 世纪初，数学首先从对运动（如天文、航海问题等）的研究中引出了函数这个基本概念．在那以后的 200 多年里，这个概念在大多数的科学研究工作中占据了中心位置．

一、函数的概念与特性

1. 函数的定义

【定义 1.1】 设两个变量 x 和 y，当变量 x 在某给定的非空数集 D 中任意取一个值时，变量 y 的值由这两个变量之间的关系 f 确定，称这个关系 f 为定义在 D 上的一个函数关系，或称 y 是 x 的函数，记作

$$y=f(x),x\in D$$

数集 D 叫作这个函数的**定义域**，$f(x)$ 的全体所构成的集合称为函数的**值域**，x 叫作**自变量**，y 叫作**因变量**．

注：为了表明 y 是 x 的函数，我们用记号 $y=f(x)$、$y=g(x)$ 等来表示．这里的字母“f”“g”表示 y 与 x 之间的对应法则即函数关系，它们是可以任意采用不同的字母来表示的．如果自变量在定义域内任取一个确定的值时，函数只有一个确定的值和它对应，这种函数叫作单值函数，否则叫作多值函数．这里我们只讨论单值函数．

当 x 取定 $x_0\in D$ 时，与之对应的 y 的数值称为函数 $f(x)$ 在点 $x=x_0$ 处的函数值，记作

$$f(x_0)\text{或}y\big|_{x=x_0}$$

2. 邻域的定义

设 a 与 δ 是两个实数，且 $\delta>0$. 满足不等式 $|x-a|<\delta$ 的实数 x 的全体称为点 a 的 δ 邻域，记作 $\cup(a,\delta)$，点 a 称为此邻域的中心，δ 称为此邻域的半径.

满足不等式 $0<|x-a|<\delta$ 的实数 x 的全体称为点 a 的去心 δ 邻域，记作 $\mathring{\cup}(a,\delta)$.

3. 函数的定义域的求法

函数的定义域就是使这个函数关系式有意义的实数的全体构成的集合.

【例 1.1】 求函数 $y=\ln(x-2)+\dfrac{3}{\sqrt{x-3}}$ 的定义域.

解： 由对数的真数大于零，偶次根号下大于或等于零，分母不等于零可得：$\begin{cases}x-2>0\\x-3\geqslant0\\x-3\neq0\end{cases}\Rightarrow x>3$，所以函数的定义域为 $(3,+\infty)$.

4. 函数的相等

由函数的定义可知，一个函数的构成要素为：定义域、对应关系和值域. 由于值域是由定义域和对应关系决定的，所以，如果两个函数的**定义域和对应关系完全一致**，我们就称两个函数相等.

【例 1.2】 判断下列函数是否为同一函数.

(1) $f(x)=x,g(x)=\sqrt{x^2}$　(2) $f(x)=\cos^2x+\sin^2x,g(x)=1$

(3) $f(x)=\ln x^2,g(x)=2\ln x$

解： (1) 不相同，对应法则不同；(2) 相同；(3) 不相同，定义域不同.

5. 分段函数

在不同自变量的取值范围内，用不同的解析式表示的函数称为**分段函数**.

注：分段函数是由两个或两个以上的解析式表示的同一个函数. 分段函数的定义域是各段函数定义域的并集.

【例 1.3】 求函数 $f(x)=\begin{cases}2x+1, & x>0\\3x-1, & x\leqslant0\end{cases}$ 的定义域和函数值 $f(-1)$，$f(1)$.

解： 定义域 $D=(-\infty,0]\cup(0,+\infty)=(-\infty,+\infty)$，

$f(-1)=3\times(-1)-1=-4,f(1)=2\times1+1=3.$

6. 函数的几种特性

(1) 单调性：如果函数 $f(x)$ 的定义域为 D，区间 $I\subset D$. 若对于区间 I 上任意两点 x_1，x_2，当 $x_1<x_2$ 时，不等式 $f(x_1)\leqslant f(x_2)$ 恒成立，则称函数 $f(x)$ 在区间 I 上是单调增加的；若对于区间 I 上任意两点 x_1，x_2，当 $x_1<x_2$ 时，不等式 $f(x_1)\geqslant f(x_2)$ 恒成立，则称函数 $f(x)$ 在区间 I 上是单调减少的. 单调增加和单调减少的函数统称为单调函数.

例如：函数 $f(x)=x^2$ 在区间 $(-\infty,0]$ 上是单调减少的，在区间 $[0,+\infty)$ 上是单调增

加的.

(2) 奇偶性：如果函数$f(x)$对于定义域内的任意x都满足$f(-x)=f(x)$，则称$f(x)$为偶函数；如果函数$f(x)$对于定义域内的任意x都满足$f(-x)=-f(x)$，则称$f(x)$为奇函数.

注：偶函数的图形关于y轴对称，奇函数的图形关于原点对称.

(3) 有界性：如果对属于某一区间I的所有x值总有$|f(x)|\leqslant M$成立，其中M是一个与x无关的常数，那么我们就称$f(x)$在区间I有界，否则便称为无界.

注：一个函数，如果在其整个定义域内有界，则称为有界函数.

例如：函数$\cos x$在$(-\infty, +\infty)$内是有界的.

(4) 周期性：对于函数$f(x)$，若存在一个不为零的数T，使关系式$f(x+T)=f(x)$对于定义域内任何x值都成立，则$f(x)$称为周期函数，T是$f(x)$的周期.

注：这里我们所说的周期函数的周期是指它的最小正周期.

例如：函数$\sin x,\cos x$是以2π为周期的周期函数；函数$\tan x$是以π为周期的周期函数.

二、基本初等函数

1. 反函数

在研究两个变量的函数关系时，可以根据问题的需要选定其中一个为自变量，那么另一个就是因变量。

例如，对于函数$y=2x+3$，x是自变量，y是因变量。如果从这个函数中把x解出来，得到$x=\dfrac{y-3}{2}$，这样就得到了一个y是自变量，x是因变量的函数，这个函数我们称为$y=2x+3$的反函数。

【定义 1.2】 一般地，设函数$y=f(x)$的定义域为D，值域为W，如果对于W中的每一个值y，都可通过关系式$y=f(x)$确定D中唯一的一个值x与之对应，这样我们就得到了一个以y为自变量，以x为因变量的函数$x=\varphi(y)$，我们称函数$x=\varphi(y)$为函数$y=f(x)$的反函数.

由于我们习惯于以x表示自变量，以y表示因变量，所以函数$y=f(x)$的反函数我们一般将其表示为$y=f^{-1}(x)$.

从反函数的定义可以看出，只有单调函数才存在反函数，并且在同一坐标系中，函数$y=f(x)$的图像与其反函数$y=f^{-1}(x)$的图像关于直线$y=x$对称.

2. 基本初等函数

常函数、幂函数、指数函数、对数函数、三角函数和反三角函数这6类函数统称为**基本初等函数.**

常函数：$y=c$，其中c为常数.

幂函数：$y=x^{\alpha}$，其中α为任意实数.

指数函数：$y=a^{x}(a>0,a\neq1)$.

对数函数：$y=\log_{a}x(a>0,a\neq1)$.

三角函数：$y=\sin x, y=\cos x, y=\tan x, y=\cot x, y=\sec x, y=\csc x$.

反三角函数：$y=\arcsin x, y=\arccos x, y=\arctan x, y=\text{arccot}\,x$.

注：要熟悉基本初等函数的定义、图形和基本性质（见表1.1）.

表1.1

函数名称	函数的记号	函数的图形	函数的性质
指数函数	$y=a^x\ (a>0, a\neq 1)$	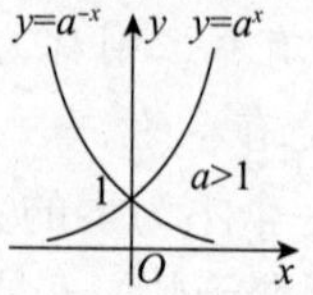	1. 不论 x 为何值，y 总为正数 2. 当 $x=0$ 时，$y=1$
对数函数	$y=\log_a x\ (a>0, a\neq 1)$	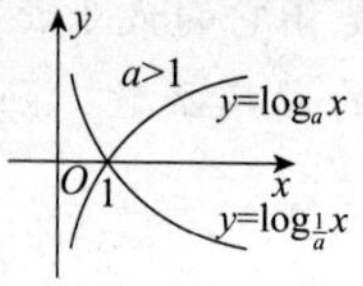	1. 其图形总位于 y 轴右侧，并过(1,0)点 2. 当 $a>1$ 时，在区间（0，1）的值为负；在区间(1，+∞)的值为正；在定义域内单调递增
幂函数	$y=x^{\alpha}$，α 为任意实数	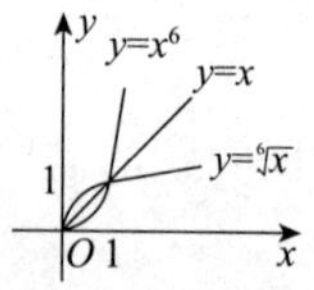 这里只画出部分函数图形的一部分	令 $\alpha=\frac{m}{n}$ 1. 当 m 为偶数，n 为奇数时，y 是偶函数 2. 当 m，n 都是奇数时，y 是奇函数 3. 当 m 为奇数 n 为偶数时，y 在$(-\infty,0)$无意义
正弦函数	$y=\sin x$	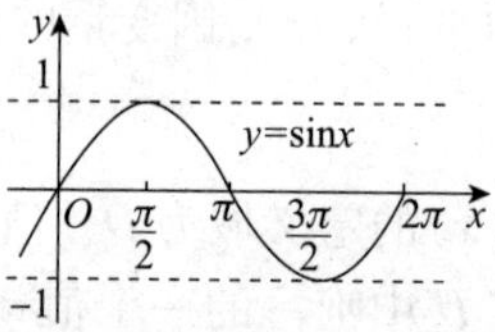	1. 正弦函数是以 2π 为周期的周期函数 2. 正弦函数是奇函数
反正弦函数	$y=\arcsin x$	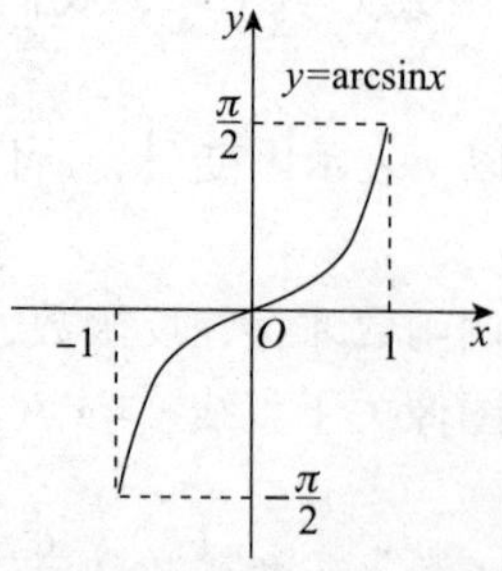	1. 定义域为：$[-1, 1]$ 2. 值域为：$\left[-\frac{\pi}{2}, \frac{\pi}{2}\right]$
余弦函数	$y=\cos x$	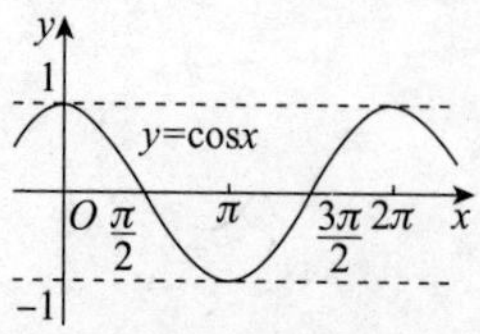	1. 余弦函数是以 2π 为周期的周期函数 2. 余弦函数是偶函数

续表

函数名称	函数的记号	函数的图形	函数的性质
反余弦函数	$y = \arccos x$	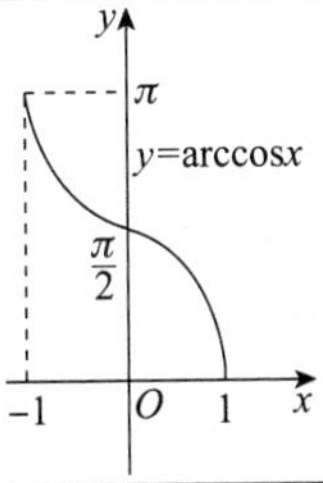	1. 定义域为：$[-1, 1]$ 2. 值域为：$[0, \pi]$
正切函数	$y = \tan x$	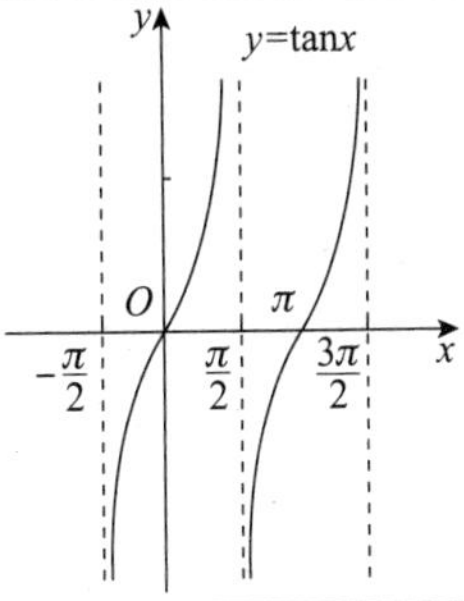	1. 正切函数是以 π 为周期的周期函数 2. 正切函数是奇函数
反正切函数	$y = \arctan x$	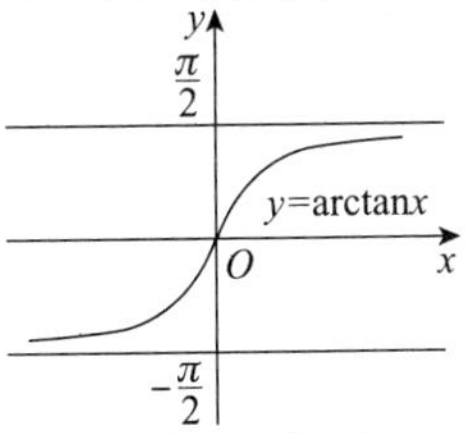	1. 定义域为：$(-\infty, +\infty)$ 2. 值域为：$\left(-\frac{\pi}{2}, \frac{\pi}{2}\right)$
余切函数	$y = \cot x$	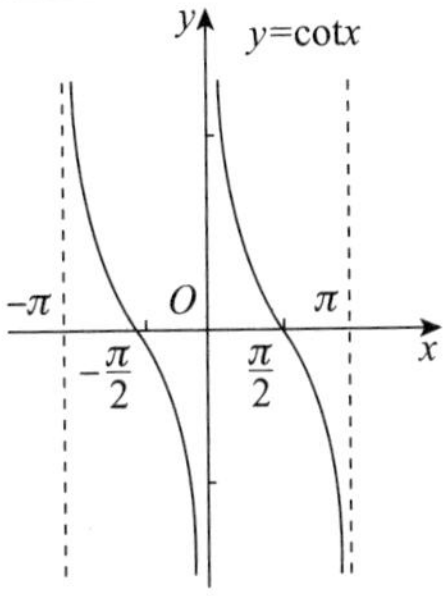	1. 余切函数是以 π 为周期的周期函数 2. 余切函数是奇函数
反余切函数	$y = \operatorname{arccot} x$	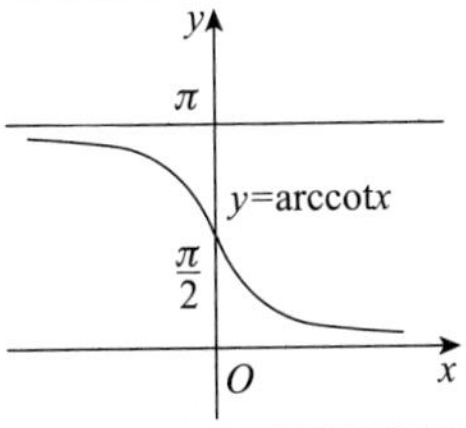	1. 定义域为：$(-\infty, +\infty)$ 2. 值域为：$(0, \pi)$

三、复合函数和初等函数

1. 复合函数

若 y 是 u 的函数：$y=f(u)$，而 u 又是 x 的函数：$u=\varphi(x)$，且 $\varphi(x)$ 的函数值的全部或部分在 $f(u)$ 的定义域内，那么，y 通过 u 的联系也是 x 的函数，我们称后一个函数是由函数 $y=f(u)$ 及 $u=\varphi(x)$ 复合而成的函数，简称**复合函数**，记作 $y=f[\varphi(x)]$，其中 u 叫作**中间变量**.

注：并不是任意两个函数就能复合；复合函数可以有多个中间变量.

例如：函数 $y=\arcsin u$ 与函数 $u=2+x^2$ 是不能复合成一个函数的.

因为对于 $u=2+x^2$ 的定义域 $(-\infty,+\infty)$ 中的任何 x 值所对应的 u 值都大于或等于 2，使 $y=\arcsin u$ 没有意义.

【例 1.4】 指出下列复合函数的复合过程.

(1) $y=e^{2x}$　　(2) $y=\sin^3[\ln(3x+2)]$

解：(1) $y=e^{2x}$ 由 $y=e^u, u=2x$ 复合而成.

(2) $y=\sin^3[\ln(3x+2)]$ 由 $y=u^3, u=\sin v, v=\ln w, w=3x+2$ 复合而成.

正确掌握复合函数的复合过程对于以后的学习非常重要. 方法如下：从外层开始，层层剥皮、逐层分解.

2. 初等函数

由基本初等函数经过有限次的有理运算及有限次的函数复合所产生的并且能用一个解析式表达出的函数称为**初等函数**.

例如：$y=2^{\cos x}+\ln(\sqrt{x^2+3}+\sin 2x)$ 是初等函数.

【习题 1.1】

1. 求下列函数的定义域.

(1) $y=\sqrt{4-x^2}-\arccos\frac{x+1}{2}$　　(2) $y=\ln\frac{x+1}{1-x}$

(3) $y=\frac{1}{x-2}+\sqrt{x^2-4}$　　(4) $y=\tan(3x+1)$

2. 设 $f(x)=\begin{cases}2x-1, & x>0,\\ 0, & x=0,\\ \cos x-1. & x<0.\end{cases}$ 求 $f(2), f(0), f\left(-\frac{\pi}{2}\right)$.

3. 判断下列函数的奇偶性.

(1) $y=\sin x+\cos x$　　(2) $y=\ln\frac{1-x}{1+x}$

(3) $y=\frac{e^x+e^{-x}}{2}$　　(4) $y=x(x^2+2)$

4. 指出下列复合函数的复合过程.

(1) $y=\sin(\ln 2x)$　　(2) $y=e^{3x+2}$

(3) $y=\sqrt{\tan 3x}$　　(4) $y=\ln\sin(3x+2)$

第二节
极　限

一、数列的极限

极限思想是由求某些实际问题的精确解答而产生的．公元263年，我国古代著名数学家刘徽就曾提出利用圆内接正多边形的面积来推算圆的面积的思想，也就是著名的“割圆术”．刘徽形容他的“割圆术”说：“割之弥细，所失弥少，割之又割，以至于不可割，则与圆合体，而无所失矣”．“割圆术”是以“圆内接正多边形的面积”来无限逼近“圆面积”．刘徽的“割圆术”实际上就是数列的极限在几何学上的应用．

1. 数列

一般，按正整数顺序 $1,2,3,\cdots$ 排列的无穷多个数 $x_1,x_2,x_3,\cdots,x_n,\cdots$ 称为**数列**．记作 $\{x_n\}$．数列的每个数称为数列的项，依次称为第1项，第2项，…，第 n 项 x_n 称为**通项**或**一般项**．

例如：

（1）$1,\frac{1}{2},\frac{1}{3},\cdots,\frac{1}{n},\cdots$　　通项为 $x_n=\frac{1}{n}$

（2）$2,4,6,\cdots,2n,\cdots$　　通项为 $x_n=2n$

（3）$\frac{3}{2},\frac{4}{3},\frac{5}{4},\cdots,\frac{n+2}{n+1},\cdots$　　通项为 $x_n=\frac{n+2}{n+1}$

2. 数列的极限

【定义1.3】　如果数列 $\{x_n\}$ 的项数 n 无限增大时，它的通项 x_n 会无限接近于某个确定的常数 A，则称数列 $\{x_n\}$ 以 A 为极限，记作 $\lim\limits_{n\to\infty}x_n=A$ 或 $x_n\to A(n\to\infty)$．

【例1.5】　观察下列数列是否存在极限．

（1）$1,\frac{1}{2},\frac{1}{3},\cdots,\frac{1}{n},\cdots$；

（2）$\frac{1}{2},\frac{2}{3},\frac{3}{4},\cdots,\frac{n}{n+1},\cdots$；

（3）$-0.1,\ 0.01,\ -0.001,\ \cdots,\ (-0.1)^n,\cdots$；

（4）$-1,\ 1,\ -1,\ \cdots,\ (-1)^n,\ \cdots$．

解：可以看出随着 n 的无限增大：

（1）数列 $\left\{\frac{1}{n}\right\}$ 的通项无限接近于常数0，即它以0为极限，记作

$$\lim_{n\to\infty}\frac{1}{n}=0 \text{ 或 } \frac{1}{n}\to 0(n\to\infty)$$

（2）数列$\left\{\frac{n}{n+1}\right\}$的通项无限接近于常数 1，即它以 1 为极限，记作

$$\lim_{n\to\infty}\frac{n}{n+1}=1 \text{ 或 } \frac{n}{n+1}\to 1(n\to\infty)$$

（3）数列$\{(-0.1)^n\}$的通项无限接近于数 0，即它以 0 为极限，记作

$$\lim_{n\to\infty}(-0.1)^n=0 \text{ 或 } (-0.1)^n\to 0(n\to\infty)$$

（4）数列$\{(-1)^n\}$的项取值在 -1 和 1 之间来回震荡，不能接近于某一个确定的常数．因此该数列不存在极限．

存在极限的数列称为**收敛数列**；不存在极限的数列称为**发散数列**．

二、函数的极限

1. $x\to\infty$ 时函数 $f(x)$ 的极限

符号说明：若 x 取正值且无限增大，记作 $x\to+\infty$，读作"x 趋于正无穷大"；若 x 取负值且其绝对值 $|x|$ 无限增大，记作 $x\to-\infty$，读作"x 趋于负无穷大"．若 x 既可取正值又可取负值且其绝对值 $|x|$ 无限增大，记作 $x\to\infty$，读作"x 趋于无穷大"．

【定义 1.4】 如果当 $x\to+\infty$ 时，函数 $f(x)$ 无限接近某一确定的常数 A，就称当 $x\to+\infty$ 时，函数 $f(x)$ 以 A 为极限．

【定义 1.5】 如果当 $x\to-\infty$ 时，函数 $f(x)$ 无限接近某一确定的常数 A，就称当 $x\to-\infty$ 时，函数 $f(x)$ 以 A 为极限．

【例 1.6】 设函数 $f(x)=\frac{1}{2^x}$，讨论当 $x\to+\infty$ 和 $x\to-\infty$ 时 $f(x)$ 的极限．

解：容易看到，当 $x\to+\infty$ 时，函数 $f(x)=\frac{1}{2^x}$ 无限接近常数 0. 此时称函数 $f(x)=\frac{1}{2^x}$ 当 x 趋于正无穷大时以 0 为极限，并记作

$$\lim_{x\to+\infty}\frac{1}{2^x}=0$$

当 $x\to-\infty$ 时，函数 $f(x)=\frac{1}{2^x}$（如图 1.1）的值无限增大，不趋于任何确定的常数，因此函数 $f(x)=\frac{1}{2^x}$. 当 $x\to-\infty$ 时没有极限．这种情况，也称函数的极限是无穷大，并记作

$$\lim_{x\to-\infty}\frac{1}{2^x}=+\infty$$

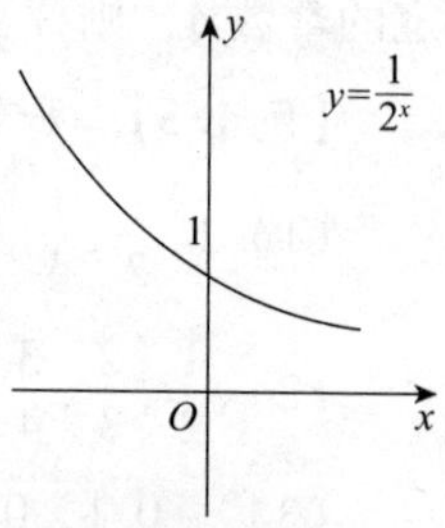

图 1.1

【定义 1.6】 设函数 $f(x)$ 在 $|x|>M(M>0)$ 时有定义，若当 $x\to\infty$ 时，函数 $f(x)$ 的函数值无限接近于确定的常数 A，则称函数 $f(x)$ 当 $x\to\infty$ 时以 A 为极限，记作

$$\lim_{x\to\infty}f(x)=A \text{ 或 } f(x)\to A(x\to\infty)$$

【定理 1.1】 $x\to\infty$ 时函数 $f(x)$ 极限存在且等于 A 的充分必要条件是 $x\to+\infty$ 以及

$x \to -\infty$ 时，函数 $f(x)$ 极限分别存在且都等于 A. 即

$$\lim_{x\to\infty} f(x) = A \Leftrightarrow \lim_{x\to+\infty} f(x) = A = \lim_{x\to-\infty} f(x) \tag{1.1}$$

【例 1.7】 设函数 $f(x) = 1 + \frac{1}{x}$，讨论当 $x \to \infty$ 时 $f(x)$ 的极限.

解： 当 $x \to +\infty$ 时，函数 $f(x)$ 趋于常数 1，因此当 $x \to +\infty$ 时，函数 $f(x)$ 以 1 为极限，记作

$$\lim_{x\to+\infty}\left(1+\frac{1}{x}\right) = 1 \tag{1.2}$$

同样，当 $x \to -\infty$ 时，函数 $f(x)$ 趋于常数 1，因此当 $x \to -\infty$ 时，函数 $f(x)$ 以 1 为极限，记作

$$\lim_{x\to-\infty}\left(1+\frac{1}{x}\right) = 1 \tag{1.3}$$

因为式 1.2 和式 1.3 同时成立，所以按前述"$x \to \infty$"的含义，这就是说当 $x \to \infty$ 时，函数 $f(x) = 1 + \frac{1}{x}$ 趋于常数 1，或者说它以 1 为极限，记作

$$\lim_{x\to\infty}\left(1+\frac{1}{x}\right) = 1$$

【例 1.8】 设函数 $f(x) = \sin x$，试讨论当 $x \to \infty$ 时，函数 $f(x)$ 的极限.

解： 由正弦函数的周期性，可以知道当 $x \to \infty$ 时，函数 $f(x) = \sin x$ 的函数值在 -1 和 1 之间不停地来回摆动，不趋向于任何确定的常数. 因此该函数当 $x \to \infty$ 时没有极限.

【例 1.9】 求 $\lim\limits_{x\to+\infty} \arctan x$，$\lim\limits_{x\to-\infty} \arctan x$ 和 $\lim\limits_{x\to\infty} \arctan x$.

解： 由反正切的函数图像可以知道 $\lim\limits_{x\to+\infty} \arctan x = \frac{\pi}{2}$，$\lim\limits_{x\to-\infty} \arctan x = -\frac{\pi}{2}$

由极限存在的充分必要条件式 1.1 知，$x \to \infty$ 时函数 $f(x) = \arctan x$ 极限不存在.

2. $x \to x_0$ 时函数 $f(x)$ 的极限

此处，x_0 是一个给定的常数.

下面我们通过举例来研究"$x \to x_0$ 时函数 $f(x)$ 的极限".

例如：设 $f(x) = x + 1$，试讨论当 $x \to 1$ 时函数 $f(x)$ 的变化情况. 需要注意，虽然函数 $f(x)$ 在 $x = 1$ 处有定义，但这不是求函数 $f(x)$ 的函数值；并且，$x \to 1$ 含义是 x 无限接近 1，但 x 始终取不到 1.

观察图 1.2 可以看到，曲线 $y = x + 1$ 上的动点 $M[x, f(x)]$，当其横坐标无接近 1 时，即 $x \to 1$ 时，点 M 将向定点 $M_0(1,2)$ 无限接近，即 $f(x) \to 2$.

此种情况，就称当 $x \to 1$ 时，函数 $f(x) = x + 1$ 以 2 为极限，并记作

$$\lim_{x\to1}(x+1) = 2$$

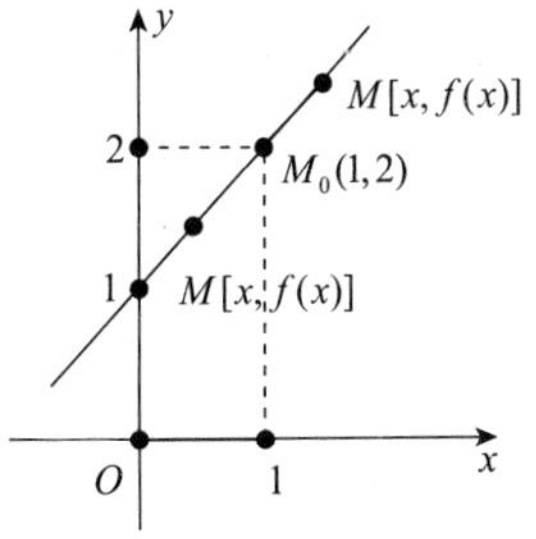

图 1.2

【定义 1.7】 设函数 $f(x)$ 在点 x_0 的某去心邻域内有定义，若当 $x \to x_0$ 时，函数 $f(x)$ 的函数值无限接近于确定的常数 A，则称

函数 $f(x)$ 当 $x \to x_0$ 时以 A 为**极限**，记作

$$\lim_{x \to x_0} f(x) = A \text{ 或 } f(x) \to A \ (x \to x_0)$$

有时我们只考虑 x 大于 x_0 而趋向于 x_0（记作 $x \to x_0^+$）或只考虑 x 小于 x_0 而趋向于 x_0（记作 $x \to x_0^-$）时函数 $f(x)$ 以 A 为极限的情况．前者称为函数 $f(x)$ 在 x_0 的右极限是 A，记作

$$\lim_{x \to x_0^+} f(x) = A$$

后者称为函数 $f(x)$ 在 x_0 的左极限是 A，记作

$$\lim_{x \to x_0^-} f(x) = A$$

【定理 1.2】 $x \to x_0$ 时函数 $f(x)$ 极限存在且等于 A 的充分必要条件是 $x \to x_0^+$ 时以及 $x \to x_0^-$ 时，函数 $f(x)$ 极限分别存在且都等于 A．即

$$\lim_{x \to x_0} f(x) = A \Leftrightarrow \lim_{x \to x_0^+} f(x) = A = \lim_{x \to x_0^-} f(x)$$

【例 1.10】 设函数 $f(x) = \begin{cases} 2x+1, & x \geqslant 0, \\ e^x. & x < 0. \end{cases}$ 讨论此函数在 $x=0$ 处的极限．

解：此函数是分段函数，$x=0$ 是分段点．因为在 $x=0$ 两侧，函数解析式不同，须先考察左、右极限．

$$\lim_{x \to 0^-} f(x) = \lim_{x \to 0^-} e^x = 1$$

$$\lim_{x \to 0^+} f(x) = \lim_{x \to 0^+} (2x+1) = 1$$

因此 $\lim\limits_{x \to 0^+} f(x) = \lim\limits_{x \to 0^-} f(x) = 1$，从而函数 $f(x)$ 在 $x=0$ 处的极限存在，且

$$\lim_{x \to 0} f(x) = 1$$

【例 1.11】 设函数 $f(x) = \begin{cases} (x-1)^2, & x \geqslant 1, \\ -2x+1. & x < 1. \end{cases}$ 讨论此函数在 $x=1$ 处的极限．

解：$x=1$ 是此分段函数的分段点，易知

$$\lim_{x \to 1^-} f(x) = \lim_{x \to 1^-} (-2x+1) = -1$$

$$\lim_{x \to 1^+} f(x) = \lim_{x \to 1^+} (x-1)^2 = 0$$

因此 $\lim\limits_{x \to 1^+} f(x) \neq \lim\limits_{x \to 1^-} f(x)$，所以此函数在 $x=1$ 处的极限不存在．

【例 1.12】 设 $f(x) = \dfrac{x^2-1}{x-1}$，讨论当 $x \to 1$ 时，函数 $f(x)$ 的变化情况．

函数 $f(x)$ 在 $x=1$ 处没有定义．但是在 $x \to 1$ 的变化过程中，x 不取 1，所以当 $x \to 1$ 时，此函数 $f(x)$ 的对应函数值也是趋于 2（见图 1.3）即函数 $f(x) = \dfrac{x^2-1}{x-1}$ 以 2 为极限，记作

$$\lim_{x \to 1} \frac{x^2-1}{x-1} = 2$$

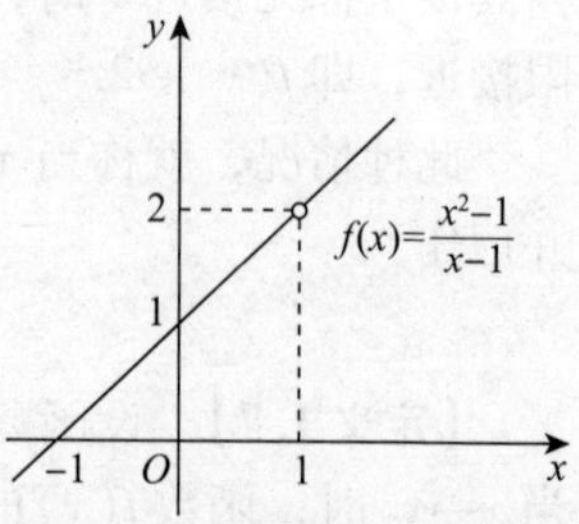

图 1.3

需要强调的是，在定义极限 $\lim\limits_{x \to x_0} f(x)$ 时，函数 $f(x)$ 在点 x_0

可以有定义，也可以没有定义. 我们关心的是函数 $f(x)$ 在点 x_0 附近的变化趋势，极限 $\lim\limits_{x\to x_0}f(x)$ 是否存在，与函数 $f(x)$ 在点 x_0 有没有定义以及有定义时取何值都毫无关系.

三、极限的性质

在函数极限的定义中，给出两类 6 种极限，即 $\lim\limits_{x\to x_0}f(x)$，$\lim\limits_{x\to x_0^-}f(x)$，$\lim\limits_{x\to x_0^+}f(x)$，$\lim\limits_{x\to\infty}f(x)$，$\lim\limits_{x\to-\infty}f(x)$，$\lim\limits_{x\to+\infty}f(x)$. 下面仅以 $\lim\limits_{x\to x_0}f(x)$ 为代表给出函数极限的一些性质，其他形式的极限性质类似.

【性质 1.1】　函数极限的唯一性　如果 $\lim\limits_{x\to x_0}f(x)$ 存在，则极限是唯一的.

【性质 1.2】　函数极限的局部有界性　如果 $\lim\limits_{x\to x_0}f(x)=A$，则存在 $M>0$ 和 $\delta>0$，使当 $0<|x-x_0|<\delta$ 时，有 $|f(x)|\leqslant M$.

【性质 1.3】　函数极限的局部保号性　如果 $\lim\limits_{x\to x_0}f(x)=A$，而 $A>0$（或 $A<0$），那么存在 $\delta>0$，使当 $0<|x-x_0|<\delta$ 时，有 $f(x)>0$ [或 $f(x)<0$].

四、极限的运算法则

在下面同一定理中考虑自变量的同一变化过程（可以是 $x\to\infty$，$x\to-\infty$，$x\to+\infty$，$x\to x_0$，$x\to x_0^+$，$x\to x_0^-$ 中的任何一种），其主要定理如下：

【定理 1.3】　如果极限 $\lim f(x)=A$ 和极限 $\lim g(x)=B$ 都存在，则

（1）$\lim[f(x)\pm g(x)]=\lim f(x)\pm\lim g(x)=A\pm B$；

（2）$\lim[f(x)\cdot g(x)]=\lim f(x)\cdot\lim g(x)=A\cdot B$；

（3）若 $B\neq0$，则 $\lim\dfrac{f(x)}{g(x)}=\dfrac{\lim f(x)}{\lim g(x)}=\dfrac{A}{B}$.

注：定理 1.3 的（1），（2）均可推广到有限个函数的情形.

【推论 1.1】　如果极限 $\lim f(x)$ 存在，而 c 为常数，则

$$\lim[c\cdot f(x)]=c\cdot\lim f(x)$$

推论 1.1 说明，求极限时，常数因子可以提到极限符号的外面.

【推论 1.2】　如果极限 $\lim f(x)$ 存在，而 n 为正整数，则

$$\lim[f(x)]^n=[\lim f(x)]^n$$

下面我们应用它们计算一些变量的极限.

【例 1.13】　求 $\lim\limits_{x\to1}(3x+5)$

解： $\lim\limits_{x\to1}(3x+5)=\lim\limits_{x\to1}3x+\lim\limits_{x\to1}5=3\lim\limits_{x\to1}x+5=3\times1+5=8$

【例 1.14】　求 $\lim\limits_{x\to2}x^3$

解： $\lim\limits_{x\to2}x^3=(\lim\limits_{x\to2}x)^3=2^3=8$

【例 1.15】　求 $\lim\limits_{x\to1}\dfrac{x^2-2}{x^2-x+1}$

解： 因为 $\lim\limits_{x\to1}(x^2-x+1)=1\neq0$，所以

$$\lim_{x\to1}\frac{x^2-2}{x^2-x+1}=\frac{\lim\limits_{x\to1}(x^2-2)}{\lim\limits_{x\to1}(x^2-x+1)}=\frac{\lim\limits_{x\to1}x^2-\lim\limits_{x\to1}2}{\lim\limits_{x\to1}x^2-\lim\limits_{x\to1}x+\lim\limits_{x\to1}1}$$

$$=\frac{(\lim\limits_{x\to1}x)^2-2}{(\lim\limits_{x\to1}x)^2-1+1}=\frac{1^2-2}{1^2-1+1}=-1$$

通过上面几个例子，可以总结出，对于多项式

$$P(x)=a_0x^n+a_1x^{n-1}+\cdots+a_n$$

由定理1.3及其推论1.1、推论1.2得到

$$\lim_{x\to x_0}P(x)=a_0\,(\lim_{x\to x_0}x)^n+a_1\,(\lim_{x\to x_0}x)^{n-1}+\cdots+a_n$$

$$=a_0x_0^n+a_1x_0^{n-1}+\cdots+a_n=P(x_0)$$

对于有理分式函数$\frac{P(x)}{Q(x)}$［其中$P(x)$，$Q(x)$为多项式］，当分母$Q(x_0)\neq0$时，依商式极限运算法则，就有

$$\lim_{x\to x_0}\frac{P(x)}{Q(x)}=\frac{\lim\limits_{x\to x_0}P(x)}{\lim\limits_{x\to x_0}Q(x)}=\frac{P(x_0)}{Q(x_0)}$$

以上两式说明，对于多项式和有理函数，求$x\to x_0$时的极限，只要将多项式和有理分式函数中的x换成x_0就得到了极限值．但是对于有理分式函数若分母$Q(x_0)=0$，则关于商式的极限运算法则就不能使用了，那就需要用别的处理方法，看下面的例题．

【例1.16】 求$\lim\limits_{x\to3}\frac{x-3}{x^2-9}$.

解： 当$x\to3$时，分子、分母的极限都是零，于是不能直接应用极限运算法则，但因$x\to3$时，$x\neq3$，可先约去公因子$(x-3)$，所以

$$\lim_{x\to3}\frac{x-3}{x^2-9}=\lim_{x\to3}\frac{x-3}{(x-3)(x+3)}=\lim_{x\to3}\frac{1}{x+3}=\frac{1}{6}$$

【例1.17】 求下列各极限：

(1) $\lim\limits_{x\to\infty}\frac{1-x-3x^3}{1+x^2+4x^3}$ (2) $\lim\limits_{x\to\infty}\frac{3x^2-2x-1}{x^3-x^2+2}$ (3) $\lim\limits_{x\to\infty}\frac{2x^3+x^2-5}{x^2-3x+1}$

解： 这里所求极限都是在$x\to\infty$时的情形．

(1) 有理分式函数中分子、分母同时除以x^3，得

$$\lim_{x\to\infty}\frac{1-x-3x^3}{1+x^2+4x^3}=\lim_{x\to\infty}\frac{\frac{1}{x^3}-\frac{1}{x^2}-3}{\frac{1}{x^3}+\frac{1}{x}+4}=-\frac{3}{4}$$

这是因为$\lim\limits_{x\to\infty}\frac{1}{x^n}=\left(\lim\limits_{x\to\infty}\frac{1}{x}\right)^n=0$，其中$n=1,2,3$.

一般的$\lim\limits_{x\to\infty}\frac{a}{x^n}=a\lim\limits_{x\to\infty}\frac{1}{x^n}=a\left(\lim\limits_{x\to\infty}\frac{1}{x}\right)^n=0$，其中$a$为常数，$n$为正整数．

(2) 有理分式函数中分子、分母同时除以x^3，得

$$\lim_{x\to\infty}\frac{3x^2-2x-1}{x^3-x^2+2}=\lim_{x\to\infty}\frac{\frac{3}{x}-\frac{2}{x^2}-\frac{1}{x^3}}{1-\frac{1}{x}+\frac{2}{x^3}}=\frac{0}{1}=0$$

（3）有理分式函数中分子、分母同时除以 x^3，得

$$\lim_{x\to\infty}\frac{2x^3+x^2-5}{x^2-3x+1}=\lim_{x\to\infty}\frac{2+\frac{1}{x}-\frac{5}{x^3}}{\frac{1}{x}-\frac{3}{x^2}+\frac{1}{x^3}}=\infty$$

结论：当 $a_0\neq 0, b_0\neq 0$，m 和 n 为非负整数时，有

$$\lim_{x\to\infty}\frac{a_0x^m+a_1x^{m-1}+\cdots+a_m}{b_0x^n+b_1x^{n-1}+\cdots+b_n}=\begin{cases}\frac{a_0}{b_0}, & 当\ m=n,\\ 0, & 当\ m<n,\\ \infty. & 当\ m>n.\end{cases}$$

【例 1.18】 求下列各极限：

（1）$\lim\limits_{n\to\infty}\frac{3n^2-2n-3}{n^2+2}$　　　（2）$\lim\limits_{n\to\infty}\left(\frac{1+2+\cdots+n}{n+2}-\frac{n}{2}\right)$

解：这里所求的是 $n\to\infty$ 时的数列 $\{x_n\}$ 的极限．

（1）有理分式中分子、分母同时除以 n^2，得

$$\lim_{n\to\infty}\frac{3n^2-2n-3}{n^2+2}=\lim_{n\to\infty}\frac{3-\frac{2}{n}-\frac{3}{n^2}}{1+\frac{2}{n^2}}=\frac{3}{1}=3$$

或直接利用例 1.17 所归纳的结论，由于分子、分母都是关于 n 的多项式且次数最高项都是 n^2，所以分子的 n^2 系数与分母的 n^2 系数之比 3 即是其极限．

（2）因为

$$\frac{1+2+\cdots+n}{n+2}-\frac{n}{2}=\frac{n(n+1)}{2(n+2)}-\frac{n}{2}=\frac{n^2+n-n^2-2n}{2(n+2)}=\frac{-n}{2n+4}$$

所以

$$\lim_{n\to\infty}\left(\frac{1+2+\cdots+n}{n+2}-\frac{n}{2}\right)=\lim_{n\to\infty}\frac{-n}{2n+4}=-\frac{1}{2}.$$

【例 1.19】 求 $\lim\limits_{x\to1}\left(\frac{1}{1-x}-\frac{3}{1-x^3}\right)$

解：当 $x\to1$ 时，$\frac{1}{1-x}$ 和 $\frac{3}{1-x^3}$ 的极限都不存在，因此不能直接用求和的极限法则，这时应该先通分变形，再求极限．

$$\frac{1}{1-x}-\frac{3}{1-x^3}=\frac{1+x+x^2-3}{(1-x)(x^2+x+1)}=\frac{(x+2)(x-1)}{(1-x)(x^2+x+1)}=-\frac{x+2}{x^2+x+1}$$

所以

$$\lim_{x\to1}\left(\frac{1}{1-x}-\frac{3}{1-x^3}\right)=-\lim_{x\to1}\frac{x+2}{1+x+x^2}=-1.$$

【习题 1.2】

1. 单项选择题.

(1) 下列数列收敛的是（　　）

A. $1, -1, \cdots, (-1)^{n-1}, \cdots$　　B. $\frac{1}{3}, \frac{3}{5}, \frac{5}{7}, \frac{7}{9}, \cdots, \frac{2n-1}{2n+1}, \cdots$

C. $\frac{1}{2}, -\frac{3}{2}, \frac{4}{3}, \cdots, (-1)^{n-1}\frac{n+1}{n}, \cdots$　　D. $0,2,0,2,\cdots,0,2,\cdots$

(2) 下列数列发散的是（　　）

A. $\left\{1-\frac{1}{3^n}\right\}$　　B. $\left\{\frac{n^2}{n+1}\right\}$

C. $\left\{(-1)^n\frac{1}{n}\right\}$　　D. $\left\{\frac{1}{2n-1}\right\}$

(3) 函数 $f(x)$ 在 $x=x_0$ 处有定义是 $x\to x_0$ 时 $f(x)$ 有极限的（　　）

A. 充分条件　　B. 必要条件

C. 充要条件　　D. 无关条件

(4) $\lim\limits_{x\to x_0^-}f(x)$ 与 $\lim\limits_{x\to x_0^+}f(x)$ 都存在是函数 $f(x)$ 在 $x=x_0$ 处有极限的（　　）

A. 充分条件　　B. 必要条件

C. 充要条件　　D. 无关条件

(5) 设函数 $f(x)=\begin{cases}2x+1, & x\leqslant 0,\\ x^2-1. & x>0.\end{cases}$ 则 $\lim\limits_{x\to 0^+}f(x)=$（　　）

A. 4　　B. -1

C. -2　　D. 0

2. 设函数 $f(x)=\begin{cases}x+1, & x\leqslant 1,\\ 3x-1. & x>1.\end{cases}$ 求 $\lim\limits_{x\to 1^-}f(x)$ 和 $\lim\limits_{x\to 1^+}f(x)$，并判断 $\lim\limits_{x\to 1}f(x)$ 是否存在?

3. 求下列极限:

(1) $\lim\limits_{x\to 1}(3x^2-2x+1)$　　(2) $\lim\limits_{x\to 2}\frac{e^x-1}{x}$

(3) $\lim\limits_{n\to\infty}\frac{e^n-1}{3^n+1}$　　(4) $\lim\limits_{x\to\infty}\frac{(x+1)^3-(x-2)^3}{x^2+2x+3}$

(5) $\lim\limits_{n\to\infty}\frac{2n^3-n}{3n^3+n-1}$　　(6) $\lim\limits_{x\to\infty}e^{\frac{2}{x}}$

(7) $\lim\limits_{x\to 2}\frac{x^2-4}{x-2}$　　(8) $\lim\limits_{x\to 1}\left(\frac{1}{x-1}-\frac{2}{x^2-1}\right)$

(9) $\lim\limits_{x\to 0}\frac{\sqrt{x^2+1}-1}{x^2}$　　(10) $\lim\limits_{n\to\infty}\frac{1+2+3+\cdots+n}{n^2}$

4. 已知 $\lim\limits_{x\to 1}\frac{x^2+ax+b}{1-x}=1$，求 a 与 b 的值.

第三节

两个重要极限

本节介绍两个重要极限：

$$\lim_{x\to 0}\frac{\sin x}{x}=1 \text{ 与 } \lim_{x\to\infty}\left(1+\frac{1}{x}\right)^{x}=e$$

一、$\lim\limits_{x\to 0}\frac{\sin x}{x}=1$

极限这里不作证明，下面当 $x\to 0$ 时，函数$\frac{\sin x}{x}$的数值表（见表 1.2）可加以佐证.

表 1.2

x	± 1.000	± 0.100	± 0.010	± 0.001	$x\to 0$
$\frac{\sin x}{x}$	0.8417098	0.9833417	0.99998334	0.9999984	$\frac{\sin x}{x}\to 1$

由表 1.2 可知当 $x\to 0$ 时，函数$\frac{\sin x}{x}\to 1$，即$\lim\limits_{x\to 0}\frac{\sin x}{x}=1$.

第一个重要极限的推广： $\lim\limits_{\varphi(x)\to 0}\frac{\sin\varphi(x)}{\varphi(x)}=1.$

【例 1.20】 求$\lim\limits_{x\to 0}\frac{\sin 2x}{x}$.

解： $\lim\limits_{x\to 0}\frac{\sin 2x}{x}=\lim\limits_{x\to 0}\frac{\sin 2x}{2x}\cdot 2=2\lim\limits_{x\to 0}\frac{\sin 2x}{2x}=2$

【例 1.21】 求$\lim\limits_{x\to 0}\frac{\tan x}{x}$.

解： $\lim\limits_{x\to 0}\frac{\tan x}{x}=\lim\limits_{x\to 0}\left(\frac{\sin x}{x}\cdot\frac{1}{\cos x}\right)=\lim\limits_{x\to 0}\frac{\sin x}{x}\cdot\lim\limits_{x\to 0}\frac{1}{\cos x}=1\times 1=1.$

【例 1.22】 求$\lim\limits_{x\to\infty}x\sin\frac{1}{x}$.

解： $\lim\limits_{x\to\infty}x\sin\frac{1}{x}=\lim\limits_{x\to\infty}\frac{\sin\frac{1}{x}}{\frac{1}{x}}=1.$

【例 1.23】 求$\lim\limits_{x\to 0}\frac{1-\cos x}{x^2}$.

解： $\lim\limits_{x\to 0}\frac{1-\cos x}{x^2}=\lim\limits_{x\to 0}\frac{2\sin^2\frac{x}{2}}{x^2}=\frac{1}{2}\lim\limits_{x\to 0}\left(\frac{\sin\frac{x}{2}}{\frac{x}{2}}\right)^2=\frac{1}{2}\times 1^2=\frac{1}{2}.$

【例 1.24】 求$\lim\limits_{x\to 2}\dfrac{\sin(x^2-4)}{x-2}$.

解：$\lim\limits_{x\to 2}\dfrac{\sin(x^2-4)}{x-2}=\lim\limits_{x\to 2}\dfrac{\sin(x^2-4)}{x^2-4}(x+2)$

$$=\lim_{x\to 2}\frac{\sin(x^2-4)}{x^2-4}\cdot\lim_{x\to 2}(x+2)=1\times 4=4$$

二、$\lim\limits_{x\to\infty}\left(1+\dfrac{1}{x}\right)^x=e$

e 是无理数，它的值是 $e=2.7182818284590\cdots$

当 $x\to+\infty$ 和 $x\to-\infty$ 时，函数 $f(x)=\left(1+\dfrac{1}{x}\right)^x$ 的值变化如表 1.3 所示：

表 1.3

x	10	100	1000	10000	100000	1000000	$x\to+\infty$
$\left(1+\frac{1}{x}\right)^x$	2.59374	2.70481	2.71692	2.71815	2.71826	2.71828	$\to e$
x	-10	-100	-1000	-10000	-100000	-1000000	$x\to-\infty$
$\left(1+\frac{1}{x}\right)^x$	2.86797	2.73199	2.7196	2.71842	2.71829	2.71828	$\to e$

可以看出，当 $x\to\infty$ 时，$f(x)=\left(1+\dfrac{1}{x}\right)^x$ 的值无限趋向于 2.71828…（e）

即 $\lim\limits_{x\to\infty}\left(1+\dfrac{1}{x}\right)^x=e$

第二个重要极限的推广： $\lim\limits_{\varphi(x)\to 0}[1+\varphi(x)]^{\frac{1}{\varphi(x)}}=e$

【例 1.25】 求$\lim\limits_{x\to\infty}\left(1-\dfrac{2}{x}\right)^x$.

解：$\lim\limits_{x\to\infty}\left(1-\dfrac{2}{x}\right)^x=\lim\limits_{x\to\infty}\left(1+\dfrac{2}{-x}\right)^x=\lim\limits_{x\to\infty}\left(1+\dfrac{2}{-x}\right)^{\left(-\frac{x}{2}\right)(-2)}=\lim\limits_{x\to\infty}\left[\left(1+\dfrac{2}{-x}\right)^{\left(-\frac{x}{2}\right)}\right]^{-2}=e^{-2}$

【例 1.26】 求$\lim\limits_{x\to\infty}\left(1-\dfrac{2}{x}\right)^{4x}$.

解：$\lim\limits_{x\to\infty}\left(1-\dfrac{2}{x}\right)^{4x}=\lim\limits_{x\to\infty}\left(1-\dfrac{2}{x}\right)^{-\frac{x}{2}\cdot(-8)}=\left[\lim\limits_{x\to\infty}\left(1-\dfrac{2}{x}\right)^{-\frac{x}{2}}\right]^{-8}=e^{-8}$

【例 1.27】 求$\lim\limits_{x\to\frac{\pi}{2}}(1+\cos x)^{\sec x}$.

解：$\lim\limits_{x\to\frac{\pi}{2}}(1+\cos x)^{\sec x}=\lim\limits_{x\to\frac{\pi}{2}}(1+\cos x)^{\frac{1}{\cos x}}=e.$

【例 1.28】 求$\lim\limits_{x\to\infty}\left(\dfrac{x+2}{x-1}\right)^x$.

解：$\lim\limits_{x\to\infty}\left(\frac{x+2}{x-1}\right)^x=\lim\limits_{x\to\infty}\left(\frac{1+\frac{2}{x}}{1-\frac{1}{x}}\right)^x=\frac{\lim\limits_{x\to\infty}\left(1+\frac{2}{x}\right)^x}{\lim\limits_{x\to\infty}\left(1-\frac{1}{x}\right)^x}=\frac{e^2}{e^{-1}}=e^3.$

【习题1.3】

1. 单项选择题.

（1）下列各式正确的是（　　）

A. $\lim\limits_{x\to 0}\frac{x}{\sin x}=0$　　B. $\lim\limits_{x\to\infty}\frac{x}{\sin x}=1$

C. $\lim\limits_{x\to 0}\frac{\sin x}{x}=1$　　D. $\lim\limits_{x\to\infty}\frac{\sin x}{x}=1$

（2）$\lim\limits_{x\to 0}\frac{\sin 2x}{\tan 5x}=$（　　）

A. $\frac{5}{2}$　　B. 0

C. $\frac{2}{5}$　　D. ∞

（3）$\lim\limits_{x\to\infty}\left(1+\frac{2}{x}\right)^{3x}=$（　　）

A. e　　B. e^6

C. 1　　D. ∞

（4）$\lim\limits_{x\to\infty}\left(1+\frac{2}{x}\right)^{x+2}=$（　　）

A. e^2　　B. e^4

C. e^3　　D. e

2. 计算下列各极限.

（1）$\lim\limits_{x\to 0}\frac{\tan 4x}{x}$　　（2）$\lim\limits_{x\to 0}\frac{x-\sin x}{x+\sin x}$

（3）$\lim\limits_{x\to 0}\frac{1-\cos 2x}{x\sin x}$　　（4）$\lim\limits_{n\to\infty}2^n\sin\frac{\pi}{2^n}$

（5）$\lim\limits_{x\to a}\frac{\sin x-\sin a}{x-a}$　　（6）$\lim\limits_{x\to\pi}\frac{\sin x}{\pi-x}$

3. 计算下列各极限.

（1）$\lim\limits_{x\to 0}(1-x)^{\frac{1}{x}}$　　（2）$\lim\limits_{x\to 0}(1+3x)^{\frac{2}{x}}$

（3）$\lim\limits_{x\to\infty}\left(\frac{x+1}{x}\right)^{2x}$　　（4）$\lim\limits_{x\to\infty}\left(\frac{3x+2}{3x-1}\right)^{3x-1}$

（5）$\lim\limits_{x\to 2}[1+(x-2)]^{\frac{3}{x-2}}$　　（6）$\lim\limits_{x\to\frac{\pi}{2}}[1+\cos x]^{2\sec x}$

第四节
无穷小与无穷大

一、无穷小与无穷大

【定义 1.8】 如果$\lim f(x)=0$则称$f(x)$是自变量在此变化过程中的无穷小量（简称无穷小）. 如果$\lim f(x)=\infty$则称$f(x)$是自变量在此变化过程中的无穷大量（简称无穷大）.（注意变化趋势可以是$x\to\infty$，$x\to-\infty$，$x\to+\infty$，$x\to x$，$x\to x_0^+$，$x\to x_0^-$ 中的任何一种）.

例如：由于$\lim\limits_{x\to1}(x-1)=0$，所以函数$x-1$是当$x\to1$时的无穷小；因为$\lim\limits_{x\to0}\dfrac{1}{x}=\infty$，所以函数$\dfrac{1}{x}$是当$x\to0$时的无穷大.

【说明】（1）无穷小与自变量的变化过程是分不开的，讲一个变量是无穷小，必须指明自变量的变化趋向. 如函数$x-2$是$x\to2$时的无穷小，而不是$x\to1$或$x\to0$时的无穷小. 同样讲一个变量是无穷大也必须指明自变量的变化趋向. 如函数$\dfrac{1}{x-2}$是$x\to2$时的无穷大，而不是$x\to1$或$x\to0$时的无穷大.

（2）无穷小与绝对值很小的数是有区别的. 无穷小体现的是一个变化的趋向，是动态的，而绝对值很小的数是常量. 无穷大与绝对值很大的数也是有区别的. 无穷大体现的是一个变化的趋向，是动态的，而绝对值很大的数也是常量.

（3）常数 0 是任何条件下的无穷小. 在自变量的变化过程中，无穷小可以是函数（包括数列），也可以是常数；但若是常数，必是零.

在自变量的同一变化过程中的无穷小满足下列性质：

【性质 1.4】 有限个无穷小之和仍为无穷小.

【性质 1.5】 有界变量与无穷小之积仍是无穷小.

【推论 1.3】 常数与无穷小之积仍是无穷小.

【推论 1.4】 有限个无穷小之积仍为无穷小.

【例 1.29】 求极限$\lim\limits_{x\to\infty}\dfrac{\sin x}{x}$.

解： $\lim\limits_{x\to\infty}\dfrac{\sin x}{x}=\lim\limits_{x\to\infty}\dfrac{1}{x}\cdot\sin x$

由于$\dfrac{1}{x}$是当$x\to\infty$时的无穷小，而$|\sin x|\leqslant1$，所以由性质 1.5，得$\lim\limits_{x\to\infty}\dfrac{\sin x}{x}=0$.

二、无穷大与无穷小之间的关系

【定理 1.4】 在自变量的同一变化过程中：

（1）如果$f(x)$是无穷大，则$\frac{1}{f(x)}$是无穷小；

（2）如果$f(x)\neq 0$且$f(x)$是无穷小，则$\frac{1}{f(x)}$是无穷大.

三、无穷小量的阶

同样是无穷小量，它们趋于零的速度有快有慢，为了比较两个无穷小量趋于零的速度，我们引进无穷小量的阶的概念.

【定义 1.9】 设α和β是在自变量同一变化过程中的无穷小，即$\lim\alpha=0$，$\lim\beta=0$.

（1）如果$\lim\frac{\beta}{\alpha}=0$，则称$\beta$是比$\alpha$高阶的无穷小，记作$\beta=o(\alpha)$.

（2）如果$\lim\frac{\beta}{\alpha}=c(c\neq 0)$，则称$\beta$与$\alpha$是同阶无穷小.

（3）如果$\lim\frac{\beta}{\alpha}=1$，则称$\beta$与$\alpha$是等价无穷小，记作$\alpha\sim\beta$或$\beta\sim\alpha$.

例如：$\lim\limits_{x\to 0}\frac{\sin x}{x}=1$，则 $\sin x\sim x(x\to 0)$.

$\lim\limits_{x\to 0}\frac{x^2}{3x}=0$，则 $x^2=o(3x)\ (x\to 0)$

$\lim\limits_{n\to\infty}\frac{\frac{1}{n}-\frac{1}{n+1}}{\frac{1}{n^2}}=\lim\limits_{n\to\infty}\frac{\frac{1}{n(n+1)}}{\frac{1}{n^2}}=1$，则：$\frac{1}{n}-\frac{1}{n+1}\sim\frac{1}{n^2}(n\to\infty)$.

四、等价无穷小替换定理

【定理 1.5】 **等价无穷小替换定理** 在自变量的同一变化过程中，$\alpha,\beta,\alpha',\beta'$都是无穷小，且$\alpha\sim\alpha'$，$\beta\sim\beta'$，如果$\lim\frac{\beta'}{\alpha'}$存在，则

$$\lim\frac{\beta}{\alpha}=\lim\frac{\beta'}{\alpha'}$$

等价无穷小替换定理说明，求两个无穷小之商的极限时，分子和分母都可用等价无穷小来替换，只要用来替换的无穷小选的适当，可以简化极限的计算.

常见的等价无穷小有（当$x\to 0$时）：

$x\sim\sin x$；$x\sim\tan x$；$x\sim\arcsin x$；$x\sim\arctan x$；$x\sim\ln(1+x)$；$x\sim e^x-1$；

$1-\cos x\sim\frac{1}{2}x^2$；$(1+x)^\alpha-1\sim\alpha x(\alpha\neq 0)$.

【例 1.30】 求 $\lim\limits_{x\to 0}\frac{\sin 3x}{\tan 2x}$.

解： 当$x\to 0$时，$\sin 3x\sim 3x,\tan 2x\sim 2x$，因此用等价无穷小替换，得

$$\lim_{x\to 0}\frac{\sin 3x}{\tan 2x}=\lim_{x\to 0}\frac{3x}{2x}=\frac{3}{2}.$$

【例 1.31】 求$\lim\limits_{x\to0}\dfrac{(x+3)(e^x-1)}{\arcsin 2x}$.

解：当 $x\to0$ 时，$\arcsin 2x\sim2x, e^x-1\sim x$，因此用等价无穷小替换，得

$$\lim_{x\to0}\frac{(x+3)(e^x-1)}{\arcsin 2x}=\lim_{x\to0}\frac{(x+3)x}{2x}=\lim_{x\to0}\frac{(x+3)}{2}=\frac{3}{2}.$$

【习题 1.4】

1. 单项选择题.

（1）当 $x\to2$ 时，下列变量不是无穷小的是（　　）

A. $x-2$　　B. $3x^2-2x-8$

C. $x(x-1)-2$　　D. x^2-3x

（2）下列变量在自变量给定的变化过程中不是无穷大的是（　　）

A. $\dfrac{x^2}{\sqrt{x-1}}(x\to+\infty)$　　B. $\lg x(x\to+\infty)$

C. $2^{\frac{1}{x}}(x\to0^-)$　　D. $\lg x(x\to0^+)$

（3）当 $x\to0$ 时，与无穷小 $x+3x^3$ 等价的无穷小是（　　）

A. $\sqrt{x}$　　B. x

C. $2x^2$　　D. $3x^2$

（4）$\lim\limits_{x\to0}\dfrac{\sin x}{\tan 3x}=$（　　）

A. $\dfrac{1}{3}$　　B. $\dfrac{3}{2}$

C. 1　　D. 0

（5）当 $x\to0$ 时，与无穷小 $\sqrt{1+x}-\sqrt{1-x}$ 等价的无穷小是（　　）

A. x　　B. $2x$

C. $\sqrt{x}$　　D. $2x^2$

2. 指出下列函数哪些是无穷小，哪些是无穷大.

（1）$f(x)=100x^2(x\to\infty)$　　（2）$f(x)=\dfrac{x}{x^2+1}(x\to+\infty)$

（3）$f(x)=3^{\frac{1}{x}}(x\to0^-)$　　（4）$f(x)=e^{\frac{1}{x}}(x\to0)$

（5）$f(x)=\dfrac{\sin x}{1+\cos x}(x\to0)$　　（6）$f(x)=\dfrac{1-(-1)^x}{x}(x\to\infty)$

3. 当 $x\to0$ 时，$3x-x^2$ 与 x^2-2x^3 相比，哪一个是较高阶的无穷小？

4. 利用等价无穷小的性质，计算下列各极限.

（1）$\lim\limits_{x\to0}\dfrac{\sin x^2}{\sin x}$　　（2）$\lim\limits_{x\to0}\dfrac{\tan 3x}{\arcsin x}$

（3）$\lim\limits_{x\to0}\dfrac{\tan x-\sin x}{\ln(1+x^3)}$　　（4）$\lim\limits_{x\to\infty}x[\ln(x+1)-\ln x]$

（5）$\lim\limits_{x\to 0}\frac{(e^x-1)\arctan x}{1-\cos x}$　　　　（6）$\lim\limits_{n\to\infty}n^2\left(1-\cos\frac{1}{n}\right)$

第五节
函数的连续性与间断点

函数的连续性与函数的极限是密切相关的，这个概念的建立为进一步深入地研究函数的微分和积分及其应用打下了基础．

一、函数连续性的概念

自然界中的许多现象，都在连续不断地运动和变化，如气温、气压的连续变化、河水的流动、植物的连续生长等．这类现象反映到数学的函数关系上，就是函数的连续性．比如，把气温作为时间的函数，当时间变动微小时，气温的变化也很微小，这种特点就是所谓连续性．本节将以极限为基础，介绍连续性的概念、连续函数的运算及一些性质．

在给出连续函数的精确定义前，先介绍增量的概念．

1. 增量

设变量 x 从它的一个初值 x_0 变到终值 x_1，终值与初值之差 x_1-x_0 称为变量 x 的**增量**，记作 Δx，即

$$\Delta x=x_1-x_0$$

增量 Δx 可以是正的，也可以是负的．当 Δx 为正值时，变量 x 是增大的；当 Δx 为负值时，变量 x 是减少的．

设函数 $y=f(x)$ 在 x_0 的某一邻域内有定义，当自变量 x 在该邻域内，从 x_0 变到 $x_0+\Delta x$ 时，函数 y 相应地从 $f(x_0)$ 变到 $f(x_0+\Delta x)$，则称

$$\Delta y=f(x_0+\Delta x)-f(x_0)$$

为函数 $y=f(x)$ 的增量，如图 1.4 所示．

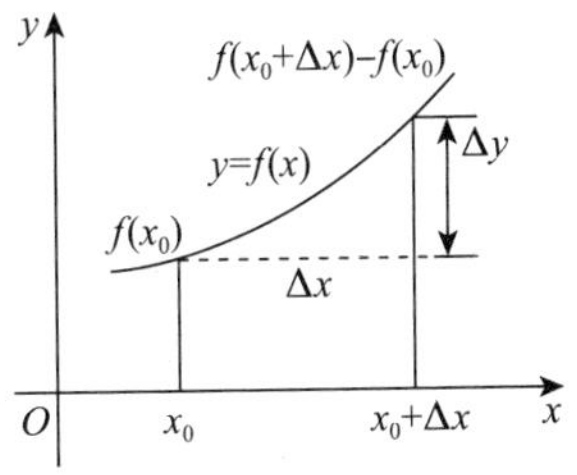

图 1.4

2. 函数在一点处连续的定义

【定义 1.10】 设函数 $y=f(x)$ 在点 x_0 的某一邻域内有定义，如果当自变量的增量 $\Delta x=x-x_0$ 趋于零时，对应的函数增量 $\Delta y=f(x_0+\Delta x)-f(x_0)$ 也趋于零，即 $\lim\limits_{\Delta x\to 0}\Delta y=0$，那么就称函数 $y=f(x)$ 在点 x_0 处连续．

设 $x=x_0+\Delta x$，当 $\Delta x\to 0$ 时，有 $x\to x_0$，于是，定义 1.9 又可写为

$$\lim_{x\to x_0}[f(x)-f(x_0)]=0$$

即：
$$\lim_{x\to x_0}f(x)=f(x_0).$$

所以，函数 $y=f(x)$ 在点 x_0 处连续的定义又可如下叙述：

【定义 1.11】 设函数 $y=f(x)$ 在点 x_0 的某一邻域内有定义，如果函数 $f(x)$ 当 $x\to x_0$

时的极限存在，且等于它在 x_0 处的函数值 $f(x_0)$，即 $\lim\limits_{x\to x_0}f(x)=f(x_0)$. 那么就称函数 $y=f(x)$ 在点 x_0 处连续.

【定义 1.12】 左连续和右连续的概念

如果左极限 $\lim\limits_{x\to x_0^-}f(x)$ 存在且等于 $f(x_0)$，即 $\lim\limits_{x\to x_0^-}f(x)=f(x_0)$，就称函数 $f(x)$ 在点 x_0 处左连续.

如果右极限 $\lim\limits_{x\to x_0^+}f(x)$ 存在且等于 $f(x_0)$，即 $\lim\limits_{x\to x_0^+}f(x)=f(x_0)$，就称函数 $f(x)$ 在点 x_0 处右连续.

【定理 1.6】 设函数 $y=f(x)$ 在点 x_0 的某一邻域内有定义，如果函数 $f(x)$ 在点 x_0 处左连续且右连续，那么就称函数 $y=f(x)$ 在点 x_0 处连续.

【例 1.32】 讨论函数 $f(x)=|x|$ 在 $x=0$ 处是否连续.

解：$f(x)$ 在 $x=0$ 处有定义，且 $f(0)=0$，而

$$\lim_{x\to 0^-}f(x)=\lim_{x\to 0^-}(-x)=0;\ \lim_{x\to 0^+}f(x)=\lim_{x\to 0^+}x=0$$

故 $f(x)$ 在 $x=0$ 处极限存在，即 $\lim\limits_{x\to 0}f(x)=0$，且有 $\lim\limits_{x\to 0}f(x)=f(0)$，所以函数 $f(x)=|x|$ 在 $x=0$ 处是连续的.

【例 1.33】 讨论函数 $f(x)=\begin{cases}x-1, & x<0,\\ 0, & x=0,\\ x+1. & x>0.\end{cases}$ 在 $x=0$ 处是否连续.

解：$f(x)$ 在 $x=0$ 处有定义，且 $f(0)=0$，而

$$\lim_{x\to 0^-}f(x)=\lim_{x\to 0^-}(x-1)=-1;\ \lim_{x\to 0^+}f(x)=\lim_{x\to 0^+}(x+1)=1$$

即 $f(x)$ 在 $x=0$ 处左、右极限都存在，但不相等，故在点 $x=0$ 处函数 $f(x)$ 极限不存在，所以函数 $x=0$ 处是不连续的（见图 1.5）.

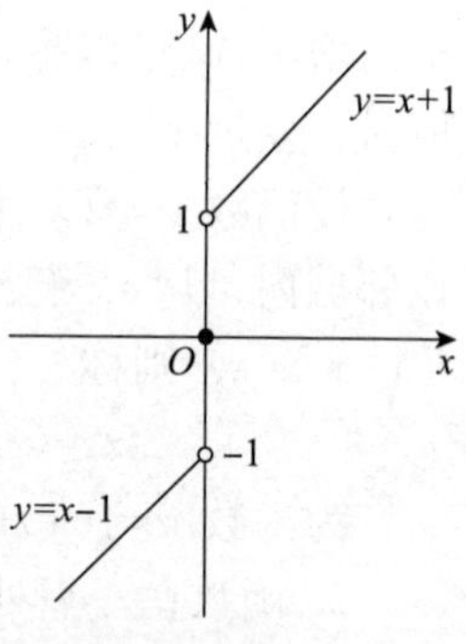

图 1.5

3. 区间上的连续函数

在开区间 (a,b) 内每一点都连续的函数，称为在开区间 (a,b) 内的连续函数，或者称函数在开区间 (a,b) 内连续.

如果函数在开区间 (a,b) 内连续，且在左端点 a 右连续，在右端点 b 左连续，那么称函数在闭区间 $[a,b]$ 上连续.

二、函数的间断点及其分类

1. 函数的间断点

如果函数 $f(x)$ 在点 x_0 不连续，称 x_0 为函数 $f(x)$ 的**间断点**.

2. 间断点的分类

（1）第一类间断点 如果 x_0 是函数 $f(x)$ 的间断点，且 $f(x)$ 在点 x_0 的左、右极限都存在，则称点 x_0 是函数 $f(x)$ 的第一类间断点.

如果 x_0 是函数 $f(x)$ 的第一类间断点，且 $f(x)$ 在点 x_0 的左、右极限都存在且相等，即 $f(x)$ 在点 x_0 处极限存在，则点 x_0 又称为**可去间断点**. 而若此时 $f(x)$ 在点 x_0 处的左、右极限都存在但不相等，则点 x_0 又称为**跳跃间断点**.

(2) 第二类间断点 如果函数$f(x)$在点x_0的左、右极限至少有一个不存在，则称点x_0为函数$f(x)$的第二类间断点．

【例 1.34】 讨论函数$f(x)=\frac{\sin x}{x}$在点$x=0$处的连续性．

解： 已知$f(x)=\frac{\sin x}{x}$在点$x=0$处没有定义，所以$f(x)$在点$x=0$处间断，但$\lim\limits_{x\to 0}\frac{\sin x}{x}=1$，故点$x=0$是$f(x)$的可去间断点．

【例 1.35】 讨论函数$f(x)=\frac{1}{x^2}$在点$x=0$处的连续性．

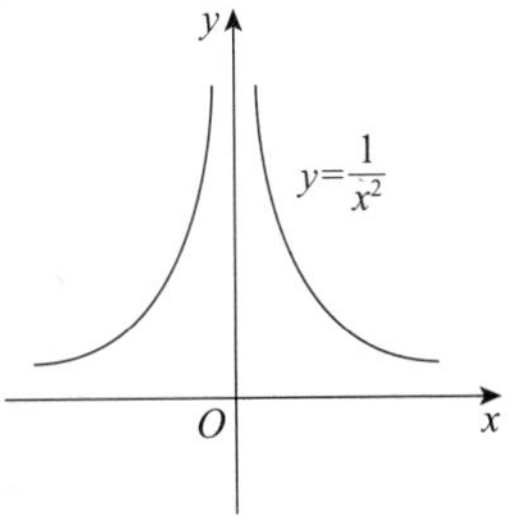

图 1.6

解： 已知$\lim\limits_{x\to 0}\frac{1}{x^2}=+\infty$（见图 1.6），所以$f(x)=\frac{1}{x^2}$在$x=0$处间断，且为第二类间断点．因为$x\to 0$时，$f(x)$趋于无穷大，也称点$x=0$为无穷间断点．

三、连续函数的运算法则

由函数在一点处连续的定义及极限的四则运算法则，可得：

【定理 1.7】 如果函数$f(x)$、$g(x)$在点x_0处连续，则它们的和、差、积、商（分母不为零）在点x_0也连续．

【定理 1.8】 设函数$u=\varphi(x)$在点$x=x_0$处连续，即

$$\lim_{x\to x_0}\varphi(x)=\varphi(x_0)=u_0$$

而函数$y=f(u)$在点$u=u_0$处连续，则复合函数$y=f[\varphi(x)]$在点$x=x_0$处连续．

【定理 1.9】 基本初等函数在其定义域内都是连续的．

【定理 1.10】 初等函数在其定义区间内都是连续的．

由定理 1.10，可知求初等函数的极限方法很简单．若$f(x)$是初等函数，而x_0是$f(x)$定义区间内的一点，那么

$$\lim_{x\to x_0}f(x)=f(x_0)$$

【例 1.36】 求$\lim\limits_{x\to\frac{\pi}{2}}\ln\sin x$

解： 因为$x_0=\frac{\pi}{2}$是初等函数$f(x)$定义区间内的一点，所以

$$\lim_{x\to\frac{\pi}{2}}\ln\sin x=\ln\sin x\Big|_{x=\frac{\pi}{2}}=\ln 1=0$$

【例 1.37】 设函数

$$f(x)=\begin{cases}\dfrac{\sin x}{x}, & x<0,\\ a, & x=0,\\ \dfrac{2(\sqrt{1+x}-1)}{x}. & x>0.\end{cases}$$

选择合适的数 a，使 $f(x)$ 成为在 $(-\infty,+\infty)$ 上的连续函数．

解： 当 $x\in(-\infty,0)$ 时，$f(x)=\dfrac{\sin x}{x}$ 是初等函数，由初等函数的连续性，$f(x)$ 连续．当 $x\in(0,+\infty)$ 时，$f(x)=\dfrac{2(\sqrt{1+x}-1)}{x}$ 也是初等函数，所以也是连续的．

在 $x=0$ 处，$f(0)=a$，又 $\lim\limits_{x\to0^-}f(x)=\lim\limits_{x\to0^-}\dfrac{\sin x}{x}=1$，$\lim\limits_{x\to0^+}f(x)=\lim\limits_{x\to0^+}\dfrac{2(\sqrt{1+x}-1)}{x}=1$

故 $\lim\limits_{x\to0}f(x)=1$，当选择 $a=1$ 时，$f(x)$ 在 $x=0$ 处连续．

综上，当 $a=1$ 时，$f(x)$ 在 $(-\infty,+\infty)$ 上连续．

四、闭区间上连续函数的性质

【定理 1.11】 最大值与最小值定理 如果函数 $f(x)$ 在闭区间 $[a,b]$ 上连续，则它在 $[a,b]$ 上一定有最大值和最小值．

【定理 1.12】 有界性定理 如果函数 $f(x)$ 在闭区间 $[a,b]$ 上连续，则它在 $[a,b]$ 上有界，即存在常数 $M>0$，使对一切 $x\in[a,b]$，都有 $|f(x)|\leqslant M$.

【定理 1.13】 零点定理 如果函数 $f(x)$ 在闭区间 $[a,b]$ 上连续，且 $f(a)\cdot f(b)<0$，则在开区间 (a,b) 内至少有一个 $f(x)$ 的零点，即至少存在一点 $\xi\in(a,b)$，使 $f(\xi)=0$.

从几何上看，零点定理表明：如果闭区间 $[a,b]$ 上的连续曲线弧 $y=f(x)$ 的两个端点位于 x 轴的不同侧，那么这段曲线弧与 x 轴至少有一个交点 ξ，如图 1.7 所示．

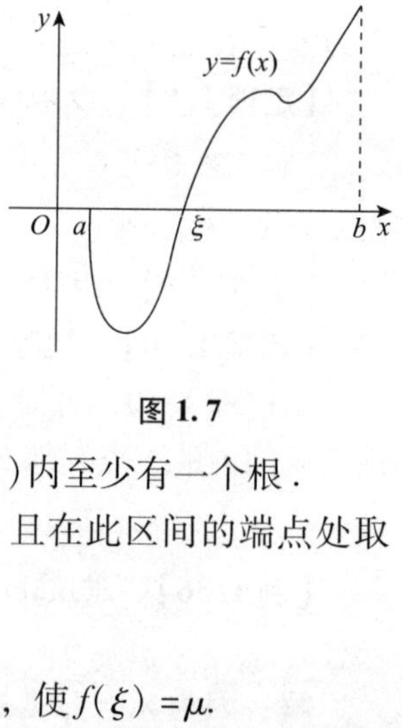

图 1.7

【例 1.38】 证明：方程 $x^5-4x^2+1=0$ 在 $(0,1)$ 内至少有一个根．

证明： 由于函数 $f(x)=x^5-4x^2+1$ 是初等函数，故它在闭区间 $[0,1]$ 上连续，又 $f(0)=1>0, f(1)=-2<0$，故 $f(0)\cdot f(1)<0$. 所以由零点定理，至少存在一点 $\xi\in(0,1)$，使 $f(\xi)=0(0<\xi<1)$. 也就是说五次代数方程 $x^5-4x^2+1=0$ 在 $(0,1)$ 内至少有一个根．

【定理 1.14】 介值定理 如果 $f(x)$ 在闭区间 $[a,b]$ 上连续，且在此区间的端点处取不同的函数值．

$$f(a)=A, f(b)=B$$

那么，对于 A 与 B 之间的任意一个数 μ，至少存在一点 $\xi\in(a,b)$，使 $f(\xi)=\mu$.

从几何上看，介值定理表明：闭区间 $[a,b]$ 上的连续曲线 $y=f(x)$ 与水平直线 $y=\mu$ 至少有一个交点．

【推论 1.5】 在闭区间上连续的函数一定能取得介于最大值 M 和最小值 m 之间的任何值．

【习题 1.5】

1. 单项选择题．

（1）设函数$f(x)=\begin{cases}(1-2x)^{\frac{1}{x}}, & x\neq 0,\\ k. & x=0.\end{cases}$在点$x=0$处连续，则$k=$（　　）

A. 1　　B. e^2

C. e^{-1}　　D. e^{-2}

（2）函数$f(x)$在点$x=x_0$处有定义是$f(x)$在点$x=x_0$处连续的（　　）

A. 必要条件　　B. 充分条件

C. 充要条件　　D. 无关条件

（3）函数$f(x)=\begin{cases}e^x, & -1\leqslant x\leqslant 0,\\ 1-x. & 0<x\leqslant 1.\end{cases}$的连续区间是（　　）

A. $[-1,1]$　　B. $(0,1]$

C. $[-1,0]$　　D. $[-1,0)\cup(0,1]$

（4）函数$f(x)=\begin{cases}\ln x, & x\geqslant 1,\\ a. & x<1.\end{cases}$在$x=1$处连续，则$a=$（　　）

A. 0　　B. 1

C. -1　　D. 2

2. 函数$f(x)=\begin{cases}\dfrac{\sin 3x}{x}, & x<0,\\ e^x+k. & x\geqslant 0.\end{cases}$问常数$k$为何值时，$f(x)$在其定义域内连续？

3. 设函数$f(x)=\begin{cases}\sqrt{x^2+1}, & x<0,\\ b, & x=0,\\ \dfrac{e^x-1}{2x}+a. & x>0.\end{cases}$在$x=0$处连续，求常数$a$和$b$的值.

4. 证明：方程$xe^x=1$至少有一个小于1的正根.

【复习题一】

1. 填空题.

（1）$\lim\limits_{x\to 1}\dfrac{2x}{x+1}=$__________.

（2）$\lim\limits_{n\to\infty}\dfrac{(n-1)^4(3n+1)^{10}}{(3n-1)^{14}}=$__________.

（3）当$x\to 0$时，$1-\cos x$与$\dfrac{1}{2}\sin^2 x$是__________无穷小.

（4）$\lim\limits_{x\to 0^+}\dfrac{1}{x^2}(\sqrt{x^2+1}-1)=$__________.

（5）函数$f(x)=\dfrac{\sqrt{x+1}}{(x+2)(x-3)}$的连续区间为__________.

（6）$\lim\limits_{n\to\infty}\dfrac{1+2+3+\cdots+n}{1+3+5+\cdots+(2n-1)}=$__________.

2. 单项选择题.

（1）函数 $f(x)$ 在 x_0 处连续是 $\lim\limits_{x\to x_0}f(x)$ 存在的（　　）.

A. 必要条件　　B. 充分条件

C. 充要条件　　D. 无关条件

（2）函数 $f(x)$ 在 x_0 处连续是 $f(x)$ 在 x_0 处有定义的（　　）.

A. 必要条件　　B. 充分条件

C. 充要条件　　D. 无关条件

（3）如果函数 $y=f(x)$ 在 x_0 处连续，则 $\lim\limits_{\Delta x\to 0}\Delta y=$（　　）.

A. ∞　　B. $f(x_0)$

C. 0　　D. 不存在

3. 求下列各极限.

（1）$\lim\limits_{x\to 3}\dfrac{x^3-x}{(x-3)^2}$　　（2）$\lim\limits_{x\to +\infty}\left(\sqrt{4x^2+3x+1}-\sqrt{4x^2-3x-1}\right)$

（3）$\lim\limits_{x\to \infty}\left(\dfrac{x+2}{x-3}\right)^x$　　（4）$\lim\limits_{x\to 0}\dfrac{1-\cos 2x+\sin^2 x}{x\tan x}$

（5）$\lim\limits_{x\to 4}\dfrac{\sqrt{2x+1}-3}{\sqrt{x-2}-\sqrt{2}}$　　（6）$\lim\limits_{x\to \infty}\dfrac{x^2-4}{2x^2-x}$

4. 当 $x\to 1$ 时，无穷小 $x-1$ 与下列无穷小是否等价？

（1）$1-x^3$　　（2）$e^{x-1}-1$

（3）$\arctan(1-x)$　　（4）$\ln x$

5. 设函数 $f(x)=\begin{cases}x-1, & x<0,\\ 1, & x=0,\\ 2^x. & x>0.\end{cases}$ 请判断 $\lim\limits_{x\to 0}f(x)$ 是否存在？

6. 讨论函数 $f(x)=\begin{cases}x\cos^3\dfrac{1}{x}, & x>0,\\ a+x^3. & x\leqslant 0.\end{cases}$ 在其定义域上连续，求常数 a.

7. 讨论下列函数的连续性，若有间断点，指出其类型.

$$f(x)=\begin{cases}\dfrac{\sin x}{x}, & x>0,\\ 1, & x=0,\\ 1-e^{-x}. & x<0.\end{cases}$$

8. 验证方程 $3x=e^x$ 有一个根在开区间 $(0,1)$ 内.

第二章 导数与微分及其应用

微分学是微积分的重要组成部分，它的基本概念是导数与微分，其中导数反映的是函数相对于自变量的变化快慢的速度，而微分则指明当自变量有微小变化时，函数大体上变化多少.

本章里，我们主要学习导数和微分的概念以及它们的计算和应用.

第一节 导数的概念

一、引例

1. 变速直线运动的瞬时速度

当物体作直线运动时，它的位移 s 是时间 t 的函数，记作 $s=s(t)$. 物体作匀速直线运动时，其速度为

$$v=\frac{s-s_0}{t-t_0}=\frac{s(t)-s(t_0)}{t-t_0} \tag{2.1}$$

如果物体作变速直线运动，如自由落体运动，则式 2.1 只能表示从时刻 t_0 到 t 的平均速度，如果时间间隔选得较短，这个比值也可用来大致说明动点在时刻 t_0 的速度. 但对于动点在时刻 t_0 的速度的精确概念来说，这样做是不够的，由于时间选得越短，比值就越能准确地反映质点在时刻 t_0 的快慢程度. 因此，更确切地应当令 $t\to t_0$，取式 2.1 的极限，如果这个极限存在，设为 v_0，即

$$v_0=\lim_{t\to t_0}\frac{s(t)-s(t_0)}{t-t_0}$$

这个极限值 v_0 反映了物体在时刻 t_0 的**瞬时速度**.

2. 切线问题

“与圆只有一个公共点的直线”我们称之为圆的切线，但是对于其他曲线来说，这种说法就不太准确，例如：若把“与抛物线只有一个交点的直线”（如抛物线的对称轴）定

义为抛物线的切线，显然就不妥．那么一般曲线的切线应该怎样定义？法国数学家费马在1629年解决了这个问题．

我们就曲线 C 为函数 $y=f(x)$ 的图形的情形来讨论切线问题．设 $M(x_0,y_0)$ 是曲线 C 上的一个点（见图2.1），要求出曲线 C 在点 M 处的切线，只要求出切线的斜率就行了．为此，在点 M 外另取 C 上的一点 $N(x,y)$，于是割线 MN 的斜率为

$$\tan\varphi=\frac{y-y_0}{x-x_0}=\frac{f(x)-f(x_0)}{x-x_0}$$

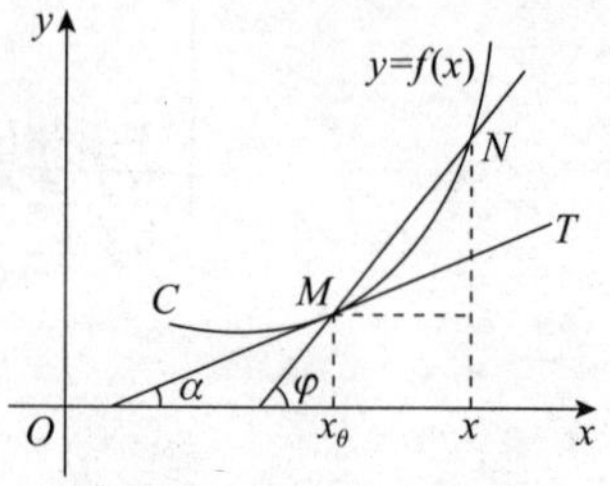

图 2.1

其中 φ 为割线 MN 的倾斜角．当点 N 沿曲线 C 趋于点 M 时，$x\to x_0$．如果当 $x\to x_0$ 时，上式的极限存在，设为 k，即 $k=\lim\limits_{x\to x_0}\frac{f(x)-f(x_0)}{x-x_0}$ 存在，则此极限 k 是割线斜率的极限，也就是切线的斜率．这里 $k=\tan\alpha$，其中 α 是切线 MT 的倾斜角．故通过点 $M[x_0,f(x_0)]$ 且以 k 为斜率的直线 MT 便是曲线 C 在点 M 处的切线．

事实上，由 $\angle NMT=\varphi-\alpha$ 且 $x\to x_0$ 时 $\varphi\to\alpha$，可见 $x\to x_0$ 时（这时 $|MN|\to 0$），$\angle NMT\to 0$．因此直线 MT 确为曲线 C 在点 M 处的切线．

二、导数的定义

上面所讨论的两个问题，一个是物理问题，一个是几何问题．但是当我们抛开它们的具体意义而只考虑其中的数量关系时，就会发现本质上是完全相同的，都是一类比值的极限．

$$\lim_{x\to x_0}\frac{f(x)-f(x_0)}{x-x_0}$$

即因变量的改变量与自变量的改变量之比，当自变量的改变量趋于0时的极限．与上述例子还有很多相似的概念，例如，电流强度、角速度、线密度等等，虽然他们表达的实际意义不同，但从数量关系来看，都是研究函数的增量与自变量增量比的极限问题，反映某个变量相对于另一个变量的快慢程度的变化率问题．由此，我们可以抽象出下面的导数概念．

1. 函数在某点 x_0 处的导数

【定义2.1】 设函数 $y=f(x)$ 在点 x_0 处的某个邻域内有定义，当自变量 x 在 x_0 处取得改变量 Δx（点 $x_0+\Delta x$ 仍在该邻域内）时，相应地函数 $f(x)$ 取得改变量 $\Delta y=f(x_0+\Delta x)-f(x_0)$．如果 Δy 与 Δx 之比当 $\Delta x\to 0$ 时的极限存在，则称函数 $y=f(x)$ 在点 x_0 处可导，并称这个极限为**函数 $y=f(x)$ 在点 x_0 处的导数**，记为 $y'|_{x=x_0}$，即

$$y'\Big|_{x=x_0}=\lim_{\Delta x\to 0}\frac{\Delta y}{\Delta x}=\lim_{\Delta x\to 0}\frac{f(x_0+\Delta x)-f(x_0)}{\Delta x} \tag{2.2}$$

也可记作 $f'(x_0)$，$\frac{dy}{dx}\Big|_{x=x_0}$ 或 $\frac{df(x)}{dx}\Big|_{x=x_0}$．

函数 $f(x)$ 在点 x_0 处可导有时也说成 $f(x)$ 在点 x_0 处具有导数或导数存在，如果上述极

限不存在，则称函数$f(x)$在点x_0处不可导，如果$\Delta x\to0$时，比值$\frac{\Delta y}{\Delta x}\to\infty$则称函数在点$x_0$处的导数为无穷大.

导数的定义式2.2也可取不同的形式，常见的有

$$f'(x_0)=\lim_{h\to0}\frac{f(x_0+h)-f(x_0)}{h}$$

和

$$f'(x_0)=\lim_{x\to x_0}\frac{f(x)-f(x_0)}{x-x_0}$$

2. 函数在某点x_0处的左右导数

根据函数$f(x)$在点x_0处的导数$f'(x_0)$的定义是一个极限，因此$f'(x_0)$存在即$f(x)$在点x_0处可导的充分必要条件是左、右极限都存在且相等．即

$$\lim_{h\to0^-}\frac{f(x_0+h)-f(x_0)}{h},\quad \lim_{h\to0^+}\frac{f(x_0+h)-f(x_0)}{h}$$

这两个极限分别称为函数$f(x)$在点x_0处的左导数和右导数，记作$f'_-(x_0)$及$f'_+(x_0)$，即

$$f'_-(x_0)=\lim_{h\to0^-}\frac{f(x_0+h)-f(x_0)}{h},\ f'_+(x_0)=\lim_{h\to0^+}\frac{f(x_0+h)-f(x_0)}{h}.$$

现在可以说，函数在点x_0处可导的充分必要条件是左导数$f'_-(x_0)$和右导数$f'_+(x_0)$都存在且相等.

【例2.1】 函数$f(x)=|x|$在点$x=0$处是否可导？

解： $\frac{f(0+\Delta x)-f(0)}{\Delta x}=\frac{|\Delta x|}{\Delta x}$

$$f'_+(0)=\lim_{\Delta x\to0^+}\frac{f(0+\Delta x)-f(0)}{\Delta x}=\lim_{\Delta x\to0^+}\frac{|\Delta x|}{\Delta x}=1$$

$$f'_-(0)=\lim_{\Delta x\to0^-}\frac{f(0+\Delta x)-f(0)}{\Delta x}=\lim_{\Delta x\to0^-}\frac{|\Delta x|}{\Delta x}=-1$$

由于$f'_-(x_0)\neq f'_+(x_0)$，所以$f(x)=|x|$在点$x=0$处不可导.

3. 区间可导和导函数

（1）如果函数$y=f(x)$在某个开区间(a,b)内每一点均可导，则称函数$y=f(x)$在开区间(a,b)内可导.

（2）若函数$y=f(x)$在某一范围内每一点均可导，则在该范围内每取一个自变量x的值，就可得到一个唯一对应的导数值，这就构成了一个新的函数，称为原函数$y=f(x)$的导函数．导函数简称为导数.

如果函数$y=f(x)$在开区间(a,b)内可导，且$f'_+(a)$及$f'_-(b)$都存在，就说明$f(x)$在闭区间$[a,b]$上可导.

4. 求导举例

下面根据导数定义求一些基本初等函数的导数.

【例2.2】 求函数$f(x)=C$（C为常数）的导数.

解：$f'(x)=\lim\limits_{h\to 0}\dfrac{f(x+h)-f(x)}{h}=\lim\limits_{h\to 0}\dfrac{C-C}{h}=0$，即$(C)'=0$.

这就是说，常数的导数等于零.

【例 2.3】 求函数$f(x)=x^n$（n为正整数）在$x=a$处的导数.

解：
$$f'(a)=\lim_{x\to a}\frac{f(x)-f(a)}{x-a}=\lim_{x\to a}\frac{x^n-a^n}{x-a}$$
$$=\lim_{x\to a}(x^{n-1}+ax^{n-2}+\cdots+a^{n-1})=na^{n-1}$$

把以上结果中的a换成x得$f'(x)=nx^{n-1}$，即
$$(x^n)'=nx^{n-1}$$

更一般地，对于幂函数$y=x^\mu$（μ为常数），有
$$(x^\mu)'=\mu x^{\mu-1}$$

这就是幂函数的导数公式，利用这个公式，可以很方便地求出幂函数的导数，例如：

当$\mu=\dfrac{1}{2}$时，$y=x^{\frac{1}{2}}=\sqrt{x}\,(x>0)$的导数为
$$\left(x^{\frac{1}{2}}\right)'=\frac{1}{2}x^{\frac{1}{2}-1}=\frac{1}{2}x^{-\frac{1}{2}}，即(\sqrt{x})'=\frac{1}{2\sqrt{x}}$$

当$\mu=-1$时，$y=x^{-1}=\dfrac{1}{x}\,(x\neq 0)$的导数为
$$(x^{-1})'=(-1)x^{-1-1}=-x^{-2}，即\left(\frac{1}{x}\right)'=-\frac{1}{x^2}.$$

【例 2.4】 求函数$f(x)=\sin x$的导数.

解：
$$f'(x)=\lim_{\Delta x\to 0}\frac{f(x+\Delta x)-f(x)}{\Delta x}=\lim_{\Delta x\to 0}\frac{\sin(x+\Delta x)-\sin(x)}{\Delta x}$$
$$=\lim_{\Delta x\to 0}\frac{2\cos\left(x+\dfrac{\Delta x}{2}\right)\sin\dfrac{\Delta x}{2}}{\Delta x}=\lim_{\Delta x\to 0}\cos\left(x+\frac{\Delta x}{2}\right)\frac{\sin\dfrac{\Delta x}{2}}{\dfrac{\Delta x}{2}}=\cos x.$$

即
$$(\sin x)'=\cos x.$$

用类似的方法，可求得 $(\cos x)'=-\sin x.$

【例 2.5】 求函数$f(x)=a^x\,(a>0,a\neq 1)$的导数.

解：$f'(x)=\lim\limits_{h\to 0}\dfrac{f(x+h)-f(x)}{h}=\lim\limits_{h\to 0}\dfrac{a^{x+h}-a^x}{h}=a^x\lim\limits_{h\to 0}\dfrac{a^h-1}{h}=a^x\ln a.$

即
$$(a^x)'=a^x\ln a.$$

这就是指数函数的导数公式. 特殊地，当$a=e$时，因$\ln e=1$，故有：
$$(e^x)'=e^x.$$

上式表明，以e为底的指数函数的导数就是它自己，这是以e为底的指数函数的一个重要特性.

5. 基本初等函数的导数公式

(1) $(C)'=0$； (2) $(x^\mu)'=\mu x^{\mu-1}$；

(3) $(a^x)'=a^x\ln a$；

(4) $(e^x)'=e^x$；

(5) $(\log_a x)'=\dfrac{1}{x\ln a}$；

(6) $(\ln x)'=\dfrac{1}{x}$；

(7) $(\sin x)'=\cos x$；

(8) $(\cos x)'=-\sin x$；

(9) $(\tan x)'=\sec^2 x$；

(10) $(\cot x)'=-\csc^2 x$；

(11) $(\sec x)'=\tan x\sec x$；

(12) $(\csc x)'=-\cot x\csc x$；

(13) $(\arcsin x)'=\dfrac{1}{\sqrt{1-x^2}}$；

(14) $(\arccos x)'=-\dfrac{1}{\sqrt{1-x^2}}$；

(15) $(\arctan x)'=\dfrac{1}{1+x^2}$；

(16) $(\text{arccot}x)'=-\dfrac{1}{1+x^2}$.

6. 导数的几何意义

函数在 x_0 处的导数 $f'(x_0)$ 在几何上表示曲线 $y=f(x)$ 在点 $M(x_0,y_0)$ 处的切线的斜率，即 $f'(x_0)=\tan\alpha$，α 为切线与 x 轴正向的夹角．

根据点斜式直线方程，可得曲线 $y=f(x)$ 在点 $M(x_0,y_0)$ 处的切线方程为

$$y-y_0=f'(x_0)(x-x_0).$$

若 $f'(x_0)\neq 0$，相应的曲线 $y=f(x)$ 在点 $M(x_0,y_0)$ 处的法线方程为

$$y-y_0=-\frac{1}{f'(x_0)}(x-x_0).$$

若 $f'(x_0)=0$，则曲线 $y=f(x)$ 在点 $M(x_0,y_0)$ 处的切线方程为：$y=y_0$，法线方程为：$x=x_0$.

【例 2.6】 求指数函数 $y=e^x$ 的图形在点（0，1）处的切线方程和法线方程．

解：由导数的几何意义知，$y=e^x$ 的图形在点（0，1）处的切线斜率为

$$y'\big|_{x=0}=e^0=1$$

所以切线方程为 $y-1=1(x-0)$，即 $y=x+1$

法线方程为 $y-1=-1(x-0)$，即 $y=-x+1$

【例 2.7】 求过点（2，0）且与曲线 $y=\dfrac{1}{x}$ 相切的直线方程．

解：显然点（2，0）不在曲线 $y=\dfrac{1}{x}$ 上．由导数的几何意义可知，若设切点为 (x_0, y_0)，则 $y_0=\dfrac{1}{x_0}$，所求切线斜率 k 为 $k=\left(\dfrac{1}{x}\right)'\Big|_{x=x_0}=-\dfrac{1}{x_0^2}$，

故所求切线方程为 $y-\dfrac{1}{x_0}=-\dfrac{1}{x_0^2}(x-x_0)$

又切线过点（2，0），所以有 $-\dfrac{1}{x_0}=-\dfrac{1}{x_0^2}(2-x_0)$

于是得 $x_0=1, y_0=1$，从而所求切线方程为：$y-1=-(x-1)$，

即 $y=2-x$

三、可导与连续的关系

【定理 2.1】 如果函数 $y=f(x)$ 在点 x 处可导，则函数在该点必连续．

证： 若函数 $y=f(x)$ 在点 x 处可导，即

$$\lim_{\Delta x\to 0}\frac{\Delta y}{\Delta x}=f'(x)$$

存在．则由函数极限运算法则，

$$\lim_{\Delta x\to 0}\Delta y=\lim_{\Delta x\to 0}\left(\frac{\Delta y}{\Delta x}\cdot\Delta x\right)=\lim_{\Delta x\to 0}\frac{\Delta y}{\Delta x}\cdot\lim_{\Delta x\to 0}\Delta x=0,$$

所以函数 $y=f(x)$ 在点 x 处是连续的．

但是该定理的逆命题不成立：函数 $y=f(x)$ 在某点连续不一定在该点处可导．

函数在一点是否可导，可以由其图形是否在这一点出现尖点来判断，可导函数的曲线应该是一条光滑的曲线．

【例 2.8】 研究函数

$$f(x)=\begin{cases}x^2, & x\geqslant 0,\\ x+1. & x<0.\end{cases}$$

在点 $x=0$ 处的连续性和可导性．

解： 因为 $\lim\limits_{x\to 0^-}f(x)=\lim\limits_{x\to 0^-}(x+1)=1\neq f(0)$．所以函数 $f(x)$ 在 $x=0$ 处不连续．由定理 2.1 的逆否命题，$f(x)$ 在 $x=0$ 处不可导．

【习题 2.1】

1. 单项选择题．

（1）当自变量 x 由 x_0 改变到 $x_0+\Delta x$ 时 $y=f(x)$ 的改变量 $\Delta y=$（　　）

A. $f(x_0+\Delta x)$　　B. $f'(x_0+\Delta x)$

C. $f(x_0+\Delta x)-f(x_0)$　　D. $f(x_0)\Delta x$

（2）设 $f(x)$ 在 $x=x_0$ 处可导，则 $f'(x_0)=$（　　）

A. $\lim\limits_{\Delta x\to 0}\dfrac{f(x_0-\Delta x)-f(x_0)}{\Delta x}$　　B. $\lim\limits_{h\to 0}\dfrac{f(x_0+h)-f(x_0-h)}{2h}$

C. $\lim\limits_{x\to 0}\dfrac{f(x_0)-f(x_0+2x)}{2x}$　　D. $\lim\limits_{x\to 0}\dfrac{f(x)-f(0)}{x}$

（3）函数 $f(x)$ 在 $x=x_0$ 处连续是 $f(x)$ 在 $x=x_0$ 处可导的（　　）

A. 必要但非充分条件　　B. 充分但非必要条件

C. 充分必要条件　　D. 既非充分又非必要条件

2. 下列各题中均假定 $f'(x_0)$ 存在，按照导数的定义，求 A 的值．

（1）$\lim\limits_{\Delta x\to 0}\dfrac{f(x_0-\Delta x)-f(x_0)}{\Delta x}=A$，则 $A=$ ________

（2）$\lim\limits_{h\to 0}\dfrac{f(x_0+h)-f(x_0-h)}{h}=A$，则 $A=$ ________

3. 讨论函数 $y=|\sin x|$ 在 $x=0$ 处的连续性与可导性．

4. 求函数 $y=2x^2-3$ 在 $x=1$ 处的切线方程和法线方程．

第二节

函数求导法则

在上一节中，我们根据导数的定义，求得一些简单的函数的导数，但这样毕竟比较麻烦，因此有必要推导出一套简单适用的求导方法，本节将给出各类基本初等函数的求导公式以及关于函数的四则运算、复合函数及隐函数的求导法则．

一、函数和、差、积、商的求导法则

设函数 $u=u(x)$ 及 $v=v(x)$ 在点 x 处具有导数，根据导数定义，很容易得到和、差、积、商的求导法则．

（1）$[u(x)\pm v(x)]'=u'(x)\pm v'(x)$

（2）$[u(x)\cdot v(x)]'=u'(x)v(x)+u(x)v'(x)$

（3）$\left[\dfrac{u(x)}{v(x)}\right]'=\dfrac{u'(x)v(x)-u(x)v'(x)}{v^2(x)}\quad[v(x)\neq 0]$

由于这三条运算法则的证明方法大同小异，所以我们只证明第（3）个运算法则，其他运算法则，可以参照证明．

证：（3）：设 $y=f(x)=\dfrac{u(x)}{v(x)}$

$$\Delta y=\frac{u(x+\Delta x)}{v(x+\Delta x)}-\frac{u(x)}{v(x)}=\frac{u(x+\Delta x)v(x)-u(x)v(x+\Delta x)}{v(x+\Delta x)v(x)}$$

$$=\frac{[u(x+\Delta x)-u(x)]v(x)-u(x)[v(x+\Delta x)-v(x)]}{v(x+\Delta x)v(x)}$$

$$\frac{\Delta y}{\Delta x}=\frac{\dfrac{u(x+\Delta x)-u(x)}{\Delta x}v(x)-u(x)\dfrac{v(x+\Delta x)-v(x)}{\Delta x}}{v(x+\Delta x)v(x)}$$

因为 $v(x)$ 在点 x 处可导，所以它在点 x 处连续，于是 $\Delta x\to 0$ 时，$v(x+\Delta x)\to v(x)$，

从而 $\displaystyle\lim_{\Delta x\to 0}\frac{\Delta y}{\Delta x}=\frac{u'(x)v(x)-u(x)v'(x)}{v^2(x)}$

即
$$y'=\left(\frac{u}{v}\right)'=\frac{u'v-uv'}{v^2}$$

利用上述定理，可以得到以下两个推论：

（1）$(cu)'=cu'$　　（2）$(uvw)'=u'vw+uv'w+uvw'$．

学习了函数的和、差、积、商的求导法则后，由基本初等函数经加、减、乘、除运算得到的函数，均可利用求导法则与导数公式求导，而不需要回到导数的定义去求．

【例 2.9】 设函数 $f(x)=x^3+2\sin x$，求 $f'(x)$ 和 $f'(0)$．

解： $f'(x)=(x^3)'+(2\sin x)'=3x^2+2\cos x$

$f'(0)=3\times0^2+2\cos0=2$

【例 2.10】 设函数 $y=\sqrt{x}\sin x+(2e)^{-1}+3\ln x$，求 y'.

解：$y'=(\sqrt{x}\sin x)'+[(2e)^{-1}]'+(3\ln x)'$

$$=(\sqrt{x})'\sin x+\sqrt{x}(\sin x)'+0+\frac{3}{x}=\frac{\sin x}{2\sqrt{x}}+\sqrt{x}\cos x+\frac{3}{x}$$

【例 2.11】 设 $y=\tan x$，求 y'.

解：$y'=(\tan x)'=\left(\frac{\sin x}{\cos x}\right)'=\frac{(\sin x)'\cos x-\sin x(\cos x)'}{\cos^2 x}$

$$=\frac{\cos^2 x+\sin^2 x}{\cos^2 x}=\frac{1}{\cos^2 x}=\sec^2 x$$

即

$$(\tan x)'=\sec^2 x$$

【例 2.12】 设 $y=\sec x$，求 y'.

解：$y'=(\sec x)'=\left(\frac{1}{\cos x}\right)'=\frac{(1)'\cos x-1\cdot(\cos x)'}{\cos^2 x}=\frac{\sin x}{\cos^2 x}=\sec x\tan x$

即

$$(\sec x)'=\sec x\tan x.$$

二、复合函数的求导法则

【定理 2.2】 复合函数求导法则（链导法）

如果 $u=\varphi(x)$ 在点 x_0 处可导，而 $y=f(u)$ 在点 $u_0=\varphi(x_0)$ 处可导，则复合函数 $y=f[\varphi(x)]$ 在点 x_0 处可导，且其导数为

$$\left.\frac{dy}{dx}\right|_{x=x_0}=f'(u_0)\cdot\varphi'(x_0).$$

证：由于 $y=f(u)$ 在点 u_0 处可导，因此 $\lim\limits_{\Delta u\to0}\frac{\Delta y}{\Delta u}=f'(u_0)$ 存在，于是根据极限与无穷小的关系有

$$\frac{\Delta y}{\Delta u}=f'(u_0)+\alpha$$

其中 α 是 $\Delta u\to0$ 时的无穷小．上式中 $\Delta u\neq0$，用 Δu 乘上式两边，得

$$\Delta y=f'(u_0)\Delta u+\alpha\cdot\Delta u$$

当 $\Delta u=0$ 时，规定 $\alpha=0$，这时因 $\Delta y=f(u_0+\Delta u)-f(u_0)=0$，
而 $\Delta y=f'(u_0)\Delta u+\alpha\cdot\Delta u$ 右端亦为零，故 $\Delta y=f'(u_0)\Delta u+\alpha\cdot\Delta u$ 对 $\Delta u=0$ 也成立．用 $\Delta y=f'(u_0)\Delta u+\alpha\cdot\Delta u$ 两边分别除以 $\Delta x(\neq0)$，得

$$\frac{\Delta y}{\Delta x}=f'(u_0)\frac{\Delta u}{\Delta x}+\alpha\cdot\frac{\Delta u}{\Delta x}$$

于是

$$\lim_{\Delta x\to0}\frac{\Delta y}{\Delta x}=\lim_{\Delta x\to0}\left[f'(u_0)\frac{\Delta u}{\Delta x}+\alpha\cdot\frac{\Delta u}{\Delta x}\right]$$

根据函数在某点可导必在该点连续的性质知道，当 $\Delta x\to0$ 时，$\Delta u\to0$，可以推知：

$$\lim_{\Delta x\to0}\alpha=\lim_{\Delta u\to0}\alpha=0$$

又因 $u=\varphi(x)$ 在点 x_0 处可导，有 $\lim\limits_{\Delta x\to 0}\dfrac{\Delta u}{\Delta x}=\varphi'(x_0)$，

故
$$\lim_{\Delta x\to 0}\frac{\Delta u}{\Delta x}=f'(u_0)\lim_{\Delta x\to 0}\frac{\Delta u}{\Delta x}$$

即
$$\left.\frac{dy}{dx}\right|_{x=x_0}=f'(u_0)\cdot\varphi'(x_0)$$

复合函数的求导法则可以推广到多个中间变量的情形．我们以两个中间变量为例：

设 $y=f(u),u=\varphi(v),v=\psi(x)$，则

$$\frac{dy}{dx}=\frac{dy}{du}\cdot\frac{du}{dx}，\text{而}\frac{du}{dx}=\frac{du}{dv}\cdot\frac{dv}{dx}$$

故复合函数 $y=f\{\varphi[\psi(x)]\}$ 的导数为

$$\frac{dy}{dx}=\frac{dy}{du}\cdot\frac{du}{dv}\cdot\frac{dv}{dx}.$$

当然，这里假定上式右端所出现的导数在相应处都存在．

【例 2.13】 设函数 $y=e^{x^3}$，求 $\dfrac{dy}{dx}$.

解： 函数 $y=e^{x^3}$ 可看作由 $y=e^u$，$u=x^3$ 复合而成的,因此

$$\frac{dy}{dx}=\frac{dy}{du}\cdot\frac{du}{dx}=e^u\cdot 3x^2=3x^2e^{x^3}.$$

【例 2.14】 设函数 $y=\sin^2x$，求 $\dfrac{dy}{dx}$.

解： 函数 $y=\sin^2x$ 是由 $y=u^2$ 和 $u=\sin x$ 复合而成，因此

$$\frac{dy}{dx}=\frac{dy}{du}\cdot\frac{du}{dx}=(u^2)'(\sin x)'=2u\cos x=2\sin x\cos x=\sin 2x.$$

【例 2.15】 设函数 $y=\ln\cos x$，求 y'.

解： $y'=\dfrac{1}{\cos x}\cdot(\cos x)'=\dfrac{1}{\cos x}\cdot(-\sin x)=-\tan x$

【例 2.16】 $y=f(e^{-x})$，求 $\dfrac{dy}{dx}$.

解： 所给函数为抽象复合函数，可分解为 $y=f(u)$，$u=e^{-x}$

$$\frac{dy}{du}=f'(u),\frac{du}{dx}=-e^{-x}$$

所以
$$\frac{dy}{dx}=\frac{dy}{du}\cdot\frac{du}{dx}=-e^{-x}f'(u)=-e^{-x}f'(e^{-x})$$

三、隐函数的导数

函数 $y=f(x)$ 表示两个变量 y 与 x 的对应关系，这种对应关系可以用不同的形式表达．前面所遇到的函数，如 $y=\sin x\ln x$，$y=\arcsin\dfrac{1}{x}$ 等等，都是直接给出自变量 x 的取值与因变量 y 之间的关系，即显函数关系．

如果在含变量 x 和 y 的关系式 $F(x,y)=0$ 中，当 x 取某区间 I 内的任一值时，相应地

总有满足该方程的唯一的 y 值与之对应，那么就说方程 $F(x,y)=0$ 在该区间内确定了一个隐函数 $y=y(x)$．这时 y 不一定都能用关于 x 的表达式表示．

若方程 $F(x,y)=0$ 确定了隐函数 $y=y(x)$，则将它代入方程中，得

$$F[x,y(x)]=0$$

把一个隐函数化成显函数，叫作隐函数的显化．例如从方程 $x+y^3-1=0$ 解出 $y=\sqrt[3]{1-x}$，就把隐函数化成了显函数，然后根据显函数求导数．

【例 2.17】 求由方程 $x^2+y^2=R^2$，$(y\geqslant0)$ 所确定的函数 y 的导函数．

解法 1：由方程 $x^2+y^2=R^2$ 可解得 $y=\sqrt{R^2-x^2}$

于是
$$y'=\frac{1}{2\sqrt{R^2-x^2}}(-2x)=\frac{-x}{\sqrt{R^2-x^2}}=-\frac{x}{y}$$

隐函数的显化有时是有困难的，甚至是不可能的，如 $xy+e^y=e$，但在实际问题中，有时需要计算隐函数的导数．因此，我们希望有一种方法，不管隐函数能否显化，都能直接由方程算出它所确定的隐函数的导数来．

解法 2：不具体地解出 y 来，而仅将 y 看作 x 的函数：$y=y(x)$，故将此函数 $y=y(x)$ 带入该方程．该方程便成为恒等式：$x^2+y(x)^2=R^2$

此恒等式两端同时对自变量 x 求导，利用复合函数的求导法则，得到

$$2x+2yy'=0$$

由此即得
$$y'=-\frac{x}{y}$$

解法 2 所用的方法称为**隐函数的求导法**．

隐函数求导步骤：

（1）方程两端同时对 x 求导数，注意把 y 当作 x 的函数来看待，利用复合函数求导法则．

（2）从求导后的方程中解出 y' 来．

（3）隐函数求导允许其结果中含有 y．但求一点的导数时不但要把 x 值代进去，还要把对应的 y 值代进去．

【例 2.18】 方程 $xy+e^y=e$ 确定了 y 是 x 的函数，求 $y'(0)$．

解：方程 $xy+e^y=e$ 两端同时对 x 求导得

$$y+xy'+e^yy'=0$$

$$y'=-\frac{y}{x+e^y}$$

因为 $x=0$ 时，$y=1$．

所以
$$y'(0)=-\frac{y}{x+e^y}\bigg|_{\substack{x=0\\y=1}}=-\frac{1}{e}.$$

【例 2.19】 求方程 $y=\cos(x+y)$ 所确定的导数 $\frac{dy}{dx}$．

解：将方程两边关于 x 求导，$y'=-\sin(x+y)(1+y')$，

$$y'=\frac{-\sin(x+y)}{1+\sin(x+y)}\quad[1+\sin(x+y)\neq0].$$

对于幂指函数 $y=u(x)^{v(x)}$ 是不能直接求导的，我们可以通过方程两端取对数化幂指函数为隐函数，从而求出导数 y'，这种方法称为**对数求导法**.

【**例 2.20**】 求 $y=x^{\sin x}(x>0)$ 的导数.

解：这个函数是幂指函数. 为求此函数的导数，先在两边取自然对数，得

$$\ln y=\ln x^{\sin x}=\sin x\cdot\ln x.$$

上式两边对 x 求导，注意到 y 是 x 的函数，得

$$\frac{1}{y}y'=\cos x\cdot\ln x+\sin x\cdot\frac{1}{x},$$

于是

$$y'=y\left(\cos x\cdot\ln x+\frac{\sin x}{x}\right)=x^{\sin x}\left(\cos x\cdot\ln x+\frac{\sin x}{x}\right).$$

由于对数具有化积商为和差的性质，因此我们可以把多因子乘积开方的求导运算，通过取自然对数得到化简.

【**例 2.21**】 求 $y=\sqrt{\dfrac{(x^2+2)^3}{(x^4+1)(x^2+1)}}$ 的导数.

解：先在两边取自然对数，得

$$\ln y=\frac{1}{2}[3\ln(x^2+2)-\ln(x^4+1)-\ln(x^2+1)].$$

上式两边对 x 求导，得

$$\frac{y'}{y}=\frac{1}{2}\left(\frac{6x}{x^2+2}-\frac{4x^3}{x^4+1}-\frac{2x}{x^2+1}\right),$$

于是

$$y'=y\cdot\frac{1}{2}\left(\frac{6x}{x^2+2}-\frac{4x^3}{x^4+1}-\frac{2x}{x^2+1}\right)$$

即

$$y'=\frac{1}{2}\sqrt{\frac{(x^2+2)^3}{(x^4+1)(x^2+1)}}\left(\frac{6x}{x^2+2}-\frac{4x^3}{x^4+1}-\frac{2x}{x^2+1}\right)$$

注：关于幂指函数求导，除了取对数的方法外也可以采取化指数的办法. 例如 $x^x=e^{x\ln x}$，这样就可把幂指函数求导转化为复合函数求导；例如求 $y=x^{e^x}+e^{x^6}$ 的导数时，化指数方法比取对数方法来得简单，且不容易出错.

四、由参数方程确定的函数的求导

若由参数方程 $\begin{cases}x=\varphi(t)\\y=\psi(t)\end{cases}$ 确定了 y 是 x 的函数，并且函数 $x=\varphi(t)$ 具有单调连续反函数 $t=\overline{\varphi}(x)$，且此反函数能与函数 $y=\psi(t)$ 复合成复合函数，那么由参数方程 $\begin{cases}x=\varphi(t)\\y=\psi(t)\end{cases}$ 所确定的函数，可以看成由函数 $y=\psi(t)$、$t=\overline{\varphi}(x)$ 复合而成的函数 $y=\psi[\overline{\varphi}(x)]$. 现在，要计算这个复合函数的导数. 为此，再假定函数 $x=\varphi(t)$、$y=\psi(t)$ 都可导，而且 $\varphi'(t)\neq0$. 于是根据复合函数的求导法则与反函数的导数公式，就有

$$\frac{dy}{dx}=\frac{dy}{dt}\cdot\frac{dt}{dx}=\frac{dy}{dt}\cdot\frac{1}{\frac{dx}{dt}}=\frac{\psi'(t)}{\varphi'(t)},$$

即
$$\frac{dy}{dx}=\frac{\psi'(t)}{\varphi'(t)}.$$

上式也可写成
$$\frac{dy}{dx}=\frac{\frac{dy}{dt}}{\frac{dx}{dt}}.$$

【例 2.22】 求由下列参数方程所确定的函数的导数$\frac{dy}{dx}$.

（1）$\begin{cases}x=1+\sin t,\\ y=t\cos t.\end{cases}$ （2）$\begin{cases}x=\ln(1+t^2)+1,\\ y=2\arctan t-(1+t)^2.\end{cases}$

解：（1）$\frac{dx}{dt}=\cos t,\frac{dy}{dt}=\cos t-t\sin t,$

所以
$$\frac{dy}{dx}=\frac{\frac{dy}{dt}}{\frac{dx}{dt}}=\frac{\cos t-t\sin t}{\cos t}=1-t\tan t$$

（2）$\frac{dx}{dt}=\frac{2t}{1+t^2},\frac{dy}{dt}=\frac{2}{1+t^2}-2(t+1)=\frac{-2(t^3+t^2+t)}{1+t^2}$

所以
$$\frac{dy}{dx}=\frac{\frac{dy}{dt}}{\frac{dx}{dt}}=\frac{\frac{-2(t^3+t^2+t)}{1+t^2}}{\frac{2t}{1+t^2}}=-(t^2+t+1)$$

【例 2.23】 求椭圆的参数方程$\begin{cases}x=a\cos t\\ y=b\sin t\end{cases}$在$t=\frac{\pi}{4}$处的切线方程.

解：当$t=\frac{\pi}{4}$时，椭圆上的相应点M_0的坐标为
$$x_0=a\cos\frac{\pi}{4}=\frac{\sqrt{2}a}{2},y_0=b\sin\frac{\pi}{4}=\frac{\sqrt{2}b}{2}$$

椭圆在点M_0处的切线斜率
$$\frac{dy}{dx}=\frac{(b\sin t)'}{(a\cos t)'}\bigg|_{t=\frac{\pi}{4}}=-\frac{b\cos t}{a\sin t}\bigg|_{t=\frac{\pi}{4}}=-\frac{b}{a}$$

于是椭圆在点M_0处得切线方程为
$$y-\frac{\sqrt{2}}{2}b=-\frac{b}{a}\left(x-\frac{\sqrt{2}a}{2}\right)$$

化简得
$$bx+ay-\sqrt{2}b=0$$

五、反函数的导数

至今，我们没有合适的方法求出三角函数所对应的反函数的导数，用下面介绍的反函数的求导法则就可逐一解决.

设 $x=\varphi(y)$ 是直接函数，在区间 I_y 内单调且连续，那么它的反函数 $y=f(x)$ 在对应的区间 $I_x=\{x|x=\varphi(y),t\in I_y\}$ 内也是单调、连续的．若再假定 $x=\varphi(y)$ 在区间 I_y 内可导且在点 $y\in I_y$ 处，$\varphi(y)\neq 0$. 在此假定下，考虑它的反函数 $y=f(x)$ 在对应点 x 处的可导性及与导数 $f'(x)$ 与 $\varphi'(y)$ 的关系．

任取 $x\in I_x$，给 x 以增量 Δx（$\Delta x\neq 0, x+\Delta x\in I_x$），由 $y=f(x)$ 单调，可得 $\Delta y=f(x+\Delta x)-f(x)\neq 0$，于是有

$$\frac{\Delta y}{\Delta x}=\frac{1}{\frac{\Delta x}{\Delta y}}$$

因为 $y=f(x)$ 连续，所以 $\Delta x\to 0$ 时，必有 $\Delta y\to 0$，从而有

$$\lim_{\Delta x\to 0}\frac{\Delta y}{\Delta x}=\lim_{\Delta y\to 0}\frac{1}{\frac{\Delta x}{\Delta y}}=\frac{1}{\varphi'(y)}$$

这说明反函数 $y=f(x)$ 在点 x 处可导，且

$$f'(x)=\frac{1}{\varphi'(y)}$$

【定理 2.3】 设函数 $x=\varphi(y)$ 在 I_y 内单调、可导，且 $\frac{dx}{dy}=\varphi'(y)\neq 0$，则它的反函数 $y=f(x)$ 在对应区间 I_x 内单调、可导，且 $f'(x)=\frac{1}{\varphi'(y)}$.

可以简单地表述为：反函数的导数是其直接函数的导数的倒数．

【例 2.24】 设 $y=\arcsin x$，求 y'.

解： $y=\arcsin x(-1\leqslant x\leqslant 1)$ 是函数 $x=\sin y\left(-\frac{\pi}{2}\leqslant x\leqslant\frac{\pi}{2}\right)$ 的反函数，而 $x=\sin y$ 在 $\left(-\frac{\pi}{2}\leqslant y\leqslant\frac{\pi}{2}\right)$ 单调增加、可导，且

$$(\sin y)'_y=\cos y>0$$

所以 $y=\arcsin x$ 在 $[-1,1]$ 内每点都可导，并有

$$y'=(\arcsin x)'=\frac{1}{(\sin y)'}=\frac{1}{\cos y}$$

又在 $\left(-\frac{\pi}{2},\frac{\pi}{2}\right)$ 内，$\cos y=\sqrt{1-\sin^2 y}=\sqrt{1-x^2}$，于是有

$$(\arcsin x)'=\frac{1}{\sqrt{1-x^2}}$$

同样我们可得到

$$(\arccos x)'=-\frac{1}{\sqrt{1-x^2}}$$

【例 2.25】 求反正切函数 $y=\arctan x$ 的导数．

解： $y=\arctan x$ 时 $x=\tan y$ 的反函数，而 $x=\tan y$ 在 $\left(-\frac{\pi}{2},\frac{\pi}{2}\right)$ 内单调增加、可导，且 $(\tan y)'=\sec^2 y>0$，所以 $y=\arctan x$ 每点都可导，并有

$$y' = (\arctan x)' = \frac{1}{(\tan y)'} = \frac{1}{\sec^2 y}, \text{ 又} \sec^2 y = 1 + \tan^2 y = 1 + x^2$$

于是有
$$(\arctan x)' = \frac{1}{1+x^2}$$

类似地，可求得
$$(\operatorname{arccot} x)' = -\frac{1}{1+x^2}.$$

【例 2.26】 求对数函数 $y = \log_a x(a>0, a\neq 1)$ 的导数．

解： $y = \log_a x(a>0, a\neq 1)$ 是 $x = a^y(a>0, a\neq 1)$ 的反函数，$(a^y)' = a^y \ln a$

于是有
$$y' = (\log_a x)' = \frac{1}{a^y \ln a} = \frac{1}{x\ln a}.$$

特别地，当 $a=e$ 时，可以得到自然对数的导数公式
$$y' = (\ln x)' = \frac{1}{x}.$$

六、高阶导数

前面已经看到，当 x 变动时，$f(x)$ 的导数 $f'(x)$ 仍是 x 的函数，因而可将 $f'(x)$ 再对 x 求导数，所得出的结果 $[f'(x)]'$（如果存在）就称为 $f(x)$ 的二阶导数．

我们知道，在物理学上变速直线运动的速度 $v(t)$ 是位置函数 $s(t)$ 对时间 t 的导数，即
$$v = \frac{ds}{dt}$$

而加速度 a 又是速度 v 对时间 t 的变化率，即速度 v 对时间 t 的导数
$$a = \frac{dv}{dt} = \frac{d}{dt}\left(\frac{ds}{dt}\right), \text{ 或 } a = s''(t)$$

这种导数的导数 $a = \frac{d}{dt}\left(\frac{ds}{dt}\right)$ 叫作 s 对 t 的二阶导数．

【定义 2.2】 若函数 $f(x)$ 的导函数 $f'(x)$ 在点 x_0 处可导，则称 $f'(x)$ 在点 x_0 的导数为 $f(x)$ 在点 x_0 的二阶导数，记作 $f''(x_0)$，即
$$\lim_{x\to x_0}\frac{f'(x)-f'(x_0)}{x-x_0} = f''(x_0)$$
此时称 $f(x)$ 在点 x_0 二阶可导．

如果 $f(x)$ 在区间 I 上每一点都二阶可导，则得到一个定义在区间 I 上的二阶可导函数，记作 $f''(x)$，$x\in I$，或记作 $f''(x)$，y''，$\frac{d^2y}{dx^2}$.

函数 $y=f(x)$ 的二阶导数 $f''(x)$ 一般仍是 x 的函数．如果 $f''(x)$ 的导数存在，对它再求导，称之为函数 $y=f(x)$ 的三阶导数，记为 y'''，$f'''(x)$，或 $\frac{d^3y}{dx^3}$. 函数 $y=f(x)$ 的 $n-1$ 阶导数的导数称为函数 $y=f(x)$ 的 n 阶导数，记为 $y^{(n)}$，$f^{(n)}(x)$，或 $\frac{d^ny}{dx^n}$.

相应地，$y=f(x)$ 在 x_0 的 n 阶导数记为：$y^{(n)}\Big|_{x=x_0}$，$f^{(n)}(x_0)$，$\dfrac{d^n y}{dx^n}\Big|_{x=x_0}$.

所有二阶及二阶以上的导数都称为**高阶导数**.

【例 2.27】 求函数 $y=\cos^2 x$ 的二阶导数.

解： $y'=2\cos x(-\sin x)=-\sin 2x$

$y''=-(\sin 2x)'=-2\cos 2x$

【例 2.28】 设一质点作简谐运动，其运动规律为 $s=A\sin\omega t$（A,ω 是常数），求该质点在时刻 t 的速度和加速度.

解： 由一阶导数和二阶导数的物理意义知

$$v(t)=\frac{ds}{dt}=(A\sin\omega t)'=A\omega\cos\omega t$$

$$a(t)=\frac{d^2 s}{dt^2}=(A\omega\cos\omega t)'=-A\omega^2\sin\omega t$$

【例 2.29】 求幂函数 $y=x^n$（n 为正整数）的 n 阶导数.

解： 一般地，任何首项系数为 1 的多项式：$x^n+a_1x^{n-1}+a_2x^{n-2}+\cdots+a_n$ 的 n 阶导数为 $n!$，$n+1$ 阶导数为零.

【例 2.30】 求 $y=e^x$ 的 n 阶导数.

解： $y=e^x, y'=e^x, y''=e^x,\cdots$，一般地，$y^{(n)}=e^x$，即有

$$(e^x)^{(n)}=e^x.$$

【例 2.31】 设 $y=\sin x$，求 $y^{(n)}$

解： $y'=\cos x=\sin\left(x+\dfrac{\pi}{2}\right)$

$$y''=\left[\sin\left(x+\frac{\pi}{2}\right)\right]'=\cos\left(x+\frac{\pi}{2}\right)=\sin\left(x+\frac{\pi}{2}+\frac{\pi}{2}\right)=\sin\left(x+\frac{2\pi}{2}\right)$$

$$y'''=\left[\sin\left(x+\frac{2\pi}{2}\right)\right]'=\cos\left(x+\frac{2\pi}{2}\right)=\sin\left(x+\frac{2\pi}{2}+\frac{\pi}{2}\right)=\sin\left(x+\frac{3\pi}{2}\right)$$

$$y^{(4)}=\left[\sin\left(x+\frac{3\pi}{2}\right)\right]'=\cos\left(x+\frac{3\pi}{2}\right)=\sin\left(x+\frac{3\pi}{2}+\frac{\pi}{2}\right)=\sin\left(x+\frac{4\pi}{2}\right)$$

用数学归纳法可得

$$y^{(n)}=\sin\left(x+\frac{n\pi}{2}\right).$$

同理可得

$$(\cos x)^{(n)}=\cos\left(x+\frac{n\pi}{2}\right).$$

【习题 2.2】

1. 已知函数 $y=\sin x-\cos x$ 求 $y'\Big|_{x=\frac{\pi}{6}}$.

2. 求下列函数的导数.

（1）$y=5x^3-2^x+3e^x+2$　　（2）$y=\frac{\ln x}{x}$

（3）$y=\frac{1+\sin x}{1+\cos x}$　　（4）$y=e^x\cdot 2^x$

（5）$y=\sin x\ln x$　　（6）$y=x^2\sin e$

（7）$y=2^x+\ln\pi$　　（8）$y=2^x e^x\pi^x$

3. 求下列复合函数的导数.

（1）$y=(\sin x)^3$　　（2）$y=e^{-\frac{x}{2}}\cos 3x$

（3）$y=\cos\frac{1}{x}$　　（4）$y=\frac{\sin 2x}{x}$

（5）$y=\ln(x+\sqrt{a^2-x^2})$　　（6）$y=\ln\ln\ln(x^2+1)$

（7）$y=\sqrt{x+\sqrt{x}}$　　（8）$y=x\sin\frac{x}{2}+\sqrt{4-x^2}$

（9）$y=\arcsin\frac{1}{x}$

4. 设$f(x)$可导，求$\frac{dy}{dx}$（所出现的抽象函数均可导）.

（1）$y=f(e^x)\cdot e^{f(x)}$　　（2）$y=f(\sin^2x)+f(\cos^2x)$

5. 求由下列方程所确定的隐函数的导数$\frac{dy}{dx}$.

（1）$y^2-2xy+9=0$　　（2）$x^3+y^3-3axy=0$

（3）$xy=e^{x+y}$　　（4）$y=1-xe^y$

（5）$\sin(x+y)=\cos x\ln y$　　（6）$\sqrt{x}+\sqrt{y}=\sqrt{a}$

（7）$x^3+y^3=a^3$

6. 用对数求导法求下列函数的导数.

（1）$y=\left(\frac{x}{1+x}\right)^x$　　（2）$y=\frac{\sqrt{x+2}(3-x)^4}{(x+1)^5}$

7. 求下列函数的二阶导数

（1）$y=\sin x\cdot e^{2x-1}$　　（2）$y=\frac{\ln x}{x}$

8. 设$f(x)=(x+10)^6$，求$f'''(2)$.

第三节
微分及其应用

一、微分的定义及其几何意义

1. 微分的定义

先分析一个具体问题，一块正方形金属薄片受温度变化的影响，其边长由 x_0 变到 $x_0+\Delta x$（见图 2.2），问此薄片的面积改变了多少？

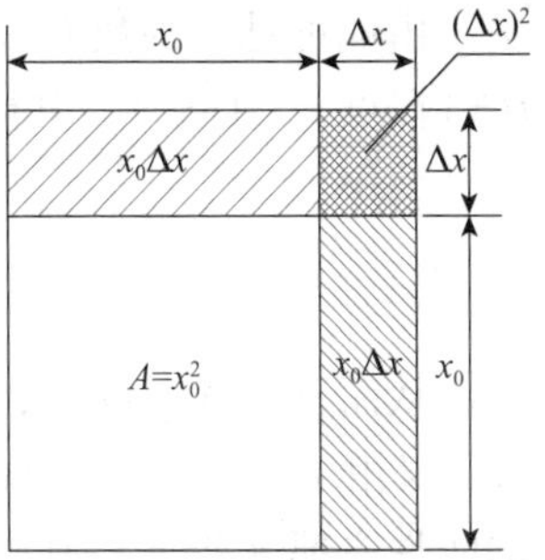

图 2.2

设此薄片的边长为 x，面积为 A，则 A 是 x 的函数：$A=x^2$. 薄片受温度变化的影响时面积的改变量，可以看成当自变量 x 自 x_0 取得增量 Δx 时，函数 A 相应的增量 ΔA，即

$$\Delta A=(x_0+\Delta x)^2-x_0^2=2x_0\Delta x+(\Delta x)^2.$$

从上式可以看出，ΔA 分成两部分，第一部分 $2x_0\Delta x$ 是 Δx 的线性函数，即图中带有斜线的两个矩形面积之和，而第二部分 $(\Delta x)^2$ 在图中是带有交叉斜线的小正方形的面积，当 $\Delta x\to 0$ 时，第二部分 $(\Delta x)^2$ 是比 Δx 高阶的无穷小，即 $(\Delta x)^2=o(\Delta x)$. 由此可见，如果边长改变很微小，即 $|\Delta x|$ 很小时，面积的改变量 ΔA 可近似地用第一部分来代替.

一般地，如果函数 $y=f(x)$ 满足一定条件，则函数的增量 Δy 可表示为

$$\Delta y=A\Delta x+o(\Delta x)$$

其中 A 是不依赖于 Δx 的常数，因此 $A\Delta x$ 是 Δx 的线性函数，且它与 Δy 之差

$$\Delta y-A\Delta x=o(\Delta x)$$

是比 Δx 高阶的无穷小. 所以，当 $A\neq 0$，且 $|\Delta x|$ 很小时，我们就可近似地用 $A\Delta x$ 来代替 Δy.

【定义 2.3】 设函数 $y=f(x)$ 在某区间内有定义，$x_0+\Delta x$ 及 x_0 在这区间内，如果函数的增量

$$\Delta y=f(x_0+\Delta x)-f(x_0) \tag{2.3}$$

可表示为

$$\Delta y=A\Delta x+o(\Delta x)$$

其中 A 是不依赖于 Δx 的常数，而 $o(\Delta x)$ 是比 Δx 高阶的无穷小，那么称函数 $y=f(x)$ 在点 x_0 是可微的，而 $A\Delta x$ 叫作函数 $y=f(x)$ 在点 x_0 相应于自变量增量 Δx 的微分，记作 dy，即

$$dy=A\Delta x$$

下面讨论函数可微的条件. 设函数 $y=f(x)$ 在点 x_0 处可微，则按定义 $\Delta y=A\Delta x+o(\Delta x)$ 式成立. 式 2.3 两边除以 Δx，得

$$\frac{\Delta y}{\Delta x}=A+\frac{o(\Delta x)}{\Delta x}$$

于是，当 $\Delta x\to 0$ 时，由上式就得到 $A=\lim\limits_{\Delta x\to 0}\frac{\Delta y}{\Delta x}=f'(x_0)$. 因此，如果函数 $f(x)$ 在点 x_0 可微，则 $f(x)$ 在点 x_0 也一定可导［即 $f'(x_0)$ 存在］，且 $A=f'(x_0)$.

反之，如果 $y=f(x)$ 在点 x_0 可导，即 $\lim\limits_{\Delta x\to 0}\frac{\Delta y}{\Delta x}=f'(x_0)$ 存在，根据极限与无穷小的关系，上式可写成 $\frac{\Delta y}{\Delta x}=f'(x_0)+\alpha$，其中 $\alpha\to 0$（当 $\Delta x\to 0$）. 由此又有

$$\Delta y=f'(x_0)\Delta x+\alpha\Delta x$$

因 $\alpha\Delta x=o(\Delta x)$，且不依赖于 Δx，所以 $f(x)$ 在点 x_0 也是可微的.

由此可见，函数$f(x)$在点x_0可微的充分必要条件是函数$f(x)$在点x_0处可导，且当$f(x)$在点x_0可微时，其微分是

$$dy=f'(x_0)\Delta x$$

当$f'(x_0)\neq 0$时，有 $\lim\limits_{\Delta x\to 0}\frac{\Delta y}{dy}=\lim\limits_{\Delta x\to 0}\frac{\Delta y}{f'(x_0)\Delta x}=\frac{1}{f'(x_0)}\cdot\lim\limits_{\Delta x\to 0}\frac{\Delta y}{\Delta x}=1.$

从而，当$\Delta x\to 0$时，Δy与dy是等价无穷小，这时有$\Delta y=dy+o(dy)$，即dy是Δy的主部．又由于$dy=f'(x_0)\Delta x$是Δx的线性函数，所以在$f'(x_0)\neq 0$的条件下，我们说dy是Δy**的线性主部**（当$\Delta x\to 0$）．有

$$\lim_{\Delta x\to 0}\frac{\Delta y-dy}{dy}=0$$

从而也有

$$\lim_{\Delta x\to 0}\left|\frac{\Delta y-dy}{dy}\right|=0$$

式中，$\left|\frac{\Delta y-dy}{dy}\right|$表示以$dy$近似代替$\Delta y$时的相对误差，于是我们得到结论：在$f'(x_0)\neq 0$的条件下，以微分$dy=f'(x_0)\Delta x$近似代替增量$\Delta y=f(x_0+\Delta x)-f(x_0)$时，相对误差当$\Delta x\to 0$时趋于零．因此，在$|\Delta x|$很小时，有精确度较好的近似等式

$$\Delta y\approx dy$$

函数$y=f(x)$在任意点x的微分，称为**函数的微分**，记作dy或$df(x)$，即

$$dy=f'(x)\Delta x$$

因为 $dx=x'\Delta x=\Delta x$　　所以 $dy=f'(x)dx$

由微分的定义，我们可以把导数看成微分的商．例如，求$\sin x$对$\sqrt{x}$的导数时就可以看成$\sin x$微分与$\sqrt{x}$微分的商，即

$$\frac{d\sin x}{d\sqrt{x}}=\frac{\cos x dx}{\frac{1}{2\sqrt{x}}dx}=2\sqrt{x}\cos x$$

2. 微分的几何意义

为了对微分有比较直观的了解，我们来说明微分的几何意义．在直角坐标系中，函数$y=f(x)$的图形是一条曲线．对于某一固定的x_0值，曲线上有一个确定点$M(x_0,y_0)$．当自变量x有微小增量Δx时，就得到曲线上另一点$N(x_0+\Delta x,y_0+\Delta y)$．从图2.3可知：$MQ=\Delta x$，$NQ=\Delta y$．过$M$点作曲线的切线，它的倾角为$\alpha$，则

$$QP=MQ\cdot\tan\alpha=\Delta x\cdot f'(x_0)$$

即 $$dy=QP$$

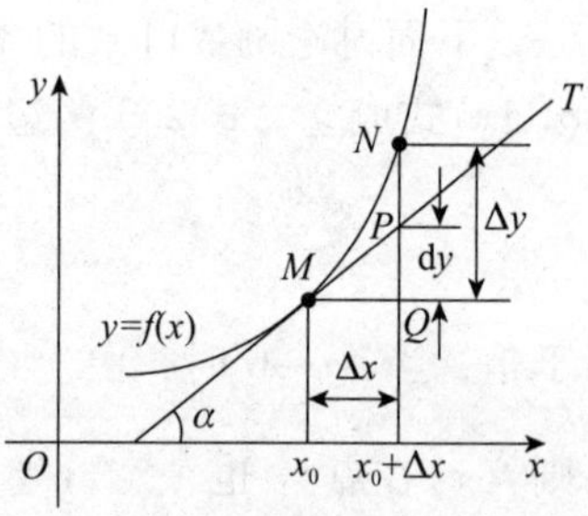

图 2.3

由此可见，当Δy是曲线$y=f(x)$上的M点的纵坐标的增量时，dy就是曲线的切线上M点的纵坐标的相应增量．当$|\Delta x|$很小时，$|\Delta y-dy|$比$|\Delta x|$小得多．因此在点M的邻近，我们可以用切线段来近似代替曲线段．

二、微分运算法则及微分公式

由 $dy=f'(x)dx$，很容易得到微分的运算法则及微分公式（假定 u,v 都可导）.

1. 微分公式

$d(x^{\mu})=\mu x^{\mu-1}dx$　　$d(a^x)=a^x\ln a dx$

$d(e^x)=e^x dx$　　$d(\log_a x)=\dfrac{1}{x\ln a}dx$

$d(\ln x)=\dfrac{1}{x}dx$　　$d(\sin x)=\cos x dx$

$d(\cos x)=-\sin x dx$　　$d(\tan x)=\sec^2 x dx$

$d(\cot x)=-\csc^2 x dx$　　$d(\sec x)=\sec x\tan x dx$

$d(\csc x)=-\csc x\cot x dx$　　$d(\arcsin x)=\dfrac{1}{\sqrt{1-x^2}}dx$

$d(\arccos x)=-\dfrac{1}{\sqrt{1-x^2}}dx$　　$d(\arctan x)=\dfrac{1}{1+x^2}dx$

$d(\operatorname{arccot} x)=-\dfrac{1}{1+x^2}dx$

注：上述公式必须记牢，对以后学习积分学很有好处，而且上述公式要从右向左背.例如：

$$\frac{1}{\sqrt{x}}dx=2d\sqrt{x},\ \frac{1}{x^2}dx=-d\frac{1}{x},\ dx=\frac{1}{a}d(ax+b),\ a^x dx=\frac{1}{\ln a}da^x.$$

2. 微分运算法则

(1) $d(u\pm v)=du\pm dv$;

(2) $d(u\cdot v)=vdu+udv$，$d(Cu)=Cdu$;

(3) $d\left(\dfrac{u}{v}\right)=\dfrac{vdu-udv}{v^2}$.

3. 微分形式的不变性

与复合函数的求导法则类似，相应的复合函数的微分法则可推导如下：

设 $y=f(u)$ 及 $u=\varphi(x)$ 都可导，则复合函数 $y=f[\varphi(x)]$ 的微分为

$$dy=y'_x dx=f'(u)\varphi'(x)dx$$

由于 $\varphi'(x)dx=du$，所以，复合函数 $y=f[\varphi(x)]$ 的微分公式也可以写成

$$dy=f'(u)du \text{ 或 } dy=y'(u)du$$

由此可见，无论 u 是自变量还是另一个变量的可微函数，微分形式 $dy=y'(u)du$ 保持不变.这一性质称为**微分形式不变性**.这性质表示，当变换自变量时（即设 u 为另一变量的任一可微函数时），微分形式 $dy=y'(u)du$ 并不改变.

【例 2.32】 求函数 $y=e^x$ 在点 $x=0$ 和 $x=1$ 处的微分.

解： $dy\big|_{x=0}=(e^x)'\big|_{x=0}dx=dx$

$dy\big|_{x=1}=(e^x)'\big|_{x=1}dx=edx$

【例 2.33】 求函数 $y=x^2$ 当 $x=3,\Delta x=0.02$ 时的微分.

解：$dy=(x^2)'\Delta x=2x\Delta x$，所以

$$dy\Big|_{x=3,\Delta x=0.02}=2x\Delta x\Big|_{x=3,\Delta x=0.02}=0.12$$

【例 2.34】 设 $y=\cos\sqrt{x}$，求 dy.

解：$dy=f'(x)dx=(\cos\sqrt{x})'=-\sin\sqrt{x}\,d\sqrt{x}=-\dfrac{1}{2\sqrt{x}}\sin\sqrt{x}\,dx$

三、微分在近似计算中的应用

1. 微分在近似计算中的应用

近似计算在工程中经常会遇到，我们发现，利用微分往往可以将一些复杂的计算公式用简单的近似公式来代替，并能达到足够好的精度.

若函数 $y=f(x)$ 在点 x_0 处可导，当自变量改变 Δx 时，函数在点 x_0 处的微分 dy 和函数改变量 Δy 分别为：$dy=f'(x_0)\Delta x$ 和 $\Delta y=f(x_0+\Delta x)-f(x_0)$.

当 $|\Delta x|$ 很小的时候，可用 dy 近似代替 Δy，即

$$f(x_0+\Delta x)-f(x_0)\approx f'(x_0)\Delta x \tag{2.4}$$

式 2.4 表示函数 $y=f(x)$ 增量 Δy 的近似值，$|\Delta x|$ 越小，近似程度越好.
将式（2.4）移项，得

$$f(x_0+\Delta x)\approx f(x_0)+f'(x_0)\Delta x \tag{2.5}$$

式 2.5 表示函数 $y=f(x)$ 在 x_0 处附近的函数近似值，$|\Delta x|$ 越小，近似程度越好. 再令 $x_0+\Delta x=x$ 此时 x 为变量，则有 $\Delta x=x-x_0$，所以式（2.5）变成如下的形式

$$f(x)\approx f(x_0)+f'(x_0)(x-x_0) \tag{2.6}$$

式 2.5 或式 2.6 告诉我们这样一个事实：要求函数 $y=f(x)$ 在某一点 x 处的值，可以通过求在点 x_0 处（x_0 是 x 附近的点）的 $f(x_0)$ 和 $f'(x_0)$ 来近似地计算. 而且 $|\Delta x|$ 越小，近似程度越好.

【例 2.35】 计算 arctan1.05 的近似值.

解：设 $f(x)=\arctan x$，利用公式 $f(x_0+\Delta x)\approx f(x_0)+f'(x_0)\Delta x$，有

$$\arctan(x_0+\Delta x)\approx f(x_0)+\frac{1}{1+x_0^2}\Delta x$$

这里 $x_0=1$，$\Delta x=0.05$，于是有

$$\arctan 1.05=\arctan(1+0.05)\approx\arctan 1+\frac{1}{1+1^2}\cdot 0.05=\frac{\pi}{4}+\frac{0.05}{2}\approx 0.8104.$$

2. 常用近似计算公式

对于 $f(x)\approx f(x_0)+f'(x_0)\cdot(x-x_0)$，特别地，当 $x_0=0$，$|x|$ 很小时，有

$$f(x)\approx f(0)+f'(0)\cdot x \tag{2.7}$$

应用式 2.7 是可以得到几个工程上常用的近似计算公式（$|x|$ 很小时）：

（1）$\sqrt[n]{1+x}\approx 1+\dfrac{1}{n}x$；（2）$\sin x\approx x$；

（3）$\tan x \approx x$；（4）$e^x \approx 1 + x$；（5）$\ln(1+x) \approx x$.

【例 2.36】 证明如下近似公式：（1）$e^x \approx 1 + x$；（2）$\ln(1+x) \approx x$.

证明：（1）令 $f(x) = e^x$，当 $x=0$ 时，$f(0)=1$，$f'(0)=1$，

由 $f(x) \approx f(0) + f'(0)x \Rightarrow f(x) \approx 1 + x$，即 $e^x \approx 1 + x$.

（2）令 $f(x) = \ln(1+x)$，$f'(x) = \dfrac{1}{1+x}$，当 $x=0$ 时，$f(0)=0$，$f'(0)=1$，

由 $f(x) \approx f(0) + f'(0)x \Rightarrow f(x) \approx x$，即 $\ln(1+x) \approx x$.

【习题 2.3】

1. 将适当的函数填入下列括号内，使等式成立.

（1）d（　　　）$=2dx$　　　　（2）d（　　　）$=\dfrac{1}{1+x}dx$

（3）d（　　　）$=\dfrac{1}{\sqrt{x}}dx$　　　　（4）d（　　　）$=e^{-2x}dx$

2. 求下列函数的微分.

（1）$y = \arcsin\sqrt{1-x^2}$　　　　（2）$y = \ln(1+e^x)$，求 dy

第四节
洛必达法则与微分中值定理

一、洛必达法则

学习无穷小（大）量阶的比较时，已经遇到过两个无穷小（大）量之比的极限．由于这类极限可能存在，也可能不存在，因此我们把两个无穷小量或无穷大量之比的极限称为**不定式极限**，分别记为$\dfrac{0}{0}$型或$\dfrac{\infty}{\infty}$型的不定式极限．现在我们将以导数为工具研究不定式极限，这个方法通常称为洛必达（L'Hospital）法则．

1. **$\dfrac{0}{0}$型不定式极限**

【定理 2.4】 若函数 $f(x)$ 和 $g(x)$ 满足：

（1）$\lim\limits_{x\to x_0} f(x) = \lim\limits_{x\to x_0} g(x) = 0$；

（2）在点 x_0 的某空心邻域 $\overset{o}{U}(x_0)$ 内两者都可导，且 $g'(x) \neq 0$；

（3）$\lim\limits_{x\to x_0}\dfrac{f'(x)}{g'(x)} = A$（$A$ 可为实数，也可为 $\pm\infty$ 或 ∞）.

则　$\lim\limits_{x\to x_0}\dfrac{f(x)}{g(x)} = \lim\limits_{x\to x_0}\dfrac{f'(x)}{g'(x)} = A$.

证略.

注：若将定理2.4中 $x\to x_0$ 换成 $x\to x_0^+, x\to x_0^-, x\to\pm\infty, x\to\infty$，只要相应地修正条件（2）中的邻域，也可得到同样的结论.

【例2.37】 求 $\lim\limits_{x\to 1}\dfrac{x^3-3x+2}{x^3-x^2-x+1}$.

解：这是一个 $\dfrac{0}{0}$ 型不定式极限.

$$\lim_{x\to 1}\frac{x^3-3x+2}{x^3-x^2-x+1}=\lim_{x\to 1}\frac{3x^2-3}{3x^2-2x-1}=\lim_{x\to 1}\frac{6x}{6x-2}=\frac{3}{2}.$$

【例2.38】 求 $\lim\limits_{x\to\pi}\dfrac{1+\cos x}{\tan^2 x}$.

解：这也是一个 $\dfrac{0}{0}$ 型不定式极限.

$$\lim_{x\to\pi}\frac{1+\cos x}{\tan^2 x}=\lim_{x\to\pi}\frac{-\sin x}{2\tan x\sec^2 x}=-\lim_{x\to\pi}\frac{\cos^3 x}{2}=\frac{1}{2}.$$

如果 $\lim\limits_{x\to x_0}\dfrac{f'(x)}{g'(x)}$ 仍然是 $\dfrac{0}{0}$ 型不定式极限，只要有可能，我们可再次用洛必达法则，即考察极限 $\lim\limits_{x\to x_0}\dfrac{f''(x)}{g''(x)}$ 是否存在，当然这时 f' 和 g' 在 x_0 的某邻域内必须满足定理2.4的条件.

$$\lim_{x\to x_0}\frac{f(x)}{g(x)}=\lim_{x\to x_0}\frac{f'(x)}{g'(x)}=\lim_{x\to x_0}\frac{f''(x)}{g''(x)}=\cdots=A$$

洛必达法则是求未定式的一种有效方法，如与其他求极限方法结合使用，效果更好.

【例2.39】 求 $\lim\limits_{x\to 0}\dfrac{\tan x-x}{x^2\tan x}$.

解：利用 $\tan x\sim x, (x\to 0)$，则

$$\lim_{x\to 0}\frac{\tan x-x}{x^2\tan x}=\lim_{x\to 0}\frac{\tan x-x}{x^3}=\lim_{x\to 0}\frac{\sec^2 x-1}{3x^2}=\lim_{x\to 0}\frac{\tan^2 x}{3x^2}=\frac{1}{3}$$

2. $\dfrac{\infty}{\infty}$ **型不定式极限**

【定理2.5】 若函数 $f(x)$ 和 $g(x)$ 满足：

（1）$\lim\limits_{x\to x_0}f(x)=\lim\limits_{x\to x_0}g(x)=\infty$；

（2）在点 x_0 的某空心邻域 $\overset{o}{U}(x_0)$ 内两者都可导，且 $g'(x)\neq 0$；

（3）$\lim\limits_{x\to x_0}\dfrac{f'(x)}{g'(x)}=A$（$A$ 可为实数．也可为 $\pm\infty$ 或 ∞）.

则 $\lim\limits_{x\to x_0}\dfrac{f(x)}{g(x)}=\lim\limits_{x\to x_0}\dfrac{f'(x)}{g'(x)}=A$.

定理2.5对于 $x\to x_0^+, x\to x_0^-, x\to\pm\infty, x\to\infty$ 等情形也有相同的结论.

【例2.40】 求 $\lim\limits_{x\to+\infty}\dfrac{\ln x}{x}$.

解：这是一个$\frac{\infty}{\infty}$型不定式极限.

$$\lim_{x\to+\infty}\frac{\ln x}{x}=\lim_{x\to+\infty}\frac{(\ln x)'}{(x)'}=\lim_{x\to+\infty}\frac{1}{x}=0$$

【例 2.41】 求 $\lim\limits_{x\to\frac{\pi}{2}}\frac{\tan x}{\tan 3x}$.

解：这是一个$\frac{\infty}{\infty}$型不定式极限.

$$\lim_{x\to\frac{\pi}{2}}\frac{\tan x}{\tan 3x}=\lim_{x\to\frac{\pi}{2}}\frac{\sec^2 x}{3\sec^2 3x}=\frac{1}{3}\lim_{x\to\frac{\pi}{2}}\frac{\cos^2 3x}{\cos^2 x}=\frac{1}{3}\lim_{x\to\frac{\pi}{2}}\frac{-6\cos 3x\sin 3x}{-2\cos x\sin x}$$
$$=\lim_{x\to\frac{\pi}{2}}\frac{\sin 6x}{\sin 2x}=\lim_{x\to\frac{\pi}{2}}\frac{6\cos 6x}{2\cos 2x}=3.$$

3. **其他类型不定式极限**

不定式极限还有 $0\cdot\infty$，$\infty-\infty$，1^{∞} 等类型，经过简单变换，它们一般均可化为$\frac{0}{0}$型或$\frac{\infty}{\infty}$型的极限，然后选择合适的方法求极限.

【例 2.42】 求 $\lim\limits_{x\to0^+}x\ln x$.

解：这是一个 $0\cdot\infty$ 型不定式极限.

$$\lim_{x\to0^+}x\ln x=\lim_{x\to0^+}\frac{\ln x}{\frac{1}{x}}=\lim_{x\to0^+}\frac{\frac{1}{x}}{-\frac{1}{x^2}}=\lim_{x\to0^+}(-x)=0.$$

【例 2.43】 求 $\lim\limits_{x\to0}\left(\frac{1}{\sin x}-\frac{1}{x}\right)$.

解：这是一个 $\infty-\infty$ 型不定式极限，需要通分.

$$\lim_{x\to0}\left(\frac{1}{\sin x}-\frac{1}{x}\right)=\lim_{x\to0}\frac{x-\sin x}{x\cdot\sin x}=\lim_{x\to0}\frac{1-\cos x}{\sin x+x\cos x}=\lim_{x\to0}\frac{\sin x}{\cos x+\cos x-x\sin x}=0.$$

【例 2.44】 求 $\lim\limits_{x\to0}(\cos x)^{\frac{1}{x^2}}$.

解：这是一个 1^{∞} 型不定式极限，将函数指数化，得 $(\cos x)^{\frac{1}{x^2}}=e^{\frac{1}{x^2}\ln\cos x}$

则 $$\lim_{x\to0}(\cos x)^{\frac{1}{x^2}}=\lim_{x\to0}e^{\frac{1}{x^2}\ln\cos x}=e^{\lim\limits_{x\to0}\frac{1}{x^2}\ln\cos x}=e^{\lim\limits_{x\to0}\frac{-\tan x}{2x}}=e^{-\frac{1}{2}}$$

需要注意的是，洛必达法则只是充分条件不是必要条件. 即若$\lim\limits_{x\to x_0}\frac{f'(x)}{g'(x)}$不存在，并不能说明$\lim\limits_{x\to x_0}\frac{f(x)}{g(x)}$不存在.

例如：极限$\lim\limits_{x\to\infty}\frac{x+\sin x}{x}=1$，虽然是$\frac{\infty}{\infty}$型，但若不顾条件随便用洛必达法则

$$\lim_{x\to\infty}\frac{x+\sin x}{x}=\lim_{x\to\infty}\frac{1+\cos x}{1}$$

就会因右式的极限不存在而推出原极限不存在的错误结论.

另外，不能对任何比式极限都按洛必达法则求解，首先必须注意它是不是不定式极限，其次是否满足洛必达法则的其他条件.

二、拉格朗日中值定理

【定理 2.6】 **罗尔定理** 如果函数 $f(x)$ 满足：

（1）在闭区间 $[a,b]$ 上连续；

（2）在开区间 (a,b) 内可微；

（3）在区间端点处的函数值相等，即 $f(a)=f(b)$，则至少存在一点 $\xi\in(a,b)$，使 $f'(\xi)=0$.

罗尔定理的几何意义是很直观的，如果连续曲线 $y=f(x)$ 在区间 $[a,b]$ 的两个端点的函数值相等，且在 (a,b) 内每一点都有不垂直于 x 轴的切线，那么该曲线上至少有一点的切线平行于 x 轴.

【定理 2.7】 **拉格朗日中值定理** 如果函数 $f(x)$ 满足：

（1）在闭区间 $[a,b]$ 上连续；

（2）在开区间 (a,b) 内可导，则至少存在一点 $\xi\in(a,b)$，使

$$f'(\xi)=\frac{f(b)-f(a)}{b-a}$$

分析 上式右端为弦 AB 的斜率，由于 $f(x)$ 的图像在区间 $[a,b]$ 上不间断（见图 2.4），且其上每一点都有不垂直于 x 轴的切线. $y=f(x)$ 的图像上，至少存在一点 C，使过 C 点的切线平行于弦 AB. 当 $f(a)=f(b)$ 时，拉格朗日中值定理变为罗尔定理，即罗尔定理是拉格朗日中值定理的特例，而拉格朗日中值定理是罗尔定理的推广. 下面用罗尔定理证明拉格朗日中值定理.

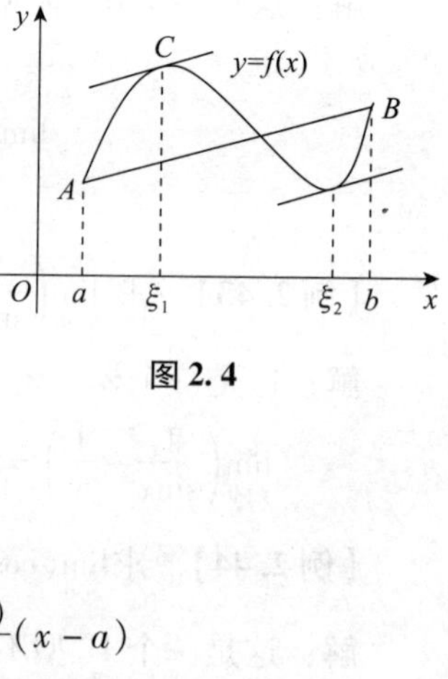

图 2.4

证明： 构造辅助函数

$$L(x)=f(a)+\frac{f(b)-f(a)}{b-a}(x-a)$$

$$\varphi(x)=f(x)-L(x)=f(x)-f(a)-\frac{f(b)-f(a)}{b-a}(x-a)$$

显然 $\varphi(a)=\varphi(b)=0$，$\varphi(x)$ 在 $[a,b]$ 上满足罗尔定理的条件，故至少存在一点 $\xi\in(a,b)$，使 $\varphi'(\xi)=0$. 又由于

$$\varphi'(x)=f'(x)-\frac{f(b)-f(a)}{b-a}$$

故

$$\varphi'(\xi)=f'(\xi)-\frac{f(b)-f(a)}{b-a}=0\quad \xi\in(a,b).$$

即

$$f'(\xi)=\frac{f(b)-f(a)}{b-a}\quad \xi\in(a,b)$$

上述公式称为**拉格朗日中值公式**.

拉格朗日中值公式中，如果$f(a)=f(b)$，则$f'(\xi)=\dfrac{f(b)-f(a)}{b-a}=0$，即罗尔定理是拉格朗日中值定理的特例；并且当$a>b$时，拉格朗日中值公式也成立.

【推论 2.1】 如果函数$f(x)$在区间I上的导数恒为零，则$f(x)$在区间I上是一个常数.

证明： 任取$x_1,x_2\in I$，由拉格朗日中值定理，至少存在一点$\xi\in(a,b)$，使

$$f(x_2)-f(x_1)=f'(\xi)(x_2-x_1)$$

由于在区间I上$f'(x)=0$，故$f'(\xi)\equiv 0$，$f(x_2)=f(x_1)$.

由于x_1,x_2的任意性，得$f(x)$在区间I上是一个常数.

【推论 2.2】 若函数$f(x)$和$g(x)$在区间I上可导，且$f'(x)\equiv g'(x)$，则在区间I上$f(x)$与$g(x)$只差一个常量.

证略

【例 2.45】 考查函数$f(x)=\arctan x$在区间[0，1]上是否满足拉格朗日中值定理的条件？若满足，则求出定理中的ξ.

解： 由于$f(x)=\arctan x$是基本初等函数，因此$f(x)$在[0，1]上是连续的，在(0，1)内也是可导的，并且有$f'(x)=\dfrac{1}{1+x^2}$.

所以函数$f(x)=\arctan x$在[0，1]上满足拉格朗日中值定理的条件，即存在$\xi\in(0,1)$，使

$$f(1)-f(0)=f'(\xi)(1-0)$$

即
$$f'(\xi)=\frac{\arctan 1-\arctan 0}{1-0}=\frac{\pi}{4}$$

又有　$f'(\xi)=\dfrac{1}{1+\xi^2}=\dfrac{\pi}{4}$，解得　$\xi_1=\sqrt{\dfrac{4}{\pi}-1}$，$\xi_2=-\sqrt{\dfrac{4}{\pi}-1}$（舍去）

因此得到满足定理结论的$\xi_1=\sqrt{\dfrac{4}{\pi}-1}\in(0,1)$

故函数$f(x)=\arctan x$满足拉格朗日中值定理条件且$\xi_1=\sqrt{\dfrac{4}{\pi}-1}$为所求.

拉格朗日中值公式虽然仅仅指出了ξ的存在性，并没有指出究竟是哪一点，但并不影响应用，拉格朗日中值定理关键在于ξ的存在性.

【例 2.46】 证明：当$x>0$时，$\dfrac{x^2}{1+x^2}<\arctan x<x$.

证： 令$f(t)=\arctan t$，则$f(t)$在[0，x]上满足拉格朗日中值定理的条件，于是存在$\xi\in(0,x)$使得$\arctan x-\arctan 0=\dfrac{1}{1+\xi^2}(x-0)=f'(\xi)$，

即　$\arctan x=\dfrac{x}{1+\xi^2}$. 而$\dfrac{1}{1+x^2}<\dfrac{1}{1+\xi^2}<1$，所以$\dfrac{x}{1+x^2}<\dfrac{x}{1+\xi^2}<x$，即$\dfrac{x}{1+x^2}<\arctan x<x$.

【习题 2.4】

1. 单项选择题.

下列各式中正确运用洛必达法则求极限的是（　）

A. $\lim\limits_{x\to\infty}\frac{(\ln x)^2}{x}=\lim\limits_{x\to\infty}\frac{2\ln x}{x}=\lim\limits_{x\to\infty}\frac{2}{x}=0$

B. $\lim\limits_{x\to\infty}\frac{x+\sin x+5}{x+3}=\lim\limits_{x\to\infty}(1+\cos x)$不存在

C. $\lim\limits_{x\to\infty}\frac{x+\cos x}{x-\cos x}=\lim\limits_{x\to\infty}\frac{1-\sin x}{1+\sin x}$不存在

D. $\lim\limits_{x\to 0^+}\frac{x}{\ln x}=\lim\limits_{x\to 0^+}\frac{1}{\frac{1}{x}}=0$

2. 求下列极限.

（1）$\lim\limits_{x\to 0}\frac{e^x-e^{-x}}{\sin x}$

（2）$\lim\limits_{x\to\pi}\frac{\sin 3x}{\tan 5x}$

（3）$\lim\limits_{x\to\frac{\pi}{2}}\frac{\ln\sin x}{(\pi-2x)^2}$

（4）$\lim\limits_{x\to 0}\frac{\cos^2 x-1}{x^2}$

（5）$\lim\limits_{x\to+\infty}\frac{\frac{\pi}{2}-\arctan x}{\sin\frac{1}{x}}$

第五节

函数的单调性、极值与最值

在预备知识中我们介绍了函数的单调性的概念，但是只根据定义判别函数的单调性，往往是比较困难的．对于可导函数，我们有比较简便的判断．

一、函数的单调性

如果函数 $y=f(x)$ 在 $[a,b]$ 上单调增加（单调减少），那么它的图形是一条沿 x 轴正向上升（下降）的曲线．这时曲线的各点处的切线斜率是非负的（非正的），即 $y'=f'(x)\geqslant 0$ ［或 $y'=f'(x)\leqslant 0$］．由此可见，函数的单调性与导数的符号有着密切的关系．

反过来，能否用导数的符号来判定函数的单调性呢？

拉格朗日中值定理建立了函数与导数之间的联系，利用中值定理可以建立函数单调性的判别法，即函数曲线的升降与函数的导数符号的关系定理．

【定理 2.8】（函数单调性的判定法）设函数 $y=f(x)$ 在 $[a,b]$ 上连续，在 (a,b) 内可导．

（1）如果在 (a,b) 内 $f'(x)>0$，那么函数 $y=f(x)$ 在 $[a,b]$ 上单调增加（见图 2.5）．

（2）如果在 (a,b) 内 $f'(x)<0$，那么函数 $y=f(x)$ 在 $[a,b]$ 上单调减少（见图 2.6）．

证明：只证（1）［（2）可类似证得］

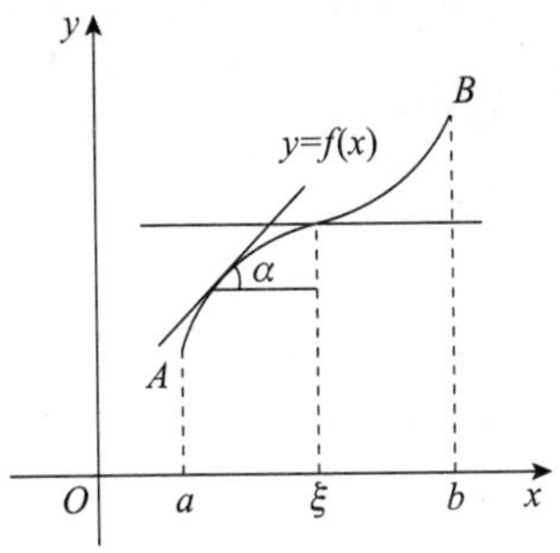

图 2.5

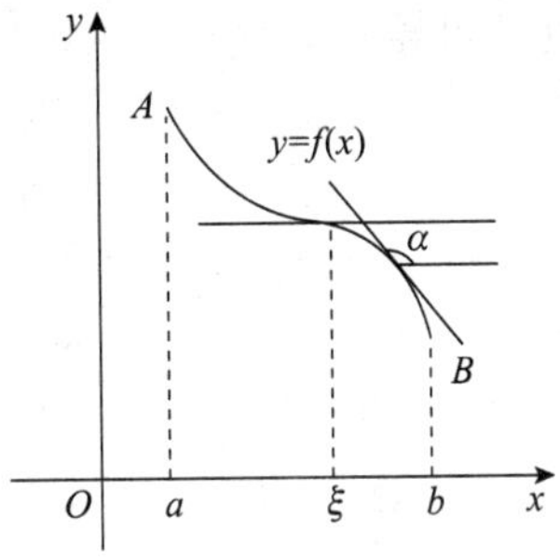

图 2.6

在 $[a,b]$ 上任取两点 $x_1,x_2(x_1<x_2)$，应用拉格朗日中值定理，存在 $\xi\in(x_1,x_2)$ 使

$$f(x_2)-f(x_1)=f'(\xi)(x_2-x_1)\ (x_1<\xi<x_2)$$

由于在上式中 $x_2-x_1>0$，因此，如果在 (a,b) 内导数 $f'(x)$ 保持正号，即 $f'(x)>0$，那么也有 $f'(\xi)>0$，于是 $f(x_2)-f(x_1)=f'(\xi)(x_2-x_1)>0$，从而 $f(x_1)<f(x_2)$，因此函数 $y=f(x)$ 在 $[a,b]$ 上单调增加.

判定法中的闭区间可换成其他各种区间（包括无穷区间），那么，结论仍成立，同时，我们称这些区间为函数的单调区间.

【例 2.47】 确定函数 $f(x)=2x^3-9x^2+12x-3$ 的单调区间.

解： 函数的定义域为 $(-\infty,+\infty)$.

$f'(x)=6x^2-18x+12=6(x-1)(x-2)$. 令 $f'(x)=0$，得 $x_1=1,x_2=2$. 讨论如表 2.1 所示：

表 2.1

x	$(-\infty,1)$	$(1,2)$	$(2,+\infty)$
$f'(x)$	+	−	+
$f(x)$	↗	↘	↗

表中记号↗表示函数单调增加，记号↘表示函数单调减少. 表 2.1 说明，$f(x)$ 在区间 $(-\infty,1]$ 和 $[2,+\infty)$ 内单调增加，在区间 $[1,2]$ 上单调减少.

【例 2.48】 讨论函数 $f(x)=1-(x-2)^{\frac{2}{3}}$ 的单调性.

解： 函数的定义域为 $(-\infty,+\infty)$. $f'(x)=-\dfrac{2}{3}(x-2)^{-\frac{1}{3}}$，当 $x=2$ 时，$f'(x)$ 不存在. 以 2 为分点，将定义域 $(-\infty,+\infty)$ 分成两部分 $(-\infty,2)$，$(2,+\infty)$.

因为 $x<2$ 时，$f'(x)>0$，所以函数在 $(-\infty,2]$ 上单调增加；因为 $x>2$ 时，$f'(x)<0$，所以函数在 $[2,+\infty)$ 上单调减少.

从上面两个例子可以看出，使导数等于零的点、导数不存在的点都可能成为连续函数单调区间的分界点.

【例 2.49】 讨论函数 $y=\sqrt[3]{x^2}$ 的单调性.

解： 显然函数的定义域为 $(-\infty,+\infty)$，而函数的导数为 $y'=\dfrac{2}{3\sqrt[3]{x}}(x\neq0)$，所以函数

在 $x=0$ 处不可导.

又因为 $x<0$ 时，$y'<0$，所以函数在 $(-\infty, 0]$ 上单调减少；

因为 $x>0$ 时，$y'>0$，所以函数在 $[0, +\infty)$ 上单调增加.

【例 2.50】 讨论函数 $y=x^3$ 的单调性.

解：函数的定义域为 $(-\infty, +\infty)$，函数的导数为：$y'=3x^2$，除 $x=0$ 时，$y'=0$ 外，在其余各点处均有 $y'>0$. 因为当 $x\neq0$ 时，$y'>0$，所以函数在 $(-\infty, 0]$ 及 $[0, +\infty)$ 上都是单调增加的. 从而在整个定义域 $(-\infty, +\infty)$ 内 $y=x^3$ 是单调增加的.

一般地，如果 $f'(x)$ 在某区间内的有限个点处为零，在其余各点处均为正（或负）时，那么 $f(x)$ 在该区间上仍旧是单调增加（或单调减少）的.

如果函数在定义区间上连续，除去有限个导数不存在的点外导数存在且连续，那么只要用方程 $f'(x)=0$ 的根及导数不存在的点来划分函数 $f(x)$ 的定义区间，就能保证 $f'(x)$ 在各个部分区间内保持固定的符号，因而函数 $f(x)$ 在每个部分区间上单调.

【例 2.51】 试证当 $x>1$ 时，$e^x>ex$.

证：令 $f(x)=e^x-ex$，易见 $f(x)$ 在 $(-\infty, +\infty)$ 内连续，且 $f(1)=0$，$f'(x)=e^x-e$. 当 $x>1$ 时，$f'(x)=e^x-e>0$，可知 $f(x)$ 为 $[1, +\infty)$ 上的严格单调增加函数，即 $f(x)>f(1)=0$.

故对任意 $x>1$ 有 $f(x)>0$，即 $e^x-ex>0$，$e^x>ex$.

【例 2.52】 证明：当 $x>1$ 时，$2\sqrt{x}>3-\frac{1}{x}$.

证：只需证明当 $x>1$ 时，$2\sqrt{x}-\left(3-\frac{1}{x}\right)>0$.

为此令 $f(x)=2\sqrt{x}-\left(3-\frac{1}{x}\right)$，则 $f'(x)=\frac{1}{\sqrt{x}}-\frac{1}{x^2}=\frac{1}{x^2}(x\sqrt{x}-1)$，因为当 $x>1$ 时，$f'(x)>0$，因此 $f(x)$ 在 $[1, +\infty)$ 上单调增加，从而当 $x>1$ 时，$f(x)>f(1)$，又由于 $f(1)=0$，故 $f(x)>f(1)=0$，即 $2\sqrt{x}-\left(3-\frac{1}{x}\right)>0$，也就是 $2\sqrt{x}>3-\frac{1}{x}(x>1)$.

二、函数的极值

【定义 2.4】 设函数 $f(x)$ 在点 x_0 的邻域内有定义，如果：

(1) 若在 x_0 的邻域内，$f(x_0)>f(x)(x\neq x_0)$，则 x_0 称为极大值点，$f(x_0)$ 为极大值；

(2) 若在 x_0 的邻域内，$f(x_0)<f(x)(x\neq x_0)$，则 x_0 称为极小值点，$f(x_0)$ 为极小值.

函数的极大值与极小值统称为函数的**极值**，极大点、极小点称为**极值点**.

如图 2.7 中的函数 $f(x)$，ξ_1,ξ_3,ξ_5 是极大点，ξ_2,ξ_4 是极小点. 从图中可以看出来，函数的极值只是一个局部性的概念，所以极大值与极小值之间没有必然的大小关系，例如，$f(\xi_4)$ 是极小值，$f(\xi_1)$ 是极大值，很明显 $f(\xi_4)>f(\xi_1)$，所以函数极值只是某个邻域内的最大最

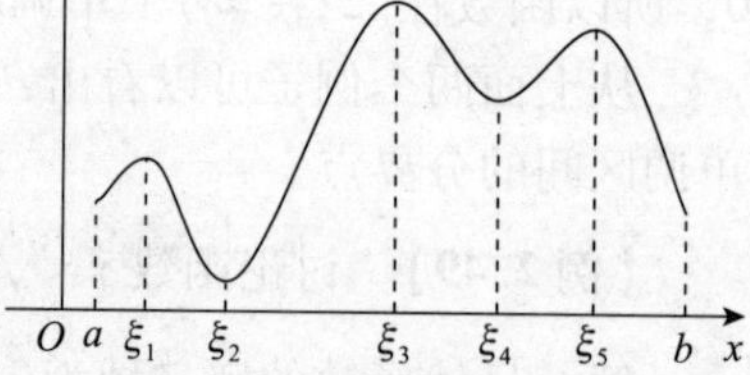

图 2.7

小值，而不是整个所考虑的区间上的最大或最小值．

【定理 2.9】（极值点的必要条件） 设函数 $f(x)$ 在点 x_0 的邻域内有定义，且 x_0 是 $f(x)$ 的极值点，如果 $f(x)$ 可导，则

$$f'(x_0)=0$$

函数 $y=f(x)$ 的导数为零的点称为函数 $y=f(x)$ 的**驻点**．可导函数 $f(x)$ 的极值点必定是函数的驻点．但反过来，$f(x)$ 的驻点却不一定是函数的极值点．另外，导数不存在的点也可能是函数的极值点．例如函数 $y=x^{\frac{2}{3}}$，$y=\frac{2}{3}x^{-\frac{1}{3}}$，$y'|_{x=0}$ 不存在，但是在 $x=0$ 处函数却有极小值 $f(0)=0$.

由此可知，函数的极值点必在函数的驻点或连续不可导的点中取得．但是，驻点或导数不存在的点不一定是函数的极值点．下面介绍函数取得极值的充分条件，给出函数求极值的具体方法．

【定理 2.10】（极值的第一充分条件） 设函数 $f(x)$ 满足：①在点 x_0 及其邻域内连续；②在点 x_0 的去心邻域内可导，那么，

（1）若在 x_0 左侧附近 $f'(x)>0$，在 x_0 右侧附近 $f'(x)<0$，则 $f(x_0)$ 为极大值；

（2）若在 x_0 左侧附近 $f'(x)<0$，在 x_0 右侧附近 $f'(x)>0$，则 $f(x_0)$ 为极小值；

（3）若在 x_0 左右两侧 $f'(x)$ 同号，则 $f(x_0)$ 不是极值点．

证明： 仅证①，对于 x_0 邻近的点 x 而言，当 $x<x_0$ 时，$f'(x)>0$. 所以 $f(x)$ 在 x_0 的左侧邻近单调增加，从而当 $x<x_0$ 时，$f(x)<f(x_0)$；

又当 $x>x_0$ 时，$f'(x)<0$，所以 $f(x)$ 在 x_0 的右侧邻近单调减少，从而当 $x>x_0$ 时，$f(x)<f(x_0)$.

于是在 x_0 的邻近总有 $f(x)<f(x_0)$，根据极值的定义知：$f(x_0)$ 是 $f(x)$ 的极大值．

第一种充分条件表明：如果在点 x_0 两侧的导数符号相反，x_0 就一定是极值点，如果在点 x_0 两侧的导数符号相同，则 x_0 就一定不是极值点．

【例 2.53】 求函数 $y=\frac{x^4}{4}-x^3$ 的单调性与极值．

解：（1）函数的定义域为 $(-\infty,+\infty)$；

（2）$y'=x^3-3x^2=x^2(x-3)$，令 $y'=0$，驻点 $x_1=0, x_2=3$；

（3）列表（见表 2.2）．

表 2.2

x	$(-\infty,0)$	0	$(0,3)$	3	$(3,+\infty)$
y'	$-$	0	$-$	0	$+$
y	↘	不是极值	↘	极小值	↗

由表 2.2 知，单调减区间为 $(-\infty,3)$，单调增区间为 $(3,+\infty)$，极小值 $y(3)=-\frac{27}{4}$.

【例 2.54】 求函数 $f(x)=x-\frac{3}{2}x^{\frac{2}{3}}$ 的单调增减区间和极值．

解：求导数$f'(x)=1-x^{-\frac{1}{3}}$，当$x=1$时$f'(0)=0$，而$x=0$时$f'(x)$不存在．因此，函数只可能在这两点取得极值，如表 2.3 所示．

表 2.3

x	$(-\infty,0)$	0	(0,1)	1	$(1,+\infty)$
$f'(x)$	+	0	−	0	+
$f(x)$	↗	极大值 0	↘	极小值$-\frac{1}{2}$	↗

由表 2.3 可见：函数$f(x)$在区间$(-\infty,0)$，$(1,\infty)$单调增加，在区间(0,1)单调减少．在点$x=0$处有极大值，在点$x=1$处有极小值$f(1)=-\dfrac{1}{2}$.

【定理 2.11】（极值的第二充分条件） 设函数$f(x)$在点x_0处的二阶导数存在，若$f'(x_0)=0$，$f''(x_0)\neq0$，则函数$f(x)$在x_0处取得极值，且：

（1）若$f''(x_0)<0$，则$f(x_0)$是函数的极大值；

（2）若$f''(x_0)>0$，则$f(x_0)$是函数的极小值．

极值的第二充分条件适用范围较小．它表明，如果函数$f(x)$在驻点x_0处的二阶导数$f''(x_0)\neq0$，那么该点x_0一定是极值点，并且可以按二阶导数$f''(x_0)$的符号来判定$f(x_0)$是极大值还是极小值．但如果$f''(x_0)=0$，定理 2.11 就不能使用了．

【例 2.55】 求函数$f(x)=(x^2-1)^3+1$的极值．

解：（1）$f'(x)=6x(x^2-1)^2$.

（2）令$f'(x)=0$，求得驻点$x_1=-1,x_2=0,x_3=1$.

（3）$f''(x)=6(x^2-1)(5x^2-1)$.

（4）因$f''(0)=6>0$，所以$f(x)$在$x=0$处取得极小值，极小值为$f(0)=0$.

（5）因$f''(-1)=f''(1)=0$，用定理 2.11 无法判别．但由定理 2.10 知，在−1 的左右邻域内$f'(x)<0$，所以$f(x)$在−1 处没有极值；同理，$f(x)$在 1 处也没有极值．

三、函数的最值

1. 闭区间$[a,b]$上的最大值与最小值

一般地，在闭区间$[a,b]$上连续的函数$f(x)$在$[a,b]$上必有最大值与最小值．连续函数在闭区间$[a,b]$上的最大值和最小值仅可能在区间内的极值点和区间的端点处取得．因此，为了求出函数$f(x)$在闭区间$[a,b]$上的最大值与最小值，可先求出函数在$[a,b]$内的一切可能的极值点（所有驻点和导数不存在的点）处的函数值和区间端点处的函数值$f(a)$，$f(b)$，比较这些函数值的大小，其中最大的就是最大值，最小的就是最小值．

在开区间(a,b)内连续的函数$f(x)$不一定有最大值与最小值．如函数$f(x)=\dfrac{1}{x}$在$(0,+\infty)$内连续，但没有最大值与最小值．

【例 2.56】 求函数$f(x)=(x-1)\sqrt[3]{x^2}$在$\left[-1,\dfrac{1}{2}\right]$上的最大值和最小值．

解：当 $x\neq 0$ 时，$f'(x)=\dfrac{5x-2}{3\sqrt[3]{x}}$. 由 $f'(x)=0$ 得，$x=\dfrac{2}{5}$，$x=0$ 为 $f'(x)$ 不存在的点.

由于

$$f(-1)=-2,\ f\left(\frac{1}{2}\right)=-\frac{1}{4}\sqrt[3]{2},\ f(0)=0,\ f\left(\frac{2}{5}\right)=-\frac{3}{5}\sqrt[3]{\frac{4}{25}}.$$

所以，函数的最大值是 $f(0)=0$，最小值是 $f(-1)=-2$.

若 $f(x)$ 在一个开区间，或无穷区间可导，且有唯一的一个极大值点，而无极小值点，则该极大值点一定是最大值点. 对于极小值点也可做出同样的结论.

若函数 $f(x)$ 在 $[a,b]$ 上单调增加（或减少），则 $f(x)$ 必在区间 $[a,b]$ 的端点上达到最大值和最小值.

【例 2.57】 求函数 $f(x)=\dfrac{1}{x}+\dfrac{1}{1-x}$ 在（0，1）内的最小值.

解：$f'(x)=-\dfrac{1}{x^2}+\dfrac{1}{(1-x)^2}=\dfrac{2x-1}{x^2(1-x)^2}$. 在（0，1）上，令 $f'(x)=0$，得 $x=\dfrac{1}{2}$.

当 $0<x<\dfrac{1}{2}$ 时，$f'(x)<0$；当 $\dfrac{1}{2}<x<1$ 时，$f'(x)>0$，故 $f(x)$ 在 $x=\dfrac{1}{2}$ 处取得极小值.

函数 $f(x)$ 在（0，1）只有唯一极小值点，故在 $x=\dfrac{1}{2}$ 处，取得最小值 $f\left(\dfrac{1}{2}\right)=4$.

2. 最值的应用

把一个实际问题转化为一个我们熟知的函数表达式，并在定义域上求该函数最大值或最小值.

【例 2.58】 一个装 500cm^3 饮料的圆柱形铝罐，要使所用材料最少，其尺寸应如何设计？

解：如图 2.8 所示，设 h 表示罐高，r 表示两底的半径，于是构造模型如下：

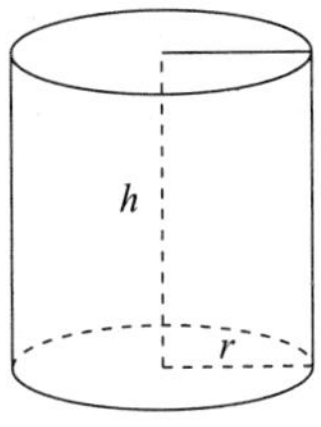

图 2.8

$$S=\text{两底用材量}+\text{周边用材量}.$$

两底用材量为 $2\cdot\pi r^2$，周边用材量为 $2\pi rh$. 因罐的容积等于常数 500cm^3，所以 $\pi r^2h=500$，得 $h=\dfrac{500}{\pi r^2}$，所以，周边用材量为 $2\pi rh=2\pi r\dfrac{500}{\pi r^2}=\dfrac{1000}{r}$，得到底半径为 r 的罐的用材总量的表达式 $S=2\pi r^2+\dfrac{1000}{r}$，

$r\in(0,+\infty)$. 求 S 的最小值. 方程 $S'(r)=4\pi r-\dfrac{1000}{r^2}=0$，只有一个根 $r_0=\sqrt[3]{\dfrac{250}{\pi}}$.

因 $S''(r_0)=\dfrac{2000}{r_0^3}>0$，所以 $r_0=\sqrt[3]{\dfrac{250}{\pi}}$ 是极小值点，也是最小值点.

当 $r=\sqrt[3]{\dfrac{250}{\pi}}$ 时，$h=\dfrac{500}{\pi r^2}=\dfrac{2\pi r^3}{\pi r^2}=2r=2\sqrt[3]{\dfrac{250}{\pi}}$. 即当圆柱形铝罐的高和直径相等时，用料最少.

此类问题的步骤：

（1）全面思考问题，建立函数；

（2）如有可能，画出草图来显示变量之间的关系；

（3）设法得出用上述确认的变量表示建立的函数，在公式中保留一个变量而消去其他的变量，确认此变量的变化区间；

（4）求出该函数的最大值或最小值．

【例 2.59】 把一根直径为 d 的圆木锯成矩形横梁（见图 2.9），已知梁的抗弯强度与矩形宽成正比，又与它的高的平方成正比，问宽与高如何选择能使横梁的抗弯强度为最大？

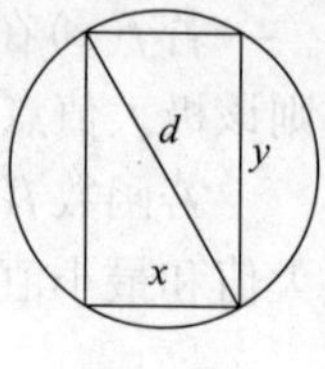

图 2.9

解：设梁的底宽为 x，则高为 $y=\sqrt{d^2-x^2}$．梁的强度与它的底宽成正比，又与它的高的平方成正比，所以强度

$$W=kxy^2=kx(d^2-x^2),k>0,0<x<d.$$

由 $W'=k(d^2-3x^2)=0$ 解出

$$x=\frac{d}{\sqrt{3}}，（x=-\frac{d}{\sqrt{3}}不合理，舍去）．$$

当 $x=\frac{d}{\sqrt{3}}$ 时，$W''=-6kx<0$，此时高为

$$y=\sqrt{d^2-x^2}=\sqrt{d^2-\frac{d^2}{3}}=\sqrt{\frac{2}{3}}d$$

因此横梁若锯成宽为 $\frac{d}{\sqrt{3}}$，高为 $\sqrt{\frac{2}{3}}d$ 时，抗弯强度最大．

在生产实践及科学实验中，常遇到“最好”“最省”“最低”“最大”和“最小”等问题．例如质量最好，用料最省，效益最高，成本最低，利润最大，投入最小等，这类问题在数学上常常归结为求函数的最大值或最小值问题．

【习题 2.5】

1. 证明不等式．

（1）当 $x>0$ 时，$1+\frac{1}{2}x>\sqrt{1+x}$　　（2）当 $0\leqslant x\leqslant\frac{\pi}{2}$ 时，$\sin x\geqslant\frac{2}{\pi}x$

2. 确定下列函数的单调区间．

（1）$y=2x^3-6x^2-18x-7$　　（2）$y=\frac{x}{1+x^2}$

3. 求下列函数的极值．

（1）$y=2x^3-6x^2-18x+7$　　（2）$y=x-\ln(1+x)$

4. 求函数的最大值与最小值．

（1）$y=2x^3-3x^2\quad -1\leqslant x\leqslant 4$　　（2）$y=x+\sqrt{1-x}\quad -5\leqslant x\leqslant 1$

5. 某车间靠墙壁要盖一间长方形小屋，现有存砖只够砌 20 米长的墙壁，问应围成怎样的长方形才能使这间小屋的面积最大？

6. 要造一圆柱形油罐，体积为 V，问底面半径 r 和高 h 等于多少时，才能使表面积最小？这时底面直径与高的比是多少？

第六节
经济应用

导数在经济学中的应用主要有边际分析与弹性分析.

一、边际分析

在经济学中，边际概念通常指经济问题的变化率，称函数$f(x)$的导数$f'(x)$为函数$f(x)$的**边际函数**.

在点x_0处，当x改变Δx时，相应的函数$y=f(x)$的改变量为$\Delta y=f(x_0+\Delta x)-f(x_0)$. 当$\Delta x=1$个单位时，$\Delta y=f(x_0+1)-f(x_0)$，如果单位很小，则有$\Delta y=f(x_0+1)-f(x_0)\approx dy\Big|_{\substack{x=x_0\\ dx=1}}=f'(x_0)$.

这说明函数$f'(x_0)$近似地等于在x_0处x增加一个单位时，函数$f(x)$的增量Δy. 当x有一个单位改变时，函数$f(x)$近似改变了$f'(x_0)$.

1. 边际成本

总成本函数$C(x)$的导数$C'(x)$称为**边际成本函数，**简称**边际成本**.

边际成本的经济意义是，在一定产量x的基础上，再增加生产一个单位产品时总成本增加的近似值.

在应用问题中解释边际函数值的具体意义时，常略去“近似”二字.

【例 2.60】 已知生产某产品x件的总成本为$C(x)=9000+40x+0.001x^2$（元），

（1）求边际成本$C'(x)$，并对$C'(1000)$的经济意义进行解释.

（2）产量为多少件时，平均成本最小?

解：（1）边际成本$C'(x)=40+0.002x$，$C'(1000)=40+0.002\times 1000=42$. 它表示当产量为1000件时，再生产1件产品则增加42元的成本；

（2）平均成本

$$\overline{C}(x)=\frac{C}{x}=\frac{9000}{x}+40+0.001x$$

$$\overline{C}'(x)=-\frac{9000}{x^2}+0.001$$

令$\overline{C}'(x)=0$，得$x=3000$（件）. 由于$C''(3000)=\dfrac{18000}{3000^3}>0$，故当产量为3000件时平均成本最小.

2. 边际收入

总收入函数$R(x)$的导数$R'(x)$称为**边际收入函数**，简称**边际收入**.

边际收入的经济意义是，销售量为x的基础上再多售出一个单位产品所增加的收入的近似值.

【例 2.61】 设产品的需求函数为 $x=100-5p$，其中 p 为价格，x 为需求量. 求边际收入函数，及 $x=20,50,70$ 时的边际收入，并解释所得结果的经济意义.

解：根据 $x=100-5p$ 得 $p=\dfrac{100-x}{5}$

总收入函数 $R(x)=px=\dfrac{100-x}{5}\cdot x=\dfrac{1}{5}(100x-x^2)$

边际收入函数为 $R'(x)=\dfrac{1}{5}(100-2x)$

所以 $$R'(20)=12,\ R'(50)=0,\ R'(70)=-8$$

即销售量为 20 个单位时，再多销售一个单位产品，总收入增加 12 个单位；当销售量为 50 个单位时，扩大销售，收入不会增加；当销售量为 70 个单位时，再多销售一个单位产品，总收入将减少 8 个单位.

3. 边际利润

总利润函数 $L(x)$ 的导数 $L'(x)$ 称为**边际利润函数**，简称**边际利润**.

边际利润的经济意义是，在销售量为 x 的基础上，再多销售一个单位产品所增加的利润.

由于 $L(x)=R(x)-C(x)$，所以 $L'(x)=R'(x)-C'(x)$. 即边际利润等于边际收入与边际成本之差.

【例 2.62】 某加工厂生产某种产品的总成本函数和总收入函数分别为

$$C(x)=100+2x+0.02x^2\ （元）与\ R(x)=7x+0.01x^2\ （元）$$

求边际利润函数及当日产量分别是 200 千克、250 千克和 300 千克时的边际利润，并说明其经济意义.

解：总利润函数 $L(x)=R(x)-C(x)=-0.01x^2+5x-100$

边际利润函数为 $L'(x)=-0.02x+5$

日产量为 200 千克、250 千克和 300 千克时的边际利润分别是

$$L'(200)=1\ （元），L'(250)=0\ （元），L'(300)=-1\ （元）$$

其经济意义是，在日产量为 200 千克的基础上，再增加 1 千克产量，利润可增加 1 元；在日产量为 250 千克的基础上，再增加 1 千克产量，利润无增加；在日产量为 300 千克的基础上，再增加 1 千克产量，将亏损 1 元.

二、弹性分析

弹性概念是经济学中的另一个重要概念，用来定量地描述一个经济变量对另一个经济变量变化的灵敏程度.

例如，设有 A 和 B 两种商品，其单价分别为 10 元和 100 元. 同时提价 1 元，显然改变量相同，但提价的百分数大不相同，分别为 10% 和 1%. 前者是后者的 10 倍，因此有必要研究函数的相对改变量以及相对变化率，这在经济学中称为**弹性**. 它定量地反映了一个经济量（自变量）变动时，另一个经济量（因变量）随之变动的灵敏程度，即自变量变动百分之一时，因变量变动的百分数.

【定义 2.5】 设函数 $y=f(x)$ 在点 x 处可导．则函数的相对改变量 $\frac{\Delta y}{y}$ 与自变量的相对改变量 $\frac{\Delta x}{x}$ 之比，当 $\Delta x\to 0$ 时的极限：$\lim\limits_{\Delta x\to 0}\frac{\Delta y/y}{\Delta x/x}=\frac{x}{y}y'=\frac{x}{f(x)}f'(x)$ 称为函数 $y=f(x)$ 在点 x 处的弹性，记作 $\frac{Ey}{Ex}$ 或 $\frac{Ef(x)}{Ex}$，即 $\frac{Ey}{Ex}=\frac{x}{f(x)}f'(x)$.

由定义知，当 $\frac{\Delta x}{x}=1\%$ 时，$\frac{\Delta y}{y}\approx\frac{Ey}{Ex}\%$．可见，函数 $y=f(x)$ 的弹性具有下述意义：函数 $y=f(x)$ 在点 x_0 处的弹性 $\left.\frac{Ey}{Ex}\right|_{x=x_0}$ 表示在点 x_0 处当 x 改变 1% 时，函数 $y=f(x)$ 在 $f(x_0)$ 的水平上近似改变 $\left.\frac{Ey}{Ex}\right|_{x=x_0}\%$.

用弹性函数来分析经济量的变化称为**弹性分析**．下面以需求弹性来举例说明．

需求弹性刻画商品价格变动时需求量变动的灵敏程度．其经济意义是：当商品的价格从 P 上升 1% 时，需求量从 $Q(P)$ 减少 $\frac{EQ}{EP}$ 个百分数；反之，当价格从 P 下降 1% 时，需求量从 $Q(P)$ 增加 $\frac{EQ}{EP}$ 个百分数．

当 $\frac{EQ}{EP}>1$ 时，称为高弹性，此时，价格的变动对需求量的影响较大；当 $0<\frac{EQ}{EP}<1$ 时，称为低弹性，此时，价格的变动对需求量的影响不大；当 $\frac{EQ}{EP}=1$ 时，称为单位弹性，此时，价格的变动对需求量没有影响．

【例 2.63】 某商品需求函数为 $Q=10-\frac{P}{2}$，求：（1）当 $P=3$ 时的需求弹性；（2）在 $P=3$ 时，若价格上涨 1%，其总收益是增加，还是减少？它将变化多少？

解：（1）$\frac{EQ}{EP}=\frac{P}{Q}Q'=\left(-\frac{1}{2}\right)\cdot\frac{P}{10-\frac{P}{2}}=\frac{P}{P-20}$.

当 $P=3$ 时的需求弹性为 $\left.\frac{EQ}{EP}\right|_{P=3}=-\frac{3}{17}\approx-0.18$.

（2）总收益 $R=PQ=10P-\frac{P^2}{2}$，总收益的价格弹性函数为

$$\frac{ER}{EP}=\frac{dR}{dP}\cdot\frac{P}{R}=(10-P)\cdot\frac{P}{10P-\frac{P^2}{2}}=\frac{2(10-P)}{20-P},$$

在 $P=3$ 时，总收益的价格弹性为 $\left.\frac{ER}{EP}\right|_{P=3}=\left.\frac{2(10-P)}{20-P}\right|_{P=3}\approx 0.82$.

故在 $P=3$ 时，若价格上涨 1%，需求仅减少 0.18%，总收益将增加，总收益约增加 0.82%.

第七节

函数的凹凸性与函数作图

一、曲线的凹凸与拐点

从图 2.10 可以看出曲线弧 ABC 在区间(a,c)内是向下凹入的，此时曲线弧 ABC 位于该弧上任一点切线的上方；曲线弧 CDE 在区间(c,b)内是向上凸起的，此时曲线弧 CDE 位于该弧上任一点切线的下方．关于曲线的弯曲方向，我们给出下面的定义：

【定理 2.12】 如果在某区间内的曲线弧位于其任一点切线的上方，那么此曲线弧叫作在该区间内是**凹的**；如果在某区间内的曲线弧位于其任一点切线的下方，那么此曲线弧叫作在该区间内是**凸的**．

例如，图 2.10 中曲线弧 ABC 在区间(a,c)内是凹的，曲线弧 CDE 在区间(c,b)内是凸的．

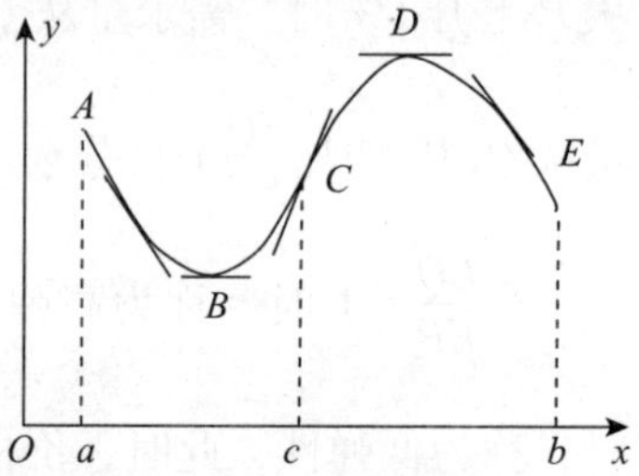

图 2.10

【定理 2.13】 设$f(x)$在区间 I 上连续，如果对 I 上任意两点 x_1,x_2，恒有

$$f\left(\frac{x_1+x_2}{2}\right)<\frac{f(x_1)+f(x_2)}{2}$$

那么称$f(x)$在 I 上的图形是**（向上）凹的（或凹弧）**；如图 2.11 所示．

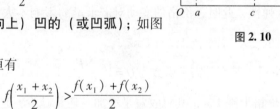

如果函数$f(x)$在区间 I 上恒有

$$f\left(\frac{x_1+x_2}{2}\right)>\frac{f(x_1)+f(x_2)}{2}$$

那么称$f(x)$在 I 上的图形是**（向上）凸的（或凸弧）**，如图 2.12 所示．

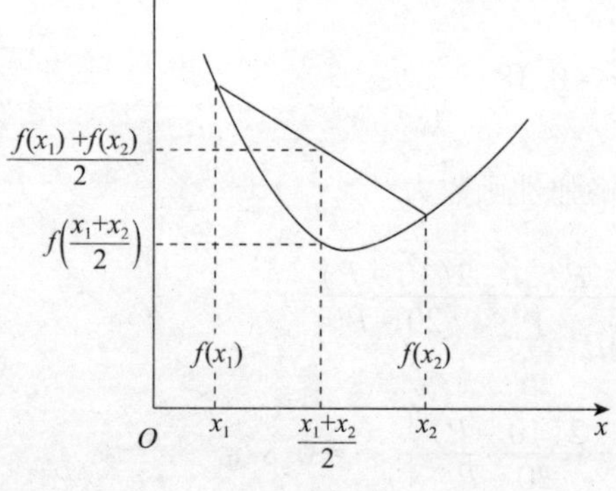

图 2.11

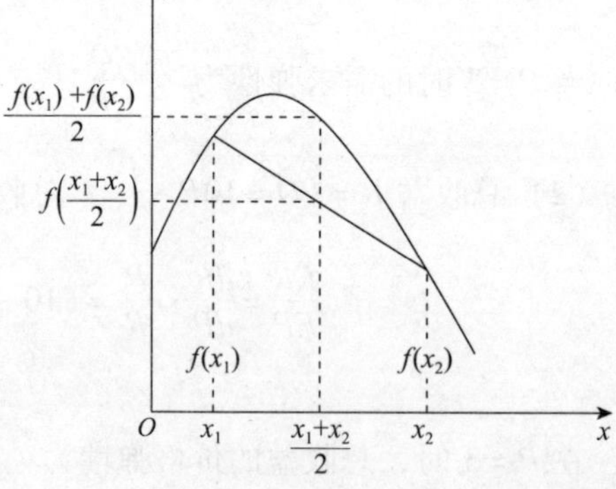

图 2.12

由图 2.11 还可以看出，对于凹的曲线弧，切线的斜率随 x 的增大而增大；由图 2.12 还可以看出，对于凸的曲线弧，切线的斜率随 x 的增大而减小．由于切线的斜率就是函数 $y=f(x)$的导数，因此凹的曲线弧，导数是单调增加的，而凸的曲线弧，导数是单调减少的．由此可见，曲线 $y=f(x)$的凹凸性可以用导数$f'(x)$的单调性来判定．而$f'(x)$的单调性又可以用它的导数，即 $y=f(x)$的二阶导数$f''(x)$的符号来判定，故曲线 $y=f(x)$的凹凸性与$f''(x)$的符号有关．下面给出曲线凹凸性的判定定理：

【定理 2.14】 设 $y=f(x)$在$[a,b]$上连续，在(a,b)内具有一阶和二阶导数，那么

（1）若在(a,b)内$f''(x)>0$，则$f(x)$在$[a,b]$上的图形是凹的；

（2）若在(a,b)内$f''(x)<0$，则$f(x)$在$[a,b]$上的图形是凸的．

证： 只证（1）[（2）的证明类似]．

设 $x_1,x_2\in[a,b],x_1<x_2$，记 $x_0=\dfrac{x_1+x_2}{2}$. 由拉格朗日中值公式得

$$\xi_1\in(x_1,x_0),\xi_2\in(x_0,x_2)$$

使
$$f(x_1)-f(x_0)=f'(\xi_1)(x_1-x_0)=f'(\xi_1)\frac{x_1-x_2}{2},x_1<\xi_1<x_0,$$

$$f(x_2)-f(x_0)=f'(\xi_2)(x_2-x_0)=f'(\xi_2)\frac{x_2-x_1}{2},x_0<\xi_2<x_2,$$

两式相加并应用拉格朗日中值公式得 $\xi\in(\xi_1,\xi_2)$.

使
$$f(x_1)+f(x_2)-2f(x_0)=[f'(\xi_2)-f'(\xi_1)]\frac{x_2-x_1}{2}$$

$$=f''(\xi)(\xi_2-\xi_1)\frac{x_2-x_1}{2}>0$$

即 $\dfrac{f(x_1)+f(x_2)}{2}>f\left(\dfrac{x_1+x_2}{2}\right)$,所以$f(x)$在$[a,b]$上的图形是凹的．

【例 2.64】 判断曲线 $y=\ln x$ 的凹凸性．

解： $y'=\dfrac{1}{x}$，$y''=-\dfrac{1}{x^2}$

因为在函数 $y=\ln x$ 的定义域$(0,+\infty)$内，$y''<0$，所以曲线 $y=\ln x$ 是凸的．

我们知道由$f''(x)$的符号可以判定曲线的凹凸．如果$f''(x)$连续，那么当$f''(x)$的符号由正变负或由负变正时，必定有一点 x_0 使$f''(x_0)=0$. 这样，点$[x_0,f(x_0)]$就是曲线的一个**拐点**．

因此，如果 $y=f(x)$在区间(a,b)内具有二阶导数，我们就可以按下面的步骤来判定曲线 $y=f(x)$的拐点：

（1）确定函数 $y=f(x)$的定义域；

（2）求 $y''=f''(x)$；

（3）令$f''(x)=0$，解出这个方程在区间(a,b)内的实根；

（4）对解出的每一个实根 x_0，考察$f''(x)$在 x_0 的左右两侧邻近的符号．如果$f''(x)$在 x_0 的左右两侧邻近的符号相反，那么点$[x_0,f(x_0)]$就是一个拐点，如果$f''(x)$在 x_0 的左右

两侧邻近的符号相同，那么点$[x_0,f(x_0)]$就不是拐点．

【例 2.65】 求曲线 $y=x^3-3x^2$ 的凹凸区间和拐点．

解：(1) 函数的定义域为$(-\infty,+\infty)$；

(2) $y'=3x^2-6x, y''=6x-6=6(x-1)$；

(3) 令 $y''=0$，得 $x=1$；

(4) 列表2.4考察y''的符号（表中“∪”表示曲线是凹的，“∩”表示曲线是凸的）．

表 2.4

x	$(-\infty,1)$	1	$(1,+\infty)$
y''	−	0	+
y	∩	拐点 $(1,-2)$	∪

由表2.4可知，曲线在$(-\infty,1)$内是凸的，在$(1,+\infty)$内是凹的；曲线的拐点为$(1,-2)$.

【例 2.66】 判断曲线 $y=x^4$ 是否有拐点？

解：$y'=4x^3$，$y''=12x^2>0$. 当 $x\neq0$ 时，$y''>0$，在区间$(-\infty,+\infty)$内曲线是凹的，因此曲线无拐点．

要注意的是，如果$f(x)$在点 x_0 处的二阶导数不存在，那么点$[x_0,f(x_0)]$也可能是曲线的拐点．例如，函数 $y=\sqrt[3]{x}$ 在点$(0,0)$处的二阶导数不存在，但是点$(0,0)$是该函数的拐点．

二、曲线的渐近线

为了刻画曲线的延伸趋势，人们引入了曲线的渐近线的概念．按课程基本要求，我们只介绍水平渐近线与垂直渐近线．

若函数 $y=f(x)$ 的定义域是无限区间，且有$\lim\limits_{x\to\infty}f(x)=a$ [或 $\lim\limits_{x\to+\infty}f(x)=a$，$\lim\limits_{x\to-\infty}f(x)=a$]，则直线 $y=a$ 称为曲线 $y=f(x)$ 的**水平渐近线**．

例如，对于曲线$f(x)=\arctan x$，由于 $\lim\limits_{x\to+\infty}\arctan x=\dfrac{\pi}{2}$，$\lim\limits_{x\to-\infty}\arctan x=-\dfrac{\pi}{2}$，所以直线 $y=\dfrac{\pi}{2}$ 与 $y=-\dfrac{\pi}{2}$ 是曲线 $f(x)=\arctan x$ 的水平渐近线．

若 x_0 是函数 $y=f(x)$ 的间断点，且$\lim\limits_{x\to x_0}f(x)=\infty$ [或$\lim\limits_{x\to x_0^+}f(x)=\infty$，$\lim\limits_{x\to x_0^-}f(x)=\infty$]，则直线 $x=x_0$ 称为曲线 $y=f(x)$ 的垂直渐近线．

【例 2.67】 求$f(x)=\dfrac{1}{x-1}$的垂直渐近线．

解：因为$\lim\limits_{x\to1^+}\dfrac{1}{x-1}=+\infty$，所以，$x=1$ 是曲线的一条垂直渐近线．

三、函数图像作图

以前我们利用描点法作图，这样做出的图形往往与实际图形相差甚远．这是因为，尽管我们比较准确地描出曲线上的一些点，但两点之间的其他点未能更细地描出，尤其是曲线的升降、凹凸性及有无极值点等问题不明了．为了提高作图的准确程度，现在我们可以利用函数的一阶与二阶导数，根据曲线的升降、极值点、凹凸性、拐点与渐近线等特性来作图，使图形能正确反映函数的性态．

全面考察函数的性态，并最终画出函数 $y=f(x)$ 的图形一般步骤如下：

（1）确定函数的定义域；

（2）考察函数的奇偶性（对称性）、周期性；

（3）确定水平渐近线与垂直渐近线；

（4）求 y' 与 y''，找出 y' 与 y'' 的零点及它们不存在的点；

（5）利用（4）中所得的点将定义域划分为若干个区间，列表讨论各个区间上曲线的升降与凹凸性，并讨论每个分界点是否为极值点或产生拐点；

（6）描出极值点，拐点与特殊点，再根据上述性质逐段描出曲线．

【例 2.68】 画出函数 $y=x^3-x^2-x+1$ 的图形．

解：（1）函数的定义域为 $(-\infty,+\infty)$；

（2）$y'=3x^2-2x-1=(3x+1)(x-1)$，令 $y'=0$ 得 $x=-\dfrac{1}{3},1$，再令 $y''=0$ 得 $x=\dfrac{1}{3}$；

（3）列表分析（见表 2.5）．

表 2.5

x	$(-\infty,-1/3)$	$-1/3$	$(-1/3,1/3)$	$1/3$	$(1/3,1)$	1	$(1,+\infty)$
y'	+	0	−	−	−	0	+
y''	−	−	−	0	+	+	+
y	↗	极大	↘	拐点	↘	极小	↗

因为当 $x\to+\infty$ 时，$y\to+\infty$；当 $x\to-\infty$ 时，$y\to-\infty$．故无水平渐近线，计算特殊点：$f\left(-\dfrac{1}{3}\right)=\dfrac{32}{27}$，$f\left(\dfrac{1}{3}\right)=\dfrac{16}{27}$，$f(1)=0$，$f(0)=1$；$f(-1)=0$，$f\left(\dfrac{3}{2}\right)=\dfrac{5}{8}$．

描点连线画出图形（见图 2.13）．

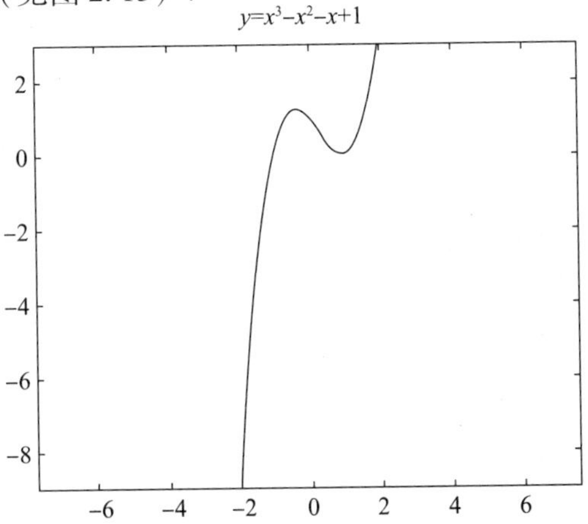

图 2.13

【习题 2.7】

1. 求下列函数的凹或凸的区间．

(1) $y=x^3-5x^2+3x+5$　　(2) $y=\ln(x^2+1)$

2. 问 a，b 为何值时，点（1，3）为曲线 $y=ax^3+bx^2$ 的拐点？

【复习题二】

1. 选择题．

(1) 函数在 x_0 点连续是函数在 x_0 点可导的（　　）

A. 充分条件　　B. 必要条件

C. 充要条件　　D. 无关条件

(2) 函数在 x_0 点可导是函数在 x_0 点可微的（　　）

A. 充分条件　　B. 必要条件

C. 充要条件　　D. 无关条件

(3) 如果 $f(x)$ 可导，则 $\lim\limits_{t\to 0}\dfrac{f(x-3t)-f(x+2t)}{t}=$（　　）

A. $f'(x)$　　B. $-f'(x)$

C. $5f'(x)$　　D. $-5f'(x)$

(4) 函数 $y=x^3-3x$ 上（　　）点处的切线平行于 x 轴

A. $(0,0)$　　B. $(1,2)$

C. $(1,-2)$　　D. $(1,0)$

(5) 设 $f'(x)\equiv g'(x)$，则下列式子成立的是（　　）

A. 存在常数 c，使 $f''(x)=g''(x)+c$　　B. 存在常数 c，使 $f(x)=cg(x)$

C. 存在常数 c，使 $f(x)=g(x)+c$　　D. $f(x)\equiv g(x)$

(6) 设 $f(x)$ 是 x 的可导函数，则 $[f(-2x)]'=$（　　）

A. $-2f'(2x)$　　B. $-2f'(-2x)$

C. $-2f'(x)$　　D. $f'(-2x)$

(7) 函数 $f(x)$ 在 $[a,b]$ 上连续，在 (a,b) 内可导，当 $a<x_1<x_2<b$ 时，则存在一点 ξ 有（　　）

A. $f(b)-f(a)=f'(\xi)(x_2-x_1),\xi\in(x_1,x_2)$

B. $f(x_2)-f(x_1)=f'(\xi)(x_2-x_1),\xi\in(a,b)$

C. $f(b)-f(a)=f'(\xi)(b-a),\xi\in(x_1,x_2)$

D. $f(x_2)-f(x_1)=f'(\xi)(b-a),\xi\in(x_1,x_2)$

(8) 函数 $f(x)=x^3+ax^2+bx+c$ 的极值个数为（　　）

A. 1　　B. 0

C. 0 或 2　　D. 1 或 2

(9) 函数 $y=xe^{-x}$ 的拐点是（　　）

A. $(2,2e^{-2})$　　B. $(0,0)$

C. $(1,e^{-1})$　　D. $(2,e^{-2})$

(10) 曲线 $y=1+\sqrt{\dfrac{3}{(x-2)^2}}$ 有（　　）

A. 仅有水平渐近线　　B. 仅有垂直渐近线

C. 既有水平渐近线又有垂直渐近线　　D. 既无水平渐近线又无垂直渐近线

2. 填空题.

(1) $f(x)=2xe^{-x^2}$，则 $\lim\limits_{x\to0}\dfrac{f(1+x)-f(1)}{x}=$________.

(2) 已知 $f(x)=|x|$，则在 $x=0$ 处 $\lim\limits_{\Delta x\to0^-}\dfrac{\Delta y}{\Delta x}=$______，$\lim\limits_{\Delta x\to0^+}\dfrac{\Delta y}{\Delta x}=$______，$f'(0)=$______.

(3) $y=2x^2-3$ 在 $x=1$ 处的切线方程为________.

(4) 设 $f(x)=\sin\sqrt{x}$，则 $f'(x)=$________.

(5) 求函数 $y=(\sin x)^x$ 的导数为________.

(6) 已知函数 $\begin{cases}x=2\sin t-\cos t\\y=2\sin t+\cos t\end{cases}$，求 $\dfrac{dy}{dx}=$________.

(7) 已知函数 $y=\ln(x+\sqrt{4+x^2})$，则 $dy=$________.

(8) 函数 $f(x)=\dfrac{\ln x}{x}$ 在区间________单调递减.

(9) 函数 $y=x^3+3x^2$ 的凸区间为______，凹区间为______，拐点为______.

(10) 若函数 $y=\dfrac{2x^2+3x-4}{x^2}$，则它的渐近线是________.

3. 求下列函数的极限.

(1) $\lim\limits_{x\to0}\dfrac{e^x-e^{-x}-2x}{x-\sin x}$　　(2) $\lim\limits_{x\to0}\dfrac{\sin x-x}{\ln(1+x^3)}$

(3) $\lim\limits_{x\to0^+}\dfrac{\ln\tan5x}{\ln\tan3x}$　　(4) $\lim\limits_{x\to a}\dfrac{x^n-a^n}{x^m-a^m}(a\neq0)$

(5) $\lim\limits_{x\to1}\left(\dfrac{2}{x^2-1}-\dfrac{1}{x-1}\right)$　　(6) $\lim\limits_{x\to0}x\cot3x$

(7) $\lim\limits_{x\to0^+}x^{\sin x}$　　(8) $\lim\limits_{x\to0^+}\left(\dfrac{1}{x}\right)^{\tan x}$

4. 求下列函数的导数.

(1) $y=\sqrt{x+\sqrt{3x}}$　　(2) $y=\left(\arctan\dfrac{x}{3}\right)^3$

(3) $y=\ln\tan\dfrac{x}{3}-\sin x\cdot\ln\cot x$　　(4) $y=(1+x^3)\arctan x$

(5) $y=\dfrac{x^2}{\sqrt{2-x^3}}$　　(6) $y=\arctan\dfrac{4-x}{4+x}$

5. 求下列隐函数的一阶导数或二阶导数.

(1) $xy^2-e^{x+y}=0$，求 y'　　(2) $y=2+xe^y$，求 y''

6. 用对数求导法求下列函数的导数.

(1) $y=\left(\dfrac{x}{2+x}\right)^x$，求 y'　　(2) $y=\dfrac{\sqrt{x+3}(4-x)^5}{(x+2)^3}$，求 y'

7. 求下列参数方程所确定的函数的导数.

(1) $\begin{cases}x=\theta(1-\cos\theta)\\ y=\theta\sin\theta\end{cases}$　求 $\dfrac{dy}{dx}$　　(2) $\begin{cases}x=at^3\\ y=bt^5\end{cases}$　求 $\dfrac{d^2y}{dx^2}$

8. 求下列函数的 n 阶导数.

(1) $y=\cos^2x$　　(2) $y=x\ln x$

9. 求下列函数的微分.

(1) $y=\arccos\sqrt{2-x^2}$　　(2) $y=e^{-3x}\cdot\sin(5-2x)$

10. 求下列函数的单调区间与极值.

(1) $f(x)=x^3-3x^2-24x+4$　　(2) $f(x)=(x-4)\cdot\sqrt[3]{(x+1)^2}$

11. 求下列函数的凹凸性与拐点.

(1) $f(x)=x^3-3x^2+3x+5$　　(2) $f(x)=\dfrac{x^3}{(x+1)^2}$

12. 函数 $f(x)=x^3+ax^2+bx+c$ 使其在 $x=-1$ 和 $x=1$ 处取极值，并通过点 $(0,1)$，求 a,b,c 的值.

13. 函数 $f(x)=ax^3+bx^2$ 的拐点为 $(1,3)$，求 a,b 的值.

14. 试确定 a,b,c 的值，使函数 $f(x)=x^3+ax^2+bx+c$ 在点 $(-1,1)$ 处有拐点，且在 $x=0$ 处有极小值为 -1，并求此函数的极大值.

15. 某厂每天生产某种产品 Q 件的总成本函数为 $C=\dfrac{1}{2}Q^2+36Q+9800$ 元，为使平均成本最低，每天产量为多少？每件产品的平均成本是多少？

16. 证明题.

(1) 试证明：当 $x>0$ 时，$e^x-1>\sin x$.

(2) 设 $f'(x)$ 在 $(0,+\infty)$ 内单调递增，且 $f(0)=0$，证明：$\dfrac{f(x)}{x}$ 在 $(0,+\infty)$ 内也单调递增.

第三章 不定积分

在微分学中，我们已经学过怎样求已知函数的导数或微分问题．本章将解决与此相反的问题：已知导数求其函数，即求一个未知函数，使其导数恰好是某一已知函数．这种由导数或微分求原来函数的逆运算称为不定积分．本章将介绍不定积分的概念及其计算方法.

第一节 不定积分的概念及性质

一、原函数的概念

【定义 3.1】 设$f(x)$是定义在区间 I 内的已知函数，如果存在一个函数 $F(x)$，对于该区间内的每一个点都满足

$$F'(x)=f(x) \text{或} dF(x)=f(x)dx.$$

则称函数 $F(x)$是$f(x)$在区间 I 上的一个**原函数**.

因为$(\sin x)'=\cos x$，所以 $\sin x$ 是 $\cos x$ 的一个原函数，不难验证 $\sin x+1$，$\sin x+\sqrt{2}$，$\sin x+C$（C 为任意常数）也都是 $\cos x$ 的原函数．因此，如果函数$f(x)$存在原函数，则它的原函数必有无穷多个.

【定理 3.1】 若函数 $F(x)$是$f(x)$的一个原函数，则 $F(x)+C$（C 为任意常数）为$f(x)$的所有原函数.

该定理说明，若 $F(x)$和 $G(x)$都是$f(x)$的原函数，则一定有 $G(x)=F(x)+C$.

实际上，如果函数 $F(x)$是$f(x)$的一个原函数，则

$$[F(x)+C]'=F'(x)=f(x) \quad (C \text{为任意常数})$$

所以 $F(x)+C$（C 为任意常数）也是$f(x)$的原函数.

另一方面，如果 $F(x)$和 $G(x)$都是$f(x)$的原函数，即

$$F'(x)=G'(x)=f(x)$$

由中值定理的推论可知，$F(x)$和 $G(x)$仅差一常数，即存在常数 C，使得

$$G(x)=F(x)+C$$

二、不定积分的概念

【定义 3.2】 若 $F(x)$ 是 $f(x)$ 在某个区间上的一个原函数，则 $f(x)$ 的所有原函数 $F(x)+C$（C 为任意常数）称为 $f(x)$ 在该区间上的**不定积分**，记作 $\int f(x)dx$，即

$$\int f(x)dx = F(x)+C$$

其中称 $\int$ 为**积分号**，$f(x)$ 为**被积函数**，$f(x)dx$ 为**被积表达式**，x 为**积分变量**，C 为**积分常数**.

根据不定积分的定义可知，求函数 $f(x)$ 的不定积分，只需求出 $f(x)$ 的一个原函数，再加上积分常数 C 即可．因此，一个函数存在不定积分与存在原函数是等价的．

【例 3.1】 求 $\int x^2dx$

解：因为 $\left(\frac{1}{3}x^3\right)'=x^2$，所以 $\frac{1}{3}x^3$ 是 x^2 的一个原函数，从而有

$$\int x^2dx = \frac{1}{3}x^3+C$$

【例 3.2】 求 $\int \frac{1}{x}dx$

解：当 $x>0$ 时，$(\ln x)'=\frac{1}{x}$，所以 $\int \frac{1}{x}dx = \ln x + C$

当 $x<0$ 时，$[\ln(-x)]'=\frac{1}{-x}\cdot(-1)=\frac{1}{x}$，所以 $\int \frac{1}{x}dx = \ln(-x)+C$.

于是有

$$\int \frac{1}{x}dx = \ln|x|+C$$

三、不定积分的基本积分公式

由于不定积分运算是微分运算的逆运算，所以从基本导数公式，可以直接得到基本积分公式．

(1) $\int kdx = kx + C$（k 为常数）　　(2) $\int x^\alpha dx = \frac{1}{1+\alpha}x^{\alpha+1}+C(\alpha\neq-1)$

(3) $\int \frac{1}{x}dx = \ln|x|+C(x\neq0)$　　(4) $\int e^xdx = e^x+C$

(5) $\int a^xdx = \frac{a^x}{\ln a}+C(a>0, a\neq1)$　　(6) $\int \cos xdx = \sin x + C$

(7) $\int \sin xdx = -\cos x + C$　　(8) $\int \sec^2xdx = \tan x + C$

(9) $\int \csc^2xdx = -\cot x + C$　　(10) $\int \sec x\tan xdx = \sec x + C$

(11) $\int \csc x\cot x dx = -\csc x + C$　　(12) $\int \frac{1}{1+x^2}dx = \arctan x + C$

(13) $\int \frac{1}{\sqrt{1-x^2}}dx = \arcsin x + C$

还有几个常用公式，用积分法可以求出．

(14) $\int \tan x dx = -\ln|\cos x| + C$　　(15) $\int \cot x dx = \ln|\sin x| + C$

(16) $\int \sec x dx = \ln|\sec x + \tan x| + C$　　(17) $\int \csc x dx = \ln|\csc x - \cot x| + C$

(18) $\int \frac{1}{a^2+x^2}dx = \frac{1}{a}\arctan\frac{x}{a} + C$　　(19) $\int \frac{1}{\sqrt{a^2-x^2}}dx = \arcsin\frac{x}{a} + C$

(20) $\int \frac{1}{a^2-x^2}dx = \frac{1}{2a}\ln\left|\frac{a+x}{a-x}\right| + C$　　(21) $\int \frac{1}{\sqrt{x^2 \pm a^2}}dx = \ln\left|x + \sqrt{x^2 \pm a^2}\right| + C$

以上积分公式在求积分时经常会用到，是求不定积分的基础，必须熟记．

四、不定积分的性质

根据不定积分的定义，可以直接得到不定积分的下列性质：

【性质 3.1】 不定积分与微分运算的互逆性质

(1) **积分返回性质**：先积后导（微），运算抵消，即

$$\left[\int f(x)dx\right]' = f(x) \quad 或 \quad d\int f(x)dx = f(x)dx$$

积分返回性质可用于检验积分结果是否正确：对积分结果求导数，若等于被积函数，则结果是正确的，否则结果是错误的．

(2) **导数退返性质**：先导（微）后积，多出常数，即

$$\int F'(x)dx = F(x) + C \text{ 或} \int dF(x) = F(x) + C$$

导数退返性质有利于提高不定积分的运算效率，如果被积函数是某个函数的导数，则可立即得出结果．

【性质 3.2】（线性运算性质）

(1) $\int kf(x)dx = k\int f(x)dx$　　（k 为不等于零的常数）

(2) $\int[f(x) \pm g(x)]dx = \int f(x)dx \pm \int g(x)dx$

【说明】性质 3.2 可以推广到有限多个函数代数和的情形．

利用不定积分的性质和基本积分公式，可求出一些简单函数的不定积分，通常把这种积分方法称为**直接积分法**．

【例 3.3】 求 $\int(3e^x - \sqrt{x})dx$

解：$\int(3e^x - \sqrt{x})dx = \int 3e^x dx - \int\sqrt{x}dx = 3\int e^x dx - \int\sqrt{x}dx = 3e^x - \frac{2}{3}x^{\frac{3}{2}} + C$

【注意】逐项积分后，每个不定积分都含有任意常数，由于任意常数之和仍为任意常数，所以只需写一个任意常数.

【例 3.4】 求$\int \frac{(x-\sqrt{x})(1+\sqrt{x})}{x}dx$

解：$\int \frac{(x-\sqrt{x})(1+\sqrt{x})}{x}dx = \int \frac{x\sqrt{x}-\sqrt{x}}{x}dx = \int x^{\frac{1}{2}}dx - \int x^{-\frac{1}{2}}dx$

$$= \frac{2}{3}x^{\frac{3}{2}} - 2x^{\frac{1}{2}} + C$$

【例 3.5】 求$\int \frac{x^4}{1+x^2}dx$

解：$\int \frac{x^4}{1+x^2}dx = \int \frac{x^4-1+1}{1+x^2}dx = \int \left(x^2-1+\frac{1}{1+x^2}\right)dx$

$$= \int x^2dx - \int dx + \int \frac{1}{1+x^2}dx$$

$$= \frac{1}{3}x^3 - x + \arctan x + C$$

【例 3.6】 求$\int \frac{1}{1+\cos 2x}dx$

解：$\int \frac{1}{1+\cos 2x}dx = \int \frac{1}{2\cos^2 x}dx = \frac{1}{2}\int \sec^2 x dx = \frac{1}{2}\tan x + C$

【习题 3.1】

1. 填空题.

(1) 若$f(x)$是$\cos x$的一个原函数，则$f(x)=$__________

(2) 若$\ln x$是$f(x)$的一个原函数，则$\int f(x)dx=$__________，$\int f'(x)dx=$__________

(3) 设$\int f(x)dx = e^{2x}+2x+C$，则$f(x)=$__________

2. 求下列积分.

(1) $\int \left(3\sin x+\frac{1}{\cos^2 x}\right)dx$ (2) $\int e^x\left(1-\frac{e^{-x}}{x^2}\right)dx$

(3) $\int \frac{(1-x)^2}{x\sqrt{x}}dx$ (4) $\int \frac{\cos 2x}{\sin^2 x\cos^2 x}dx$

3. 求通过点(1,1)，切线斜率为x^2的曲线方程.

第二节 换元积分法

利用直接积分法能计算出的积分是非常有限的，因此，有必要进一步研究其他求积分的方法．本节将复合函数的微分法反过来用于积分，得到一种有效的积分方法，称为**换元积分法**．通常把换元积分法分成两类：第一类换元积分法和第二类换元积分法．

一、第一类换元积分法（凑微分法）

先看一个例子，求 $\int \cos 5x dx$

分析：这个积分用**直接积分法**是不易求出的，但可以"凑"成基本公式 $\int \cos x dx$ 的形式，上述积分可以改写为

$$\int \cos 5x dx = \frac{1}{5}\int 5\cos 5x dx = \frac{1}{5}\int \cos 5x d(5x)$$

[因为 $d(5x)=5dx$]，令 $u=5x$，则

$$\int \cos 5x dx = \frac{1}{5}\int \cos u du = \frac{1}{5}\sin u + C = \frac{1}{5}\sin 5x + C$$

可以验证其结果是正确的．这种求积分的方法就是**第一类换元积分法**．

容易验证，在基本积分公式中，将变量 x 换为 x 的函数 $\varphi(x)$，公式仍然成立．这就大大地拓宽了积分公式的应用范围．

【定理 3.2】 若 $\int f(u)du = F(u) + C$，且 $u=\varphi(x)$ 是可导函数，则有

$$\int f[\varphi(x)]\varphi'(x)dx = F[\varphi(x)] + C$$

用上式求不定积分的方法称为**第一类换元积分法**或**凑微分法**．用凑微分法求函数不定积分的思路可用下式表示：

$$\int f[\varphi(x)]\varphi'(x)dx \xlongequal{\text{凑微分}} \int f[\varphi(x)]d\varphi(x) \xlongequal[\text{令 } u=\varphi(x)]{\text{变量替换}} \int f(u)du$$

$$\xlongequal{\text{由基本公式}} F(u) + C \xlongequal[u=\varphi(x)]{\text{变量回代}} F[\varphi(x)] + C$$

运用定理 3.2 求不定积分时，关键一步是凑微分．即设法将被积式凑成 $f[\varphi(x)]d[\varphi(x)]$ 的形式．

凑微分法的关键是将被积函数中的哪一部分凑成 $d[\varphi(x)]$，这是一种技巧，需要掌握一些凑微分的形式，归纳如下：

（1）线性函数：$dx = \frac{1}{a}d(ax \pm b)\,(a \neq 0)$

（2）幂函数：$\frac{1}{x}dx=d(\ln x)$，$x^{n}dx=\frac{1}{n+1}d(x^{n+1})$

（3）指数函数：$e^{x}dx=d(e^{x})$

（4）三角函数：$\cos xdx=d(\sin x)$，$\sin xdx=-d(\cos x)$，$\sec^{2}xdx=d(\tan x)$，

$\csc^{2}xdx=-d(\cot x)$，$\sec x\tan xdx=d(\sec x)$，$\csc x\cot xdx=-d(\csc x)$

（5）其他函数：$\frac{1}{\sqrt{1-x^{2}}}dx=d(\arcsin x)$，$\frac{1}{1+x^{2}}dx=d(\arctan x)$

【例 3.7】 求 $\int\sin 2xdx$

解：设 $u=2x$，则 $x=\frac{u}{2}$，即 $dx=\frac{1}{2}du$，所以

$$\int\sin 2xdx=\frac{1}{2}\int\sin udu=-\frac{1}{2}\cos u+C$$

再将 $u=2x$ 代入，得

$$\int\sin 2xdx=-\frac{1}{2}\cos 2x+C$$

【例 3.8】 求 $\int\frac{2}{3+2x}dx$

解：设 $u=3+2x$，则 $x=\frac{u-3}{2}$，即 $dx=\frac{1}{2}du$，所以

$$\int\frac{2}{3+2x}dx=\frac{1}{2}\int\frac{2}{u}du=\int\frac{1}{u}du=\ln|u|+C=\ln|3+2x|+C$$

【注意】在对变量替换比较熟练后，可以省略中间换元步骤，直接凑微分，写出结果．例如，例 3.7 的解题过程可以写为

$$\int\sin 2xdx=\frac{1}{2}\int\sin 2xd2x=-\frac{1}{2}\cos 2x+C$$

【例 3.9】 求 $\int\frac{x+1}{(x^{2}+2x-3)^{5}}dx$

解：$\int\frac{x+1}{(x^{2}+2x-3)^{5}}dx=\frac{1}{2}\int\frac{1}{(x^{2}+2x-3)^{5}}d(x^{2}+2x-3)=-\frac{1}{8}(x^{2}+2x-3)^{-4}+C$

【例 3.10】 求 $\int\frac{1}{x\ln^{3}x}dx$

解：$\int\frac{1}{x\ln^{3}x}dx=\int(\ln x)^{-3}\cdot\frac{1}{x}dx=\int(\ln x)^{-3}d\ln x=-\frac{1}{2}(\ln x)^{-2}+C$

【例 3.11】 求 $\int\frac{1}{a^{2}-x^{2}}dx$

解：$\int\frac{1}{a^{2}-x^{2}}dx=\frac{1}{2a}\int\left(\frac{1}{a+x}+\frac{1}{a-x}\right)dx=\frac{1}{2a}\left(\int\frac{1}{a+x}dx+\int\frac{1}{a-x}dx\right)$

$$=\frac{1}{2a}\left[\int\frac{1}{a+x}d(a+x)-\int\frac{1}{a-x}d(a-x)\right]$$

$$=\frac{1}{2a}[\ln|a+x|-\ln|a-x|]+C=\frac{1}{2a}\ln\left|\frac{a+x}{a-x}\right|+C$$

【例 3.12】 求 $\int \tan x dx$

解： $\int \tan x dx = \int \frac{\sin x}{\cos x}dx = -\int \frac{d(\cos x)}{\cos x} = -\ln|\cos x|+C$

类似可得 $$\int \cot x dx = \ln|\sin x|+C$$

【例 3.13】 求 $\int \csc x dx$

解： $\int \csc x dx = \int \frac{1}{\sin x}dx = \int \frac{\sin x}{\sin^2 x}dx = -\int \frac{1}{1-\cos^2 x}d\cos x$

$$=\frac{1}{2}\ln\left|\frac{1-\cos x}{1+\cos x}\right|+C=\ln|\csc x-\cot x|+C$$

同理可得 $$\int \sec x dx = \ln|\sec x+\tan x|+C$$

【例 3.14】 求 $\int \sin^3 x\cos^2 x dx$

解： $\int \sin^3 x\cos^2 x dx = -\int \sin^2 x\cos^2 x d\cos x = -\int(1-\cos^2 x)\cos^2 x d\cos x$

$$=\int(\cos^4 x-\cos^2 x)d\cos x = \frac{1}{5}\cos^5 x-\frac{1}{3}\cos^3 x+C$$

【例 3.15】 求 $\int \cos^2 x dx$

解： $\int \cos^2 x dx = \int \frac{1+\cos 2x}{2}dx = \frac{1}{2}\int dx+\frac{1}{2}\int \cos 2x dx$

$$=\frac{1}{2}x+\frac{1}{4}\int \cos 2x d2x = \frac{1}{2}x+\frac{1}{4}\sin 2x+C$$

二、第二类换元积分法

第一类换元积分法是先凑微分，再利用新变量 u 替换 $\varphi(x)$. 但是有一类积分，不能用凑微分法，需要作相反的替换，即令 $x=\varphi(t)$，这种方法称为第二类换元积分法.

【定理 3.3】（第二类换元积分法）设函数 $f(x)$ 连续，函数 $x=\varphi(t)$ 单调可导，且 $\varphi'(t)\neq 0$，如果 $\int f[\varphi(t)]\varphi'(t)dt = F(t)+C$，则有

$$\int f(x)dx = F[\varphi^{-1}(x)]+C$$

应用第二类换元积分法求不定积分的思路为：

$$\int f(x)dx \xlongequal[x=\varphi(t)]{\text{换元}} \int f[\varphi(t)]\varphi'(t)dt = \int g(t)dt \xlongequal[\text{或凑微分求}]{\text{能用基本公式}} F(t)+C \xlongequal[t=\varphi^{-1}(x)]{\text{回代}} F[\varphi^{-1}(x)]+C$$

【例 3.16】 求 $\int \frac{1}{1+\sqrt{x}}dx$

解：令 $t=\sqrt{x}$，则 $x=t^2,dx=2tdt$　于是

$$\int\frac{1}{1+\sqrt{x}}dx=\int\frac{2t}{1+t}dt=2\int\frac{t+1-1}{1+t}dt=2\left(\int dt-\int\frac{1}{1+t}dt\right)=2[t-\ln|1+t|]+C$$
$$=2[\sqrt{x}-\ln|1+\sqrt{x}|]+C$$

一般积分中出现根式 $\sqrt[n]{ax+b}$（n 为正整数），可作代换 $\sqrt[n]{ax+b}=t$，则 $x=\frac{t^n-b}{a}$，$dx=\frac{n}{a}t^{n-1}dt$，这种换元称为**根式置换**，目的是使积分有理化．积分计算完成后，还要换回到原来的变量 x，这叫**回代**．

【例 3.17】　求 $\int\sqrt{a^2-x^2}dx$　$(a>0)$

解：令 $x=a\sin t,t\in\left[-\frac{\pi}{2},\frac{\pi}{2}\right]$，$dx=a\cos tdt$

$\sqrt{a^2-x^2}=\sqrt{a^2(1-\sin^2t)}=a\cos t$，于是

$$\int\sqrt{a^2-x^2}dx=\int a\cos t\cdot a\cos tdt=a^2\int\cos^2tdt=\frac{a^2}{2}\int(1+\cos2t)dt$$
$$=\frac{a^2}{2}\left(t+\frac{1}{2}\sin2t\right)+C=\frac{a^2}{2}(t+\sin t\cos t)+C$$

为把 t 还原成 x 的函数，可以根据 $x=a\sin t$ 作一辅助直角三角形，如图 3.1 所示，于是

$$\int\sqrt{a^2-x^2}dx=\frac{a^2}{2}\arcsin\frac{x}{a}+\frac{a^2}{2}\cdot\frac{x}{a}\frac{\sqrt{a^2-x^2}}{a}+C$$
$$=\frac{a^2}{2}\arcsin\frac{x}{a}+\frac{x}{2}\sqrt{a^2-x^2}+C$$

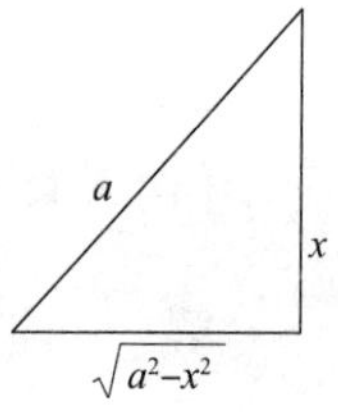

图 3.1

【例 3.18】　求 $\int\frac{dx}{\sqrt{a^2+x^2}}$　$(a>0)$

解：令 $x=a\tan t,t\in\left(-\frac{\pi}{2},\frac{\pi}{2}\right)$，则 $dx=a\sec^2tdt$，$\sqrt{a^2+x^2}=a\sec t$，于是

$$\int\frac{dx}{\sqrt{a^2+x^2}}=\int\frac{a\sec^2t}{a\sec t}dt=\int\sec tdt=\ln|\sec t+\tan t|+C_1$$

由 $x=a\tan t$ 作辅助三角形，如图 3.2 所示，得 $\sec t=\frac{\sqrt{a^2+x^2}}{a}$，因此

$$\int\frac{dx}{\sqrt{a^2+x^2}}=\ln\left|\frac{x}{a}+\frac{\sqrt{a^2+x^2}}{a}\right|+C_1$$
$$=\ln\left|x+\sqrt{a^2+x^2}\right|+C\ (C=C_1-\ln a)$$

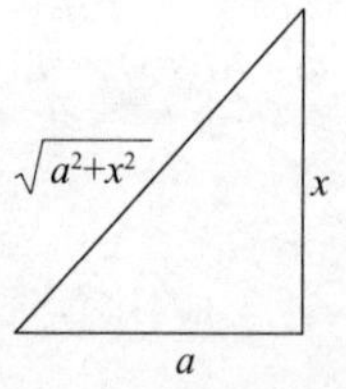

图 3.2

从上面两个例子可以看出，如果积分中出现的根式内含有二次多项式，直接置换无法有理化，但用三角函数可以奏效，这种代换称为**三角代换**．三角代换有三种形式：

（1）含根式$\sqrt{a^2-x^2}(a>0)$时，可作代换$x=a\sin t$，$t\in\left(-\frac{\pi}{2},\frac{\pi}{2}\right)$

（2）含根式$\sqrt{a^2+x^2}(a>0)$时，可作代换$x=a\tan t$，$t\in\left(-\frac{\pi}{2},\frac{\pi}{2}\right)$

（3）含根式$\sqrt{x^2-a^2}(a>0)$时，可作代换$x=a\sec t$，$t\in\left(0,\frac{\pi}{2}\right)$

从上面的例子看出，第二类换元积分法主要解决**根式有理化**问题．积分中出现根式，当用直接积分法和凑微分法无法解决时，就要考虑实施第二类换元积分法．当根号内为一次式时，用根式置换；当根号内为二次式时，用三角代换．

但要注意的是，在具体解题时，不要拘泥于上述的变量代换，应该根据被积函数的具体情况选择尽可能简捷的代换．

【习题 3.2】

1. 验证下列等式是否成立．

（1）$\int(4x^3+2x+2)dx=x^4+x^2+2x+C$

（2）$\int\frac{x^2}{\sqrt{1+x^3}}dx=\sqrt{1+x^3}+C$

2. 求下列不定积分．

（1）$\int(1-5x)^7dx$

（2）$\int\frac{e^{\sqrt{x}}}{\sqrt{x}}dx$

（3）$\int\frac{1}{x\sqrt{1+\ln x}}dx$

（4）$\int\frac{x^2-x-2}{1+x^2}dx$

（5）$\int\frac{e^{\arccos x}}{\sqrt{1-x^2}}dx$

（6）$\int\frac{1}{\cos^2x\sqrt{1+2\tan x}}dx$

（7）$\int\sin^2x\cos^5xdx$

（8）$\int\sin^5xdx$

3. 求下列不定积分．

（1）$\int x\sqrt{x-2}dx$

（2）$\int\frac{1}{1+\sqrt{2x-3}}dx$

（3）$\int\frac{\sqrt{x}}{1+\sqrt[3]{x}}dx$

（4）$\int\frac{1}{(1+x^2)^{\frac{3}{2}}}dx$

（5）$\int\frac{1}{x^2\sqrt{x^2-1}}dx$

（6）$\int\frac{x^2}{\sqrt{4-x^2}}dx$

第三节

分部积分法

虽然换元积分法能解决许多积分的计算，但对于被积函数是两个非同名函数的乘积时，形如 $\int x\sin x\mathrm{d}x$、$\int e^{x}\cos x\mathrm{d}x$、$\int x\ln x\mathrm{d}x$ 等积分就难于求出，为了解决这个问题，我们利用两个函数乘积的求导（微分）法则，可以推出另一个重要的积分方法——**分部积分法**.

设函数 $u=u(x), v=v(x)$ 具有连续导数，根据乘积的微分公式

$$d(uv)=vdu+udv$$

移项得

$$udv=d(uv)-vdu$$

对等式两边求不定积分，得

$$\int udv=uv-\int vdu$$

【定理 3.4】 设函数 $u=u(x), v=v(x)$ 具有连续导数，则有

$$\int u(x)dv(x)=u(x)v(x)-\int v(x)du(x)$$

上式称为不定积分的**分部积分公式**. 利用上式求不定积分的方法称为**分部积分法**. 分部积分公式和换元积分公式一样，也提供了积分转化的机会. 这个公式说明，如果计算积分 $\int u\mathrm{d}v$ 较困难，而积分 $\int v\mathrm{d}u$ 容易计算，则可以利用分部积分法计算.

【例 3.19】 求 $\int x\cos x\mathrm{d}x$

解：设 $u=x$，$dv=\cos xdx=d(\sin x)$，则 $v=\sin x$，由分部积分公式，得

$$\int x\cos xdx=\int xd\sin x=x\sin x-\int \sin x\mathrm{d}x=x\sin x+\cos x+C$$

【说明】这里经过凑微分，显示出 $u=x$，$v=\sin x$. 若将上式改写为 $\int \cos x\mathrm{d}\left(\frac{1}{2}x^{2}\right)$，

即令 $u=\cos x$，$v=\frac{x^{2}}{2}$，则

$$\int x\cos x\mathrm{d}x=\frac{1}{2}x^{2}\cos x+\int\frac{1}{2}x^{2}\sin x\mathrm{d}x$$

上式右端的积分比原积分更难求，显然这种转化无意义.

由此可见，利用分部积分法的关键是在公式化的过程中选择哪个函数与 dx 凑微分，一般可用口诀：**“三指动，反对不动”**.“三”是指三角函数，“指”是指指数函数，动是三角函数或指数函数与 dx 凑微分；“反”是指反三角函数，“对”是指对数函数，不动是反三角函数或对数函数不动，让另外的函数与 dx 凑微分. 通过下面的例题，仔细体会

口诀的含义.

【例 3.20】 求 $\int x^2e^x\mathrm{d}x$

解：$\int x^2e^x\mathrm{d}x=\int x^2\mathrm{d}(e^x)=x^2e^x-\int e^x\mathrm{d}(x^2)=x^2e^x-2\int xe^x\mathrm{d}x$

其中对 $\int xe^x\mathrm{d}x$ 再用一次分部积分公式，得

$$\int x^2e^x\mathrm{d}x=x^2e^x-2(xe^x-e^x)+C=e^x(x^2-2x+2)+C$$

【注意】有些不定积分需要多次使用分部积分法才能得到结果.

【例 3.21】 求 $\int(x^2+2)\sin x\mathrm{d}x$

解：
$$\begin{aligned}\int(x^2+2)\sin x\mathrm{d}x&=\int(x^2+2)\mathrm{d}(-\cos x)=-(x^2+2)\cos x+2\int x\cos x\mathrm{d}x\\&=-(x^2+2)\cos x+2\int x\mathrm{d}\sin x\\&=-(x^2+2)\cos x+2x\sin x-2\int\sin x\mathrm{d}x\\&=-(x^2+2)\cos x+2x\sin x+2\cos x+C\\&=-x^2\cos x+2x\sin x+C\end{aligned}$$

【例 3.22】 求 $\int x\ln x\mathrm{d}x$

解：
$$\begin{aligned}\int x\ln x\mathrm{d}x&=\int\ln x\mathrm{d}\left(\frac{x^2}{2}\right)=\frac{x^2}{2}\ln x-\int\frac{x^2}{2}\mathrm{d}(\ln x)=\frac{x^2}{2}\ln x-\frac{1}{2}\int x\mathrm{d}x\\&=\frac{x^2}{2}\ln x-\frac{1}{4}x^2+C\end{aligned}$$

【例 3.23】 求 $\int\arctan x\mathrm{d}x$

解：
$$\begin{aligned}\int\arctan x\mathrm{d}x&=x\arctan x-\int\frac{x}{1+x^2}\mathrm{d}x=x\arctan x-\frac{1}{2}\int\frac{\mathrm{d}(1+x^2)}{1+x^2}\\&=x\arctan x-\frac{1}{2}\ln(1+x^2)+C\end{aligned}$$

【例 3.24】 求 $\int e^x\cos x\mathrm{d}x$

解：
$$\begin{aligned}\int e^x\cos x\mathrm{d}x&=\int e^x\mathrm{d}(\sin x)=e^x\sin x-\int\sin x\mathrm{d}e^x\\&=e^x\sin x-\int e^x\sin x\mathrm{d}x\\&=e^x\sin x+\int e^x\mathrm{d}\cos x\\&=e^x\sin x+e^x\cos x-\int\cos x\mathrm{d}e^x\\&=e^x(\sin x+\cos x)-\int e^x\cos x\mathrm{d}x\end{aligned}$$

移项，得 $$2\int e^x\cos x\mathrm{d}x = e^x(\sin x+\cos x)+C_1$$

于是 $$\int e^x\cos x\mathrm{d}x = \frac{1}{2}e^x(\sin x+\cos x)+C \quad \left(C=\frac{1}{2}C_1\right)$$

【习题 3.3】

求下列不定积分．

(1) $\int xe^{-x}\mathrm{d}x$ (2) $\int x\sin\frac{x}{2}\mathrm{d}x$

(3) $\int x^2\cos 3x\mathrm{d}x$ (4) $\int(x^2+x)e^{3x}\mathrm{d}x$

(5) $\int(x+1)\ln x\mathrm{d}x$ (6) $\int\arcsin x\mathrm{d}x$

(7) $\int e^{2x}\cos 3x\mathrm{d}x$ (8) $\int\cos^2\sqrt{x}\mathrm{d}x$

【复习题三】

1. 设 $F(x)$ 是 $f(x)$ 的一个原函数，下列各等式是否正确，说明理由．

(1) $\int F(x)\mathrm{d}x = f(x)+C$ (2) $\int f(x)\mathrm{d}x = F(x)+C$

(3) $\int f(x)\mathrm{d}x = F(x)$ (4) $\int \mathrm{d}F(x) = f(x)+C$

(5) $\int f'(x)\mathrm{d}x = F(x)+C$ (6) $\int f(x)\mathrm{d}x = f(x)+C$

2. 一曲线过点 $(e^3,5)$ 且在任一点处的切线斜率等于该点横坐标的倒数，求该曲线方程．

3. 验证函数 $F(x)=x(\ln x-1)$ 是 $f(x)=\ln x$ 的一个原函数．

4. 求下列不定积分．

(1) $\int\left(x^3+4^x-\frac{7}{x}+1\right)\mathrm{d}x$ (2) $\int\frac{(x^2-3)(x+1)}{x^2}\mathrm{d}x$

(3) $\int\frac{3\cdot 4^x+5\cdot 3^x}{4^x}\mathrm{d}x$ (4) $\int\frac{e^{3x}-1}{e^x-1}\mathrm{d}x$

(5) $\int\frac{1}{\sin^2 x\cos^2 x}\mathrm{d}x$ (6) $\int\frac{1-2\tan^2 x}{\sin^2 x}\mathrm{d}x$

(7) $\int\frac{1}{x^2(1-x^2)}\mathrm{d}x$ (8) $\int\frac{x^2}{1+x^2}\mathrm{d}x$

5. 求下列不定积分．

(1) $\int\sin(2x-1)\mathrm{d}x$ (2) $\int\frac{1-x}{\sqrt{1-x^2}}\mathrm{d}x$

(3) $\int \frac{1}{x^2+3x-10}dx$

(4) $\int \frac{1}{1+9x^2}dx$

(5) $\int e^{\sin 2x}\sin 2x dx$

(6) $\int \frac{x^3}{1+x^2}dx$

(7) $\int \frac{\ln(1+x)}{1+x}dx$

(8) $\int \sin x \cos^{\frac{4}{3}}\frac{x}{4}dx$

(9) $\int \sec^4 x dx$

(10) $\int \sec^7 x \tan^3 x dx$

(11) $\int \tan\sqrt{1+x^2}\cdot\frac{x}{\sqrt{1+x^2}}dx$

(12) $\int \frac{\ln(\tan x)}{\sin x\cos x}dx$

6. 求下列不定积分.

(1) $\int \frac{1}{1+\sqrt[3]{x}}dx$

(2) $\int \frac{1}{\sqrt{2x+1}-\sqrt[3]{2x+1}}dx$

(3) $\int \frac{1}{x\sqrt{1-x^2}}dx$

(4) $\int \frac{\sqrt{x^2+9}}{x^2}dx$

(5) $\int \frac{x^2+1}{x\sqrt{1+x^4}}dx$

(6) $\int \frac{x}{\sqrt{x^2+2x+2}}dx$

(7) $\int \frac{1}{\sqrt{1-x-x^2}}dx$

(8) $\int \frac{1}{\sqrt{1+e^x}}dx$

7. 求下列不定积分.

(1) $\int x\sin^2 x dx$

(2) $\int \ln(1+x^2)dx$

(3) $\int x\arctan x dx$

(4) $\int x^4\ln x dx$

(5) $\int x^2 e^{2x}dx$

(6) $\int e^{-x}\sin 2x dx$

(7) $\int \frac{x\cos x}{\sin^3 x}dx$

(8) $\int e^{\sqrt{x}}dx$

8. 若 $\int f(x)dx = \frac{\sin x}{x}+C$，求 $\int xf'(x)dx$.

第四章 定积分

第一节 定积分的概念及性质

一、引进定积分概念的两个例子

1. 曲边梯形的面积问题

利用初等数学知识，我们能够计算直边图形的面积，对于任意曲线所围成的平面图形的面积，又该如何计算呢？实际上任意曲线所围成的平面图形的面积的计算，主要依赖于曲边梯形面积的计算．

所谓**曲边梯形**是指在直角坐标系中，由连续曲线 $y=f(x)$（不妨设 $f(x)\geqslant 0$），直线 $x=a$、$x=b$ 及 $y=0$（即 x 轴）所围成的封闭图形 $AabB$，如图 4.1 所示．

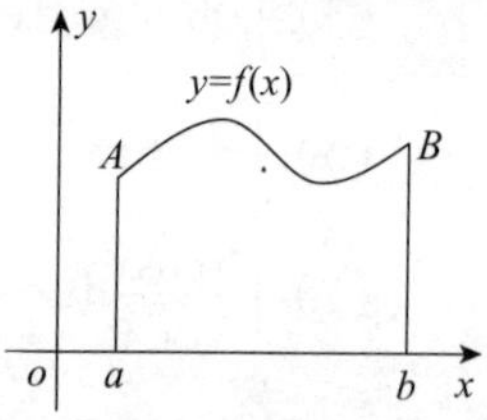

图 4.1

下面我们讨论如何计算曲边梯形的面积．

分析：曲边梯形的面积之所以不易计算，难度在于它的边不是直的．而当曲边非常短时，曲边和直边就会非常接近．因此，我们可以采用下面的方法计算曲边梯形的面积．

（1）分割——分曲边梯形为 n 个小曲边梯形．

用分点 $a=x_0<x_1<x_2<\cdots<x_{n-1}<x_n=b$ 把区间 $[a,b]$ 任意分割成 n 个小区间，

$$[x_0,x_1],[x_1,x_2],[x_2,x_3],\cdots,[x_{n-1},x_n]$$

每一个小区间的长度为

$$\Delta x_i=x_i-x_{i-1},(i=1,2,\cdots,n)$$

过每一个分点 $x_i(i=1,2,\cdots,n)$ 作垂直于 x 轴的直线，把曲边梯形 $AabB$ 分割成 n 个小曲边梯形（如图 4.2 所示）．第 i 个小曲边梯形的面积记为 ΔA_i.

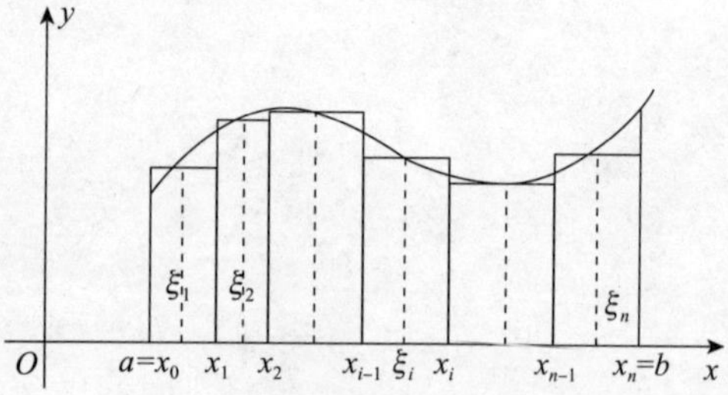

图 4.2

（2）近似代替——用小矩形的面积近似代替小曲边梯形的面积.

在每一个小区间$[x_{i-1},x_i](i=1,2,\cdots,n)$上任取一点$\xi_i(x_{i-1}\leqslant\xi_i\leqslant x_i)$，得到以$\Delta x_i$为底，$f(\xi_i)$为高的小矩形，用小矩形的面积$f(\xi_i)\Delta x_i$近似代替小曲边梯形的面积$\Delta A_i$，即

$$\Delta A_i\approx f(\xi_i)\Delta x_i(i=1,2,\cdots,n)$$

（3）求和——求n个小矩形面积之和.

把n个小矩形的面积求和，得到曲边梯形面积A的近似值，即

$$\begin{aligned}A&=\sum_{i=1}^{n}\Delta A_i\approx f(\xi_1)\Delta x_1+f(\xi_2)\Delta x_2+\cdots+f(\xi_n)\Delta x_n\\&=\sum_{i=1}^{n}f(\xi_i)\Delta x_i\end{aligned}$$

（4）取极限——由近似值过渡到精确值.

当分点数n无限增大，且所有小区间的长度都趋于零时，和式$\sum\limits_{i=1}^{n}f(\xi_i)\Delta x_i$的极限值就转化为曲边梯形的面积$A$. 令$\lambda=\max\limits_{1\leqslant i\leqslant n}\{\Delta x_i\}$，则当$\lambda\to 0$时，就保证了所有小区间的长度都趋于零，于是有$A=\lim\limits_{\lambda\to 0}\sum\limits_{i=1}^{n}f(\xi_i)\Delta x_i$.

2. 变速直线运动的路程

当物体做匀速直线运动时，运动的路程等于速度乘时间. 若物体运动的速度v随时间t而变化：$v=v(t)[v(t)>0]$，求此物体在时间区间$[a,b]$内所走过的路程s.

分析：因为在变速运动中，时间间隔越短，速度变化也就越小. 因此，我们采用下面的方法计算物体在时间区间$[a,b]$内所走过的路程s.

（1）分割——分整个路程为n个小段路程.

用分点$a=t_0<t_1<t_2<\cdots<t_{n-1}<t_n=b$将时间区间$[a,b]$任意分割成$n$个小区间（如图4.3）.$[t_0,t_1],[t_1,t_2],[t_2,t_3],\cdots,[t_{n-1},t_n]$，每一个小区间的长度为：

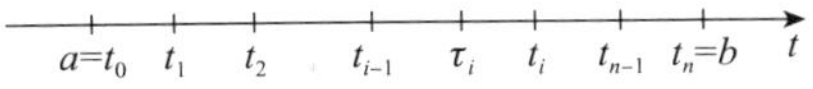

图 4.3

$$\Delta t_i=t_i-t_{i-1},(i=1,2,\cdots,n)$$

（2）近似代替——以匀速直线运动的路程近似代替变速直线运动的路程.

在每一个小时间区间$[t_{i-1},t_i](i=1,2,\cdots,n)$上任取某一时刻$\tau_i(t_{i-1}\leqslant\tau_i\leqslant t_i)$，以物体在相应的小时间区间上以该时刻的速度$v(\tau_i)$作匀速运动所走过的路程$v(\tau_i)\Delta t_i$近似代替物体在小时间区间上实际走过的路程$\Delta s_i$，即

$$\Delta s_i\approx v(\tau_i)\Delta t_i,\ (i=1,2,\cdots,n)$$

（3）求和——求n个匀速运动小段路程之和.

把物体在每个小时间段上运行的路程近似值相加，得到总路程s的近似值，即

$$s\approx\sum_{i=1}^{n}v(\tau_i)\Delta t_i,(i=1,2,3,\cdots,n)$$

（4）取极限——由近似值过渡到精确值.

当分点数n无限增大且小时间区间中最大的区间长度$\lambda(\lambda=\max\limits_{1\leqslant i\leqslant n}\{\Delta t_i\})$趋于零时，和

式 $\sum_{i=1}^{n} v(\tau_i)\Delta t_i$ 的极限就转化为变速直线运动物体在这段时间内运动的实际距离 s，即

$$s = \lim_{\lambda \to 0} \sum_{i=1}^{n} v(\tau_i)\Delta t_i$$

上面所讨论的两个实际问题，虽然它们的具体意义不同，但是解决问题的思想方法是相同的，都归结为求一种特殊的"和式"的极限．这类极限，我们称之为定积分．

二、定积分的定义

【定义 4.1】 设函数 $f(x)$ 在区间 $[a,b]$ 上有定义，用分点

$$a = x_0 < x_1 < x_2 < \cdots < x_{n-1} < x_n = b$$

把区间 $[a,b]$ 任意分割成 n 个小区间 $[x_{i-1}, x_i]$ $(i = 1,2,\cdots,n)$，记第 i 个小区间的长度为 $\Delta x_i = x_i - x_{i-1}$，并且将区间长度中的最大者记为 $\lambda = \max\limits_{1 \leqslant i \leqslant n}\{\Delta x_i\}$．在每个小区间 $[x_{i-1}, x_i]$ 上任取一点 $\xi_i (x_{i-1} \leqslant \xi_i \leqslant x_i)$，若和式 $\sum_{i=1}^{n} f(\xi_i)\Delta x_i$ 当 $\lambda \to 0$ 时的极限

$$\lim_{\lambda \to 0} \sum_{i=1}^{n} f(\xi_i)\Delta x_i$$

存在，则称此极限值为函数 $f(x)$ 在区间 $[a,b]$ 上的**定积分**．记为 $\int_a^b f(x)dx$，即

$$\int_a^b f(x)dx = \lim_{\lambda \to 0} \sum_{i=1}^{n} f(\xi_i)\Delta x_i$$

这时也称 $f(x)$ 在区间 $[a,b]$ 上**可积**．其中 $f(x)$ 称为**被积函数**，$f(x)dx$ 称为**被积表达式**，x 称为**积分变量**，$[a,b]$ 称为**积分区间**，a 称为**积分下限**，b 称为**积分上限**．

由定积分的定义，上面两个例子可用定积分表示如下：

曲边梯形的面积 $A = \int_a^b f(x)dx \quad [f(x) \geqslant 0]$

变速直线运动的路程 $S = \int_a^b v(t)dt$

【说明】

(1) 定积分 $\int_a^b f(x)dx$ 表示一个常数，它只与被积函数 $f(x)$ 及积分区间 $[a,b]$ 有关，而与积分变量用什么字母表示无关，即有

$$\int_a^b f(x)dx = \int_a^b f(u)du = \int_a^b f(t)dt$$

(2) 可以证明当 $f(x)$ 在闭区间 $[a,b]$ 上连续或只有有限个第一类间断点时，$f(x)$ 在 $[a,b]$ 上的定积分存在．

(3) 在定积分的定义中，我们假定了 $a<b$，为今后使用方便，我们规定：

当 $a>b$ 时，$\int_a^b f(x)dx = -\int_b^a f(x)dx$

当 $a=b$ 时，$\int_a^b f(x)dx = 0$

三、定积分的几何意义

由定积分的定义可知，其几何意义如下：

（1）若在$[a,b]$上函数$f(x)\geqslant 0$，则图像位于x轴上方（如图4.4），有

$$\int_a^b f(x)dx = A$$

（2）若在$[a,b]$上函数$f(x)<0$，曲边梯形在x轴下方（如图4.5），此时$\int_a^b f(x)dx<0$，有

$$\int_a^b f(x)dx = -A$$

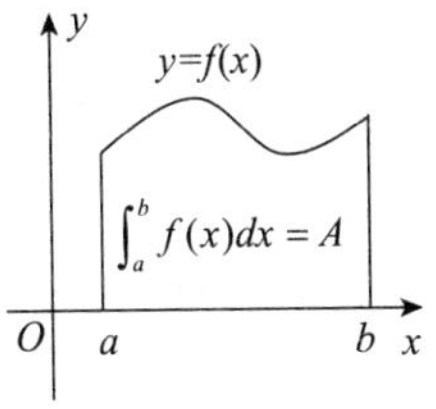

图 4.4

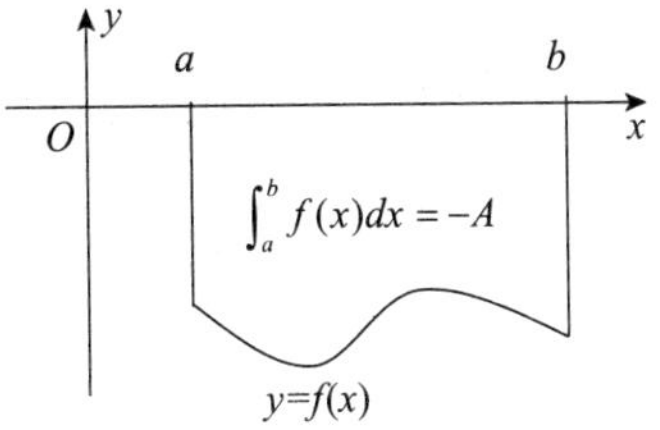

图 4.5

（3）若$f(x)$在$[a,b]$上有正有负（如图4.6），则积分值等于曲线$y=f(x)$在x轴上方的部分与下方部分面积的代数和，即

$$\int_a^b f(x)dx = A_1 - A_2 + A_3$$

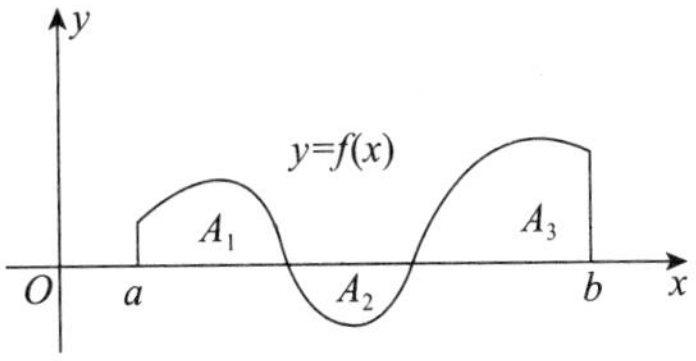

图 4.6

【例 4.1】 用定积分几何意义，求$\int_0^2 \sqrt{4-x^2}\,dx$

解：$y=\sqrt{4-x^2}, x\in[0,2]$是第一象限的四分之一圆，如图4.7所示，根据定积分的几何意义，所求定积分为阴影部分的面积，即

$$\int_0^2 \sqrt{4-x^2}\,dx = \frac{1}{4}\cdot\pi\cdot 2^2 = \pi$$

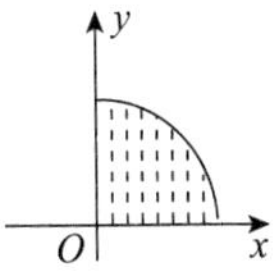

图 4.7

四、定积分的性质

由定积分的定义，可以直接推证定积分具有以下性质．假设下面论述中的函数在相应的区间上均是可积的．

【性质 4.1】 被积函数中的常数因子可以提到积分号外，即

$$\int_a^b kf(x)dx = k\int_a^b f(x)dx$$

【性质 4.2】 两个函数代数和的积分等于各个函数积分的代数和，即

$$\int_a^b [f(x)\pm g(x)]dx = \int_a^b f(x)dx \pm \int_a^b g(x)dx$$

此性质可以推广到任意有限多个函数代数和的情形．

【性质 4.3】 若 c 为积分区间 $[a,b]$ 内（或外）的一点，且下式中各个积分都存在，则有

$$\int_a^b f(x)dx = \int_a^c f(x)dx + \int_c^b f(x)dx$$

【性质 4.4】 如果被积函数 $f(x) \equiv 1$，则 $\int_a^b dx = b - a$

【性质 4.5】 如果在 $[a,b]$ 上，恒有 $f(x) \leqslant g(x)$，则

$$\int_a^b f(x)dx \leqslant \int_a^b g(x)dx$$

【例 4.2】 比较下列定积分的大小

$$\int_1^2 \ln x dx \text{ 与 } \int_1^2 \ln^2 x dx$$

解：因为在区间 $[1,2]$ 上有 $0 \leqslant \ln x < 1$，故当 $x \in [1,2]$ 时，有 $\ln x \geqslant \ln^2 x$，由性质 4.5 得 $\int_1^2 \ln x dx \geqslant \int_1^2 \ln^2 x dx$

【性质 4.6】 设 M 与 m 分别是 $f(x)$ 在区间 $[a,b]$ 上的最大值与最小值，则

$$m(b-a) \leqslant \int_a^b f(x)dx \leqslant M(b-a)$$

【例 4.3】 估算定积分 $\int_{-1}^2 e^{-x^2}dx$ 值的范围

解：设函数 $f(x) = e^{-x^2}, x \in [-1,2]$，计算导数 $f'(x) = -2xe^{-x^2}$.
令 $f'(x) = 0$，得驻点 $x = 0$，则

$$f(0) = 1, f(-1) = e^{-1}, f(2) = e^{-4}$$

函数 $f(x) = e^{-x^2}, x \in [-1,2]$ 的最大值 $f(0) = 1$，最小值 $f(2) = e^{-4}$，利用估值定理，得

$$3e^{-4} \leqslant \int_{-1}^2 e^{-x^2}dx \leqslant 3$$

【性质 4.7】 如果函数 $f(x)$ 在区间 $[a,b]$ 上连续，则在区间 $[a,b]$ 上至少存在一点 ξ，使

$$\int_a^b f(x)dx = f(\xi)(b-a)$$

该性质也称为**积分中值定理**. 它的几何意义是：至少存在一个以 $[a,b]$ 为底，以 $f(\xi)$ 为高的矩形的面积 $f(\xi)(b-a)$ 与以区间 $[a,b]$ 为底，曲线 $y=f(x)$ $[f(x) \geqslant 0]$ 为曲边的曲边梯形的面积相等.

将公式变形得 $f(\xi) = \frac{1}{b-a}\int_a^b f(x)dx$，$f(\xi)$ 称为函数 $f(x)$ 在区间 $[a,b]$ 上的**平均值**，这是有限个数的平均值概念的推广：**函数在某区间上的平均值等于函数在该区间上的定积分除以区间长度**.

【习题 4.1】

1. 根据定积分的几何意义，求下列定积分的值.

(1) $\int_{-1}^{1} x^3 dx$　　(2) $\int_0^a \sqrt{a^2 - x^2} dx$,($a > 0$,$a$ 是常数)

(3) $\int_0^1 (x + 1) dx$　　(4) $\int_0^{2\pi} \sin x dx$

2. 利用定积分的性质，比较下列定积分的大小.

(1) $\int_0^1 \sqrt{x} dx$ 与 $\int_0^1 x^2 dx$　　(2) $\int_3^4 \ln x dx$ 与 $\int_3^4 \ln^3 x dx$

(3) $\int_0^{\frac{\pi}{4}} \sin x dx$ 与 $\int_0^{\frac{\pi}{4}} \cos x dx$　　(4) $\int_3^1 e^x dx$ 与 $\int_3^1 e^{3x} dx$

3. 估算下列定积分值的范围.

(1) $\int_1^2 x^{\frac{4}{3}} dx$　　(2) $\int_{-2}^0 xe^x dx$

第二节
微积分基本公式

如果函数 $f(x)$ 在区间 $[a,b]$ 上可积，利用定积分的定义来计算 $\int_a^b f(x) dx$ 是一件十分困难的事.有些几乎是不可能的，17 世纪六七十年代，牛顿与莱布尼茨各自独立地将定积分的计算问题与原函数联系起来，极大地推动了数学的发展.

从本章开头的引例 2（变速直线运动的路程）我们知道：变速直线运动的路程 $S = \int_a^b v(t) dt$.换个角度考虑这个问题，因为物体是做直线运动，如果我们已经知道该物体的运动规律 $S = S(t)$，则物体在时间段 $[a,b]$ 内运动的路程是 $S(b) - S(a)$，根据导数的物理意义我们知道：$S'(t) = v(t)$，于是应该有 $\int_a^b v(t) dt = S(b) - S(a)$.

这个结论给我们启发，对一般函数 $f(x)$，如果能找到 $F(x)$，使 $F'(x) = f(x)$，是否就有 $\int_a^b f(x) dx = F(b) - F(a)$ 成立呢?

事实上，这就是**牛顿—莱布尼茨公式**，它把定积分与原函数联系起来了.

为此，我们引入一个特殊的函数.

一、变上限的定积分

设函数 $f(x)$ 在 $[a,b]$ 上连续，$x \in [a,b]$，现在我们考察 $f(x)$ 在区间 $[a,x]$ 上的定积分 $\int_a^x f(t) dt$.

当 x 在 $[a,b]$ 上变动时，对应每一个 x 值，积分 $\int_a^x f(t) dt$ 都有一个确定的值与之对应（如图 4.8），所以它是定义在区间 $[a,b]$ 上的一个函数，记作 $\Phi(x)$，即

$$\Phi(x)=\int_a^x f(t)dt\ (a\leqslant x\leqslant b)$$

通常称函数 $\Phi(x)$ 为**变上限的函数或变上限的定积分**.

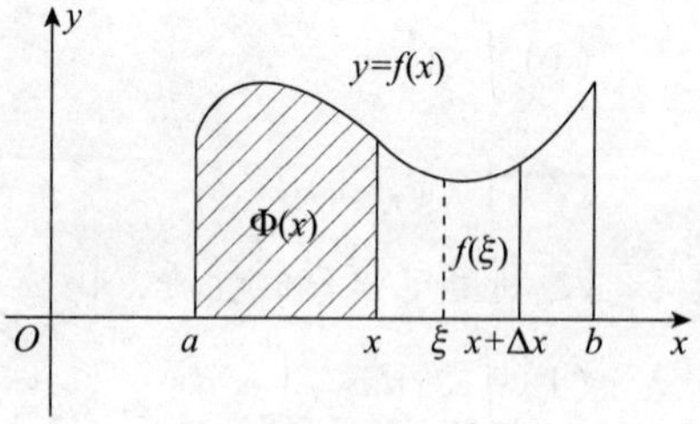

图 4.8

【定理 4.1】 若函数 $f(x)$ 在区间 $[a,b]$ 上连续，则变上限定积分 $\Phi(x)=\int_a^x f(t)dt$ 在 $[a,b]$ 上可导，且 $\Phi'(x)=\frac{d}{dx}\int_a^x f(t)dt=f(x)$.

事实上，当上限由 x 变到 $x+\Delta x$ 时，$\Phi(x)$ 在 $x+\Delta x$ 处的函数值为

$$\Phi(x+\Delta x)=\int_a^{x+\Delta x}f(t)dt$$

于是
$$\begin{aligned}\Delta\Phi(x)&=\Phi(x+\Delta x)-\Phi(x)=\int_a^{x+\Delta x}f(t)dt-\int_a^x f(t)dt\\&=\int_a^x f(t)dt+\int_x^{x+\Delta x}f(t)dt-\int_a^x f(t)dt\\&=\int_x^{x+\Delta x}f(t)dt\end{aligned}$$

由积分中值定理，在 x 和 $x+\Delta x$ 之间至少存在一点 ξ，使

$$\Delta\Phi(x)=\int_x^{x+\Delta x}f(t)dt=f(\xi)(x+\Delta x-x)=f(\xi)\Delta x$$

当 $\Delta x\neq 0$ 时，$\frac{\Delta\Phi(x)}{\Delta x}=f(\xi)$，其中 $x<\xi<x+\Delta x$. 令 $\Delta x\to 0$，则 $\xi\to x$.

由函数 $f(x)$ 的连续性，得到 $\lim\limits_{\Delta x\to 0}f(\xi)=\lim\limits_{\xi\to x}f(\xi)=f(x)$

因此
$$\Phi'(x)=\lim_{\Delta x\to 0}\frac{\Delta\Phi(x)}{\Delta x}=\lim_{\xi\to x}f(\xi)=f(x)$$

【例 4.4】 设 $\Phi(x)=\int_0^x\frac{\sin 2t}{t}dt$，求 $\Phi'(x)$

解: $\Phi'(x)=\left(\int_0^x\frac{\sin 2t}{t}dt\right)'=\frac{\sin 2x}{x}$

【例 4.5】 计算 $\frac{d}{dx}\int_0^{3x^2}e^{-t}\sin tdt$

解: 由于上限是 x 的函数，所以可把 $3x^2$ 看作 u，根据符合复合函数的求导法则，先对 u 求导，然后再对 x 求导，得

$$\frac{d}{dx}\int_0^{3x^2}e^{-t}\sin tdt=e^{-3x^2}\sin 3x^2\cdot(3x^2)'=6xe^{-3x^2}\sin 3x^2$$

【例 4.6】 求 $\lim\limits_{x\to 0}\frac{\int_0^x\sin t^2dt}{x^3}$

解: 当 $x\to 0$ 时，原式为“$\frac{0}{0}$”型未定式，利用洛必达法则，有

$$\lim_{x\to 0}\frac{\int_0^x \sin t^2 dt}{x^3}=\lim_{x\to 0}\frac{\left(\int_0^x \sin t^2 dt\right)'}{(x^3)'}=\lim_{x\to 0}\frac{\sin x^2}{3x^2}=\frac{1}{3}$$

由于 $\Phi'(x)=\frac{d}{dx}\int_a^x f(t)dt=f(x)$，所以，$\Phi(x)=\int_a^x f(t)dt$ 是 $f(x)$ 的一个原函数．若 $F(x)$ 也是 $f(x)$ 在 $[a,b]$ 上的一个原函数，就应该有

$$\Phi(x)=F(x)+C$$

上式中，令 $x=a$，则 $\Phi(a)=\int_a^a f(t)dt=0=F(a)+C$，所以 $C=-F(a)$，于是

$$\int_a^x f(t)dt=F(x)-F(a)$$

代入 $x=b$，则有 $\int_a^b f(t)dt=F(b)-F(a)$，即

$$\int_a^b f(t)dt=F(b)-F(a)$$

二、微积分基本公式

【定理 4.2】 设函数 $f(x)$ 在区间 $[a,b]$ 上连续，$F(x)$ 是 $f(x)$ 在 $[a,b]$ 上的一个原函数，则

$$\int_a^b f(x)dx=F(x)\Big|_a^b=F(b)-F(a)$$

上述公式称为**牛顿—莱布尼茨公式**，也称为微积分基本公式．该公式揭示了定积分与原函数之间的联系，把定积分的计算问题转化为求原函数的问题，从而为定积分的计算找到了一种有效而简便的方法．

利用牛顿—莱布尼茨公式，我们可以方便的计算一些简单函数的定积分．

【例 4.7】 求 $\int_0^1 x^2 dx$

解： $\int_0^1 x^2 dx=\left(\frac{1}{3}x^3\right)\Big|_0^1=\frac{1}{3}-\frac{0}{3}=\frac{1}{3}$

【例 4.8】 求 $\int_0^3 (x^2+2x-5)dx$

解： $\int_0^3 (x^2+2x-5)dx=\left(\frac{1}{3}x^3+x^2-5x\right)\Big|_0^3=\frac{1}{3}\cdot 3^3+3^2-5\cdot 3=3$

【例 4.9】 求 $\int_0^3 |2-x|dx$

解： 由于被积函数中 $2-x$ 在区间 $[0,3]$ 上有正有负，计算时必须分区间．

$$\begin{aligned}\int_0^3 |2-x|dx&=\int_0^2 (2-x)dx+\int_2^3 (x-2)dx\\&=\left(2x-\frac{1}{2}x^2\right)\Big|_0^2+\left(\frac{1}{2}x^2-2x\right)\Big|_2^3=\frac{5}{2}\end{aligned}$$

【习题4.2】

1. 求下列各式对 x 的导数.

(1) $\varphi(x)=\int_0^x e^{t^2-t}dt$　　(2) $\varphi(x)=\int_x^{x^2} e^{-t^2}dt$

(3) $\varphi(x)=\int_3^{\sin x} te^{2t}dt$　　(4) $\varphi(x)=\int_x^0 \sin t^2 dt$

2. 求下列极限.

(1) $\lim\limits_{x\to 0}\frac{\int_0^x \ln(1+t)dt}{x^2}$　　(2) $\lim\limits_{x\to 0}\frac{\int_0^x \sin tdt}{x^2}$　　(3) $\lim\limits_{x\to 0}\frac{\int_0^x e^{-t^2}dt}{x}$

3. 求下列定积分.

(1) $\int_1^{25}\frac{1}{\sqrt{x}}dx$　　(2) $\int_4^9 \sqrt{x}(1+\sqrt{x})dx$

(3) $\int_{\frac{\pi}{4}}^{\frac{\pi}{3}}\frac{1}{\sin^2 x\cos^2 x}dx$　　(4) $\int_{-1}^2 |x-1|dx$

4. 设函数 $f(x)=\begin{cases}\sqrt[3]{x}, & 0\leqslant x<1,\\ e^x. & 1\leqslant x\leqslant 3.\end{cases}$ 计算 $\int_0^3 f(x)dx$.

第三节 定积分的计算

一、定积分的换元积分法

由上一节知道，利用基本积分公式和积分的性质可以求出不少定积分 $\int_a^b f(x)dx$ 的值. 但仅凭这种方法还远远不够，如下列积分

$$\int_0^3 x(x^2+1)^7dx,\int_0^{\frac{\pi}{2}}\sin^3 x\cos xdx,\int_0^1\frac{1}{1+\sqrt{x}}dx,\cdots$$

因此，在一定条件下，可用换元积分法来计算定积分.

【定理4.3】 若函数 $f(x)$ 在区间 $[a,b]$ 上连续，函数 $x=\varphi(t)$ 满足下列条件：

(1) 在区间 $[\alpha,\beta]$ 上单调且有连续导数 $\varphi'(t)$；

(2) 当 t 在区间 $[\alpha,\beta]$ 上变化时，$x=\varphi(t)$ 的值在 $[a,b]$ 上变化，且 $\varphi(\alpha)=a$，$\varphi(\beta)=b$，则有

$$\int_a^b f(x)dx=\int_\alpha^\beta f[\varphi(t)]\varphi'(t)dt$$

【注意】

（1）用 $x=\varphi(t)$ 把原来变量 x 代换成新变量 t 时，积分限也要换成相应于新变量 t 的积分限.

（2）求出 $f[\varphi(t)]\varphi'(t)$ 的一个原函数 $\varphi(t)$ 后，不必还原成原变量 x 的函数，而只需把新变量 t 上限和下限代入 $\varphi(t)$ 中计算即可.

【例 4.10】 计算 $\int_0^1 x(2x^2-1)^4dx$

解法一： 令 $t=2x^2-1$，$dt=4xdx$，当 $x=0$ 时，$t=-1$；当 $x=1$ 时，$t=1$
所以，原积分

$$\int_0^1 x(2x^2-1)^4dx=\int_{-1}^1 t^4\cdot\frac{1}{4}dt=\frac{1}{4}\int_{-1}^1 t^4dt=\frac{1}{20}t^5\Big|_{-1}^1=\frac{1}{10}$$

这一解法明确地设出了新的积分变量 t，这时，应更换积分的上、下限，且不必代回原积分变量.

解法二： $\int_0^1 x(2x^2-1)^4dx=\frac{1}{4}\int_0^1(2x^2-1)^4d(2x^2-1)=\frac{1}{20}(2x^2-1)^5\Big|_0^1=\frac{1}{10}$

这一解法没有引入新的积分变量，计算时，原积分上、下限不改变，对于能用"凑微分法"求函数的积分，应尽可能用解法二的方法.

【例 4.11】 计算 $\int_0^{\frac{\pi}{2}}\cos^3x\sin xdx$

解： $\int_0^{\frac{\pi}{2}}\cos^3x\sin xdx=-\int_0^{\frac{\pi}{2}}\cos^3xd\cos x=-\frac{1}{4}\cos^4x\Big|_0^{\frac{\pi}{2}}=\frac{1}{4}$

【例 4.12】 计算 $\int_2^4\frac{1}{x\sqrt{x-1}}dx$

解： 令 $t=\sqrt{x-1}$，则 $x=t^2+1$，$dx=2tdt$，当 $x=2$ 时，$t=1$；当 $x=4$ 时，$t=\sqrt{3}$
所以，原积分

$$\int_2^4\frac{1}{x\sqrt{x-1}}dx=\int_1^{\sqrt{3}}\frac{1}{(t^2+1)t}\cdot 2tdt=2\int_1^{\sqrt{3}}\frac{1}{t^2+1}dt=2\arctan t\Big|_1^{\sqrt{3}}=2\left(\frac{\pi}{3}-\frac{\pi}{4}\right)=\frac{\pi}{6}$$

【例 4.13】 计算 $\int_0^1 x^2\sqrt{1-x^2}dx$

解： 令 $x=\sin t$，则 $dx=\cos tdt$，当 $x=0$ 时，$t=0$；当 $x=1$ 时，$t=\frac{\pi}{2}$

所以，原积分

$$\int_0^1 x^2\sqrt{1-x^2}dx=\int_0^{\frac{\pi}{2}}\sin^2t\cos^2tdt=\frac{1}{4}\int_0^{\frac{\pi}{2}}\sin^2 2tdt=\frac{1}{8}\int_0^{\frac{\pi}{2}}(1-\cos4t)dt$$

$$=\frac{1}{8}\left(t-\frac{1}{4}\sin4t\right)\Big|_0^{\frac{\pi}{2}}=\frac{\pi}{16}$$

此外，利用定积分的换元积分法还可以证明一些定积分恒等式，此时，关键是选择合适的变量替换.

【例 4.14】 设函数 $f(x)$ 在区间 $[-a,a]$ 上连续 $(a>0)$，则：

（1）当 $f(x)$ 为偶函数时，$\int_{-a}^a f(x)dx=2\int_0^a f(x)dx$.

（2）当$f(x)$为奇函数时，$\int_{-a}^{a} f(x)dx = 0$.

证：（1）因为$f(x)$为偶函数，所以$f(-x)=f(x)$，由定积分的区间可加性，有

$$\int_{-a}^{a} f(x)dx = \int_{-a}^{0} f(x)dx + \int_{0}^{a} f(x)dx.$$

令$x=-t$，则有

$$\int_{-a}^{0} f(x)dx = \int_{a}^{0} f(-t)d(-t) = -\int_{a}^{0} f(t)dt = \int_{0}^{a} f(t)dt = \int_{0}^{a} f(x)dx.$$

代入上式得 $\int_{-a}^{a} f(x)dx = \int_{0}^{a} f(x)dx + \int_{0}^{a} f(x)dx = 2\int_{0}^{a} f(x)dx$,

即 $$\int_{-a}^{a} f(x)dx = 2\int_{0}^{a} f(x)dx.$$

同理可证（2），读者不妨一试.

【例 4.15】 求$\int_{-\pi}^{\pi} (x^2 + \sin^3 x)dx$.

解：所给积分区间为对称区间，而被积函数既不是x的奇函数也不是x的偶函数，但是x^2是x的偶函数，$\sin^3 x$是x的奇函数，于是有

$$\int_{-\pi}^{\pi} (x^2 + \sin^3 x)dx = \int_{-\pi}^{\pi} x^2 dx + \int_{-\pi}^{\pi} \sin^3 x dx = 2\int_{0}^{\pi} x^2 dx = \frac{2}{3}x^3 \Big|_{0}^{\pi} = \frac{2}{3}\pi^3$$

二、定积分的分部积分法

利用两个函数乘积的求导（微分）法则，可以推出另一个重要的积分方法——分部积分法.

由不定积分的分部积分公式，不难推导出定积分的分部积分公式.

【定理 4.4】 设函数$u=u(x)$, $v=v(x)$在区间$[a,b]$上有连续导数，则有

$$\int_{a}^{b} u(x)v'(x)dx = u(x)v(x)\Big|_{a}^{b} - \int_{a}^{b} v(x)u'(x)dx$$

上式称为定积分的**分部积分公式**.

【例 4.16】 计算$\int_{0}^{1} xe^{-x}dx$

解：$\int_{0}^{1} xe^{-x}dx = -\int_{0}^{1} xde^{-x} = -\left(xe^{-x}\Big|_{0}^{1} - \int_{0}^{1} e^{-x}dx\right) = -\left(e^{-1} + e^{-x}\Big|_{0}^{1}\right)$

$= 1 - \frac{2}{e}$

【例 4.17】 计算$\int_{1}^{4} \ln x dx$

解：$\int_{1}^{4} \ln x dx = x\ln x\Big|_{1}^{4} - \int_{1}^{4} x \cdot \frac{1}{x}dx = 4\ln 4 - x\Big|_{1}^{4} = 4\ln 4 - 3.$

【例 4.18】 计算$\int_{0}^{1} e^{\sqrt{x}}dx$

解：先作变量替换，后分部积分.

令$\sqrt{x}=t$，则$x=t^2$，$dx=2tdt$. 当$x=0$时，$t=0$；当$x=1$时，$t=1$，于是

$$\int_0^1 e^{\sqrt{x}}dx = \int_0^1 e^t \cdot 2tdt = 2\int_0^1 te^t dt = 2\int_0^1 tde^t$$
$$= 2(te^t)\Big|_0^1 - 2\int_0^1 e^t dt = 2e - 2e^t\Big|_0^1 = 2$$

【习题 4.3】

1. 求下列定积分.

(1) $\int_{-3}^{-2}\frac{1}{1+x}dx$　(2) $\int_1^2 \frac{1}{x^2}e^{\frac{1}{x}}dx$　(3) $\int_1^e \frac{1+\ln x}{x}dx$

(4) $\int_1^e \frac{\cos(\ln x)}{x}dx$　(5) $\int_0^{\pi}\cos^2 xdx$　(6) $\int_0^{\frac{\pi}{2}}\sin x\cos^3 xdx$

2. 求下列定积分.

(1) $\int_{-3}^{0}\frac{x+1}{\sqrt{x+4}}dx$　(2) $\int_1^{\sqrt{3}}\frac{1}{x\sqrt{1+x^2}}dx$

(3) $\int_{-\sqrt{2}}^{-2}\frac{1}{x\sqrt{x^2-1}}dx$　(4) $\int_{\frac{\sqrt{3}}{2}}^{1}\frac{\sqrt{1-x^2}}{x^2}dx$

3. 求下列定积分.

(1) $\int_0^{\pi}x\cos 2xdx$　(2) $\int_1^4 \frac{\ln x}{\sqrt{x}}dx$　(3) $\int_0^{\frac{\pi}{2}}x^2\sin xdx$

(4) $\int_0^{\frac{1}{2}}\arcsin xdx$　(5) $\int_0^{\frac{\pi}{2}}e^{2x}\cos xdx$　(6) $\int_0^{(\frac{\pi}{2})^2}\cos\sqrt{x}dx$

4. 利用函数奇偶性计算下列定积分.

(1) $\int_{-2}^{2}\frac{x^2\sin x}{1+x^2}dx$　(2) $\int_{-\frac{\pi}{2}}^{\frac{\pi}{2}}x^2\cos xdx$　(3) $\int_{-1}^{1}(x+\sqrt{1-x^2})^2dxdx$

第四节
广义积分

前面讨论的定积分的积分区间都是有限区间，且被积函数在积分区间上有界. 但实际问题中还会遇到无穷区间上的积分以及无界函数的积分，这类积分称为**广义积分**，通常把前面所讨论的定积分称为**常义积分**.

一、无穷区间的广义积分的定义

【定义 4.2】 设函数 $f(x)$ 在 $[a, +\infty)$ 上连续，对于任意的 $b>a$，极限 $\lim\limits_{b\to+\infty}\int_a^b f(x)dx$

称为$f(x)$在$[a,+\infty)$上的**广义积分**，记为$\int_a^{+\infty} f(x)dx$，即

$$\int_a^{+\infty} f(x)dx = \lim_{b\to+\infty}\int_a^b f(x)dx$$

若极限存在，则称广义积分$\int_a^{+\infty} f(x)dx$ **收敛**；若极限不存在，则称广义积分$\int_a^{+\infty} f(x)dx$ **发散**.

类似地，定义$f(x)$在$(-\infty,b]$上的广义积分为

$$\int_{-\infty}^b f(x)dx = \lim_{a\to-\infty}\int_a^b f(x)dx(a<b)$$

若极限存在，称广义积分**收敛**，否则称之为**发散**.

函数$f(x)$在$(-\infty,+\infty)$上的广义积分定义为

$$\int_{-\infty}^{+\infty} f(x)dx = \int_{-\infty}^{c} f(x)dx + \int_c^{+\infty} f(x)dx \qquad (c\text{ 为任意实数})$$

当上式右边的两个广义积分都收敛时，称广义积分$\int_{-\infty}^{+\infty} f(x)dx$ **收敛**，否则称之为**发散**.

上述各广义积分统称为**无穷区间上的广义积分**，简称为**无穷积分**.

为简便起见，无穷积分仍可按定积分的牛顿—莱布尼茨公式的格式进行计算，即

$$\int_a^{+\infty} f(x)dx = F(x)\Big|_a^{+\infty} = F(+\infty)-F(a)$$

$$\int_{-\infty}^{b} f(x)dx = F(x)\Big|_{-\infty}^{b} = F(b)-F(-\infty)$$

$$\int_{-\infty}^{+\infty} f(x)dx = F(x)\Big|_{-\infty}^{+\infty} = F(+\infty)-F(-\infty)$$

其中$F(+\infty)$与$F(-\infty)$分别表示极限$\lim\limits_{x\to+\infty}F(x)$与$\lim\limits_{x\to-\infty}F(x)$.

【例 4.19】 求$\int_1^{+\infty}\frac{1}{x^2}dx$

解：$\int_1^{+\infty}\frac{1}{x^2}dx = -\frac{1}{x}\Big|_1^{+\infty} = \lim\limits_{x\to+\infty}\left(-\frac{1}{x}\right)-\left(\frac{-1}{1}\right)=1$

【例 4.20】 求$\int_{-\infty}^0 e^x dx$

解：$\int_{-\infty}^0 e^x dx = e^x\Big|_{-\infty}^0 = e^0-\lim\limits_{x\to-\infty}e^x = 1$

【例 4.21】 求$\int_{-\infty}^{+\infty}\frac{1}{1+x^2}dx$

解：$\int_{-\infty}^{+\infty}\frac{1}{1+x^2}dx = \arctan x\Big|_{-\infty}^{+\infty} = \lim\limits_{x\to+\infty}\arctan x - \lim\limits_{x\to-\infty}\arctan x$

$$=\frac{\pi}{2}-\left(-\frac{\pi}{2}\right)=\pi$$

【例 4.22】 求$\int_0^{+\infty}\sin x dx$

解：$\int_0^{+\infty}\sin x dx = -\cos x\Big|_0^{+\infty} = -\lim\limits_{x\to+\infty}\cos x + \cos 0 = -\lim\limits_{x\to+\infty}\cos x + 1$

因为极限 $\lim\limits_{x\to+\infty}\cos x$ 不存在，所以无穷积分 $\int_0^{+\infty}\sin x dx$ 发散.

二、无穷区间的广义积分的简单性质

从无穷区间的广义积分的定义中容易看出，它有以下简单性质：

（1）常数因子可以提到广义积分号前，即

$$\int_a^{+\infty} kf(x)dx = k\int_a^{+\infty} f(x)dx$$

（2）假设 $f(x)$、$g(x)$ 在区间 $[a,+\infty)$ 上可积，则

$$\int_a^{+\infty}[f(x) \pm g(x)]dx = \int_a^{+\infty} f(x)dx \pm \int_a^{+\infty} g(x)dx$$

此性质可以推广到任意有限多个函数代数和的情形.

（3）设 $u(x)$、$v(x)$、$u'(x)$、$v'(x)$ 在区间 $[a,+\infty)$ 上连续，如果下面的等式中有两项存在，第三项也存在，并且有

$$\int_a^{+\infty} udv = uv\Big|_a^{+\infty} - \int_a^{+\infty} vdu$$

（4）无穷区间的广义积分也有换元法则.

【例 4.23】 求 $\int_0^{+\infty} xe^{-x^2}dx$

解：$\int_0^{+\infty} xe^{-x^2}dx = -\frac{1}{2}\int_0^{+\infty} e^{-x^2}d(-x^2) = -\frac{1}{2}e^{-x^2}\Big|_0^{+\infty} = \lim\limits_{x\to+\infty}\left(-\frac{1}{2}e^{-x^2}\right) + \frac{1}{2} = \frac{1}{2}$

【例 4.24】 求 $\int_0^{+\infty} xe^{-x}dx$

解：$\int_0^{+\infty} xe^{-x}dx = -\int_0^{+\infty} xde^{-x} = -xe^{-x}\Big|_0^{+\infty} + \int_0^{+\infty} e^{-x}dx = -e^{-x}\Big|_0^{+\infty} = \lim\limits_{x\to+\infty}(-e^{x}) + 1 = 1$

三、瑕积分简介

【定义 4.3】 设函数 $f(x)$ 在 $(a,b]$ 上连续，且 $\lim\limits_{x\to a^+} f(x) = \infty$. 取 $\varepsilon > 0$，若极限 $\lim\limits_{\varepsilon\to0^+}\int_{a+\varepsilon}^{b} f(x)dx$ 存在，则称此极限值为函数 $f(x)$ 在 (a,b) 上的**广义积分**，记作

$$\int_a^b f(x)dx = \lim_{\varepsilon\to0^+}\int_{a+\varepsilon}^{b} f(x)dx$$

这时我们称广义积分 $\int_a^b f(x)dx$ **存在**或**收敛**；若极限 $\lim\limits_{\varepsilon\to0^+}\int_{a+\varepsilon}^{b} f(x)dx$ 不存在，则称广义积分 $\int_a^b f(x)dx$ **不存在**或**发散**.

类似地，可以定义 $x=b$ 为函数 $f(x)$ 无穷间断点时的无界函数的广义积分为

$$\int_a^b f(x)dx = \lim_{\varepsilon\to0^+}\int_a^{b-\varepsilon} f(x)dx$$

若极限存在，称广义积分**收敛**，否则称之为**发散**.

对于函数$f(x)$在$[a,b]$上除$c(a<c<b)$点外处处连续的情形，则定义为

$$\int_a^b f(x)\,dx = \lim_{\varepsilon_1\to 0^+}\int_a^{c-\varepsilon_1} f(x)\,dx + \lim_{\varepsilon_2\to 0^+}\int_{c+\varepsilon_2}^b f(x)\,dx$$

上述各广义积分统称为无界函数的广义积分也称为**瑕积分**，无界函数的无穷间断点也称为**瑕点**. 瑕积分与一般定积分的形式虽然一样，但其含义不同. 因此，在计算定积分时，首先要考虑的是常义积分还是瑕积分，若是瑕积分，则要按瑕积分的计算方法处理.

【例 4.25】 求$\int_0^1 \frac{1}{\sqrt{1-x^2}}dx$

解：$\int_0^1 \frac{1}{\sqrt{1-x^2}}dx = \lim_{\varepsilon\to 0^+}\int_0^{1-\varepsilon}\frac{1}{\sqrt{1-x^2}}dx = \lim_{\varepsilon\to 0^+}\arcsin x\Big|_0^{1-\varepsilon} = \lim_{\varepsilon\to 0^+}\arcsin(1-\varepsilon) = \frac{\pi}{2}$

【例 4.26】 求$\int_0^1 \frac{1}{x}dx$

解：$\int_0^1 \frac{1}{x}dx = \lim_{\varepsilon\to 0^+}\int_\varepsilon^1 \frac{1}{x}dx = \lim_{\varepsilon\to 0^+}\ln|x|\Big|_\varepsilon^1 = -\lim_{\varepsilon\to 0^+}\ln\varepsilon = +\infty$

故$\int_0^1 \frac{1}{x}dx$发散.

【例 4.27】 讨论瑕积分$\int_0^1 \frac{1}{x^p}dx$

解：当$p=1$时，由例 4.26 知，$\int_0^1 \frac{1}{x}dx$发散.

当$p\neq 1$时，

$$\int_0^1 \frac{1}{x^p}dx = \lim_{\varepsilon\to 0^+}\int_\varepsilon^1 \frac{1}{x^p}dx = \lim_{\varepsilon\to 0^+}\frac{1}{1-p}x^{1-p}\Big|_\varepsilon^1 = \frac{1}{1-p} - \lim_{\varepsilon\to 0^+}\frac{1}{1-p}\varepsilon^{1-p} = \begin{cases}\frac{1}{1-p}, & \text{当} p<1 \text{时},\\ \text{发散}. & \text{当} p>1 \text{时}.\end{cases}$$

综上所述，当$p<1$时，该瑕积分收敛，其值为$\frac{1}{1-p}$；当$p\geqslant 1$时，该瑕积分发散.

【习题 4.4】

1. 判断下列广义积分的敛散性，若收敛，求其值，

(1) $\int_4^{+\infty}\frac{1}{\sqrt{x}}dx$　(2) $\int_4^{+\infty}\frac{\ln x}{x}dx$　(3) $\int_{-\infty}^{+\infty}\frac{1}{x^2+4x+5}dx$

(4) $\int_{-\infty}^0 xe^x dx$　(5) $\int_0^1 \frac{1}{x^3}dx$　(6) $\int_{-1}^1 \frac{1}{x^2}dx$

2. 证明广义积分$\int_1^{+\infty}\frac{1}{x^p}dx$，当$p>1$时收敛，当$p\leqslant 1$时发散.

第五节 定积分的应用

定积分是无穷小的积累，这些无穷小连成一片，所以是连续的积累．定积分体现了无限分割、无穷积累的思想，凡是非均匀积累问题，都可以用这种思想方法去思考和分析，如资金的积累、产量的计算等都可以归结为定积分问题．本节将通过微元法来掌握定积分的几何应用和经济应用．

一、定积分的微元法

回顾4.1定积分的定义中的实例1（曲边梯形的面积问题）中，用定积分求曲边梯形的面积，经过如下四个步骤：**第一是分割**，即把整体进行分割；**第二是近似代替**，在局部范围内，“以直边代曲边”即求出整体量在局部范围内的近似值；**第三是求和**，将各窄曲边梯形的面积的近似值加起来；**第四是取极限**，从而得到整体量．这种方法在实际中有着广泛的应用，为了今后应用方便，我们在解决实际问题中将这四个步骤简化成两个步骤．

（1）取微断，写出微元，分割区间$[a,b]$，在其中任取一个小区间$[x,x+\Delta x]$，或记作$[x,x+dx]$，设所求整体量是S，取$\xi_i=x$（小区间的左端点），求出S在$[x,x+dx]$上的局部量$\Delta S\approx f(x)dx$，它称为量S的微元元素（简称微元）．

（2）定限求积分，即用定积分表示所求整体量，当$\Delta x\to 0$时，所有的元素无限相加，就是在区间$[a,b]$上的定积分：

$$S=\int_a^b f(x)dx$$

用以上定积分表示具体问题的简化步骤来解决具有可加性分布的非均匀量的求和问题的方法称为微元法．

二、定积分在几何上的应用

1. 平面图形的面积

在直角坐标系中求平面图形的面积，借助几何图形和定积分的几何意义，容易得到计算平面图形面积的定积分表达式．

（1）由曲线$y=f(x)\,[f(x)\geqslant 0]$，直线$x=a,x=b\,(a<b)$及$x$轴所围成的图形的面积为

$$A=\int_a^b f(x)dx$$

（2）由曲线$y=f(x)\,[f(x)<0]$，直线$x=a,x=b\,(a<b)$及x轴所围成的图形的面积为

$$A = \int_a^b |f(x)| dx = -\int_a^b f(x) dx$$

（3）由曲线 $y=f(x)$（有正有负），直线 $x=a, x=b(a<b)$ 及 x 轴所围成的图形（如图4.9）的面积为

$$A = \int_a^c f(x) dx - \int_c^d f(x) dx + \int_d^b f(x) dx$$

（4）由两条连续曲线 $y=f(x), y=g(x)[f(x) \geqslant g(x)]$，直线 $x=a, x=b(a<b)$ 所围成的图形（如图4.10）的面积为

$$A = \int_a^b [f(x) - g(x)] dx$$

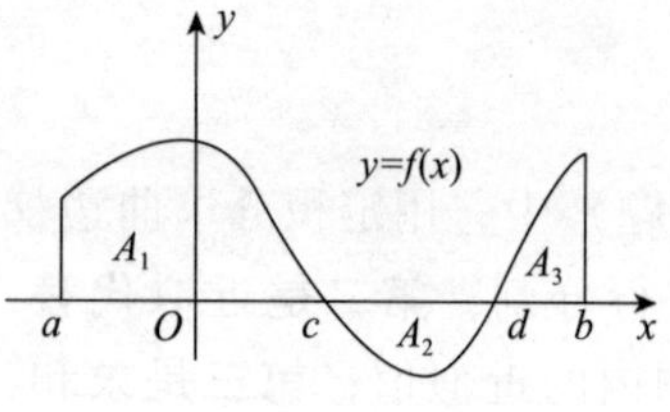

图 4.9

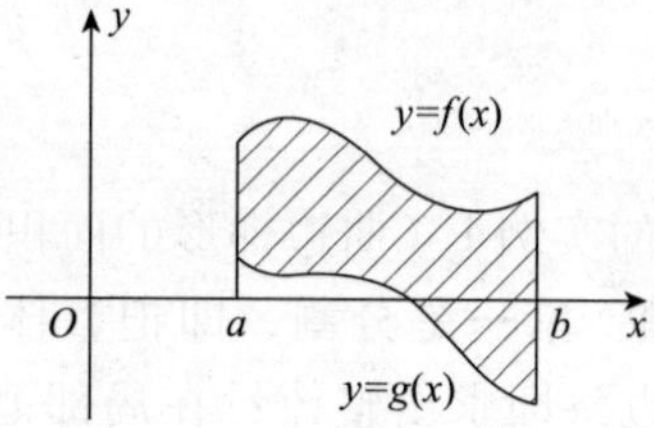

图 4.10

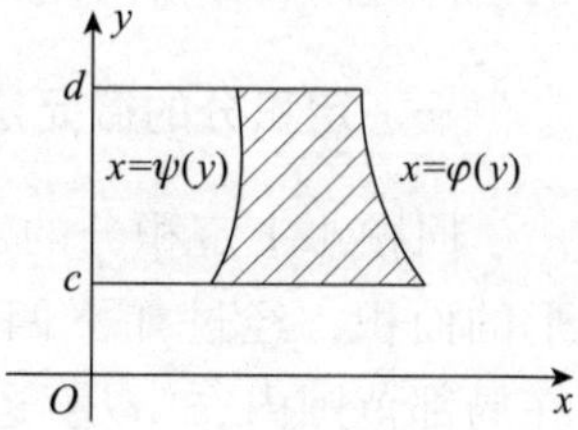

图 4.11

（5）由曲线 $x=\varphi(y), x=\psi(y)[\varphi(y) \geqslant \psi(y)]$ 直线 $y=c, y=d(c<d)$ 所围成的图形（如图4.11）的面积为

$$A = \int_c^d [\varphi(y) - \psi(y)] dy$$

【例4.28】 求由两条抛物线 $y^2=x, y=x^2$ 所围成的图形的面积．

解： 先画草图，如图4.12所示，为了确定图形所在范围，先求出这两条抛物线的交点坐标，为此解方程组 $\begin{cases} y^2 = x \\ y = x^2 \end{cases}$，得两条抛物线的交点为 $(0,0)$ 及 $(1,1)$．

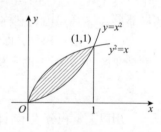

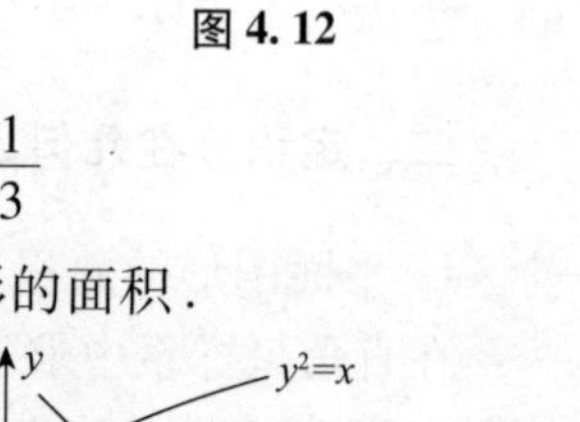

图 4.12

根据定积分的几何意义，得所求图形的面积为

$$A = \int_0^1 (\sqrt{x} - x^2) dx = \left(\frac{2}{3}x^{\frac{3}{2}} - \frac{1}{3}x^3\right)\Bigg|_0^1 = \frac{1}{3}$$

【例4.29】 求由抛物线 $y^2=x$ 与直线 $x+y-2=0$ 所围成图形的面积．

解： 先画草图，如图4.13所示，把图形向 y 轴投影，以 y 为积分变量，投影区间确定积分限，解方程组 $\begin{cases} y^2 = x \\ y = 2-x \end{cases}$，得交点 $P(1,1), Q(4,-2)$．

图形介于直线 $y=-2$ 和 $y=1$ 之间，则由定积分的几何意义，得

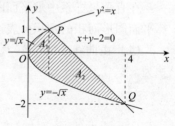

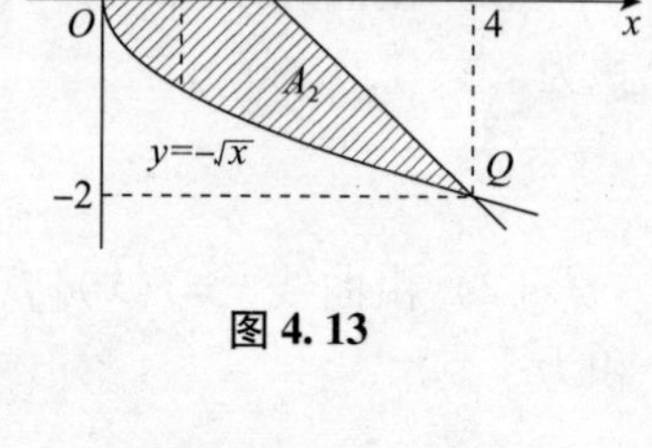

图 4.13

$$A = \int_{-2}^{1}[(2-y)-y^2]dy = \left(2y - \frac{y^2}{2} - \frac{y^3}{3}\right)\Big|_{-2}^{1} = \frac{9}{2}$$

若选取 x 为积分变量，把图形向 x 轴投影，则以直线 $x=1$ 将图形分为两块，这时

$$A = A_1 + A_2 = \int_0^1[\sqrt{x}-(-\sqrt{x})]dx + \int_1^4[(2-x)-(-\sqrt{x})]dx$$

$$= 2\cdot\frac{2}{3}x^{\frac{3}{2}}\Big|_0^1 + \left(2x - \frac{x^2}{2} + \frac{2}{3}x^{\frac{3}{2}}\right)\Big|_1^4 = \frac{4}{3} + \frac{19}{6} = \frac{9}{2}$$

【说明】用定积分求几何图形的面积，既可选取 x 为积分变量，也可选取 y 为积分变量，但积分变量选取，应尽量使图形不分块或少分块为好.

归纳求平面图形面积的解题步骤为：

（1）根据条件画出草图；

（2）通过图形直接判断或求联立方程组的解得到曲线的交点；

（3）根据图形的形状选择积分变量，确定积分上、下限及被积函数；

（4）写出面积公式.

①选 x 为积分变量，确定 x 的范围 $[a,b]$，$S = \int_a^b(y_{上} - y_{下})dx$；

②选 y 为积分变量，确定 y 的范围 $[c,d]$，$S = \int_c^d(y_{右} - y_{左})dy$.

2. 旋转体的体积

旋转体是指由平面图形绕该平面内的某直线旋转一周所形成的立体图形，这条直线叫作**旋转轴**.

下面我们计算由连续曲线 $y=f(x)$、直线 $x=a$、$x=b$ 所围成的图形绕 x 轴旋转一周所成旋转体（如图 4.14）的体积 V.

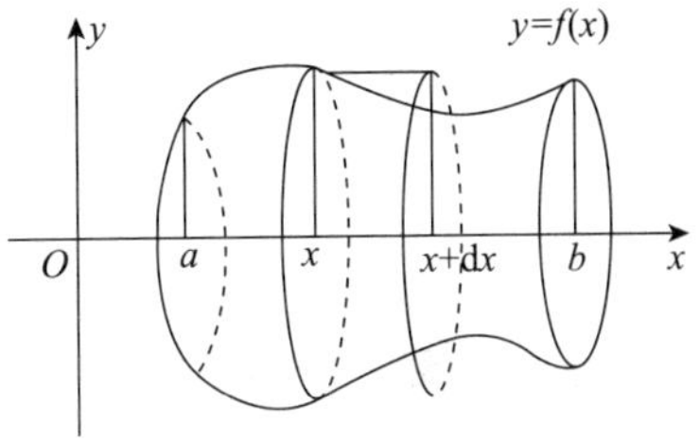

图 4.14

（1）取 x 为积分变量，其变化区间为 $[a,b]$，在 $[a,b]$ 上任取一点 x，作垂直于 x 轴的截面，该截面是半径为 $|f(x)|$ 的圆，因而截面面积为 $A(x)=\pi y^2=\pi[f(x)]^2$.

（2）在 $[a,b]$ 上，以 x 为端点取区间 $[x,x+dx]$，则以截面 $A(x)$ 为底、以 dx 为高的圆柱体体积是旋转体体积的微元素：$dV=A(x)dx=\pi y^2dx=\pi[f(x)]^2dx$.

（3）将微元 dV 依次相"加"，即在 $[a,b]$ 上积分，得所求的旋转体体积为

$$V_x = \pi\int_a^b y^2dx = \pi\int_a^b[f(x)]^2dx.$$

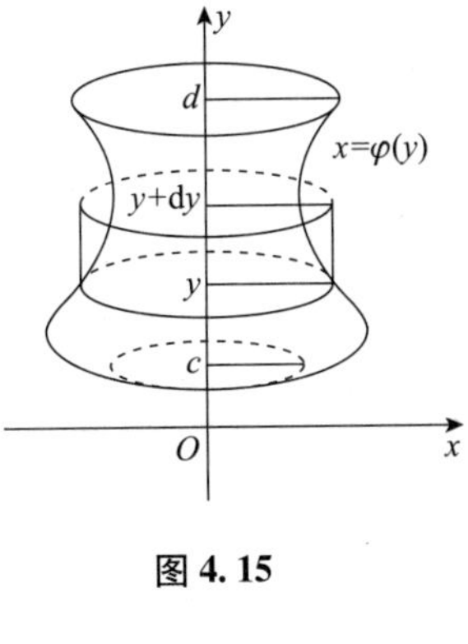

图 4.15

类似地，如图 4.15 所示，由连续曲线 $x=\varphi(y)$、直线 $y=c$，$y=d$（$c<d$）以及 y 轴所围成的曲边梯形绕 y 轴旋转一周所形成的旋转体的体积为

$$V_y = \pi\int_c^d[g(y)]^2dy$$

【例 4.30】 求由抛物线 $y=x^2$，直线 $x=2$ 及 x 轴所围平面

图形分别绕 x 轴、y 轴旋转所得立体的体积.

解：(1) 绕 x 轴旋转所生成的立体（如图 4.16）体积为：

$$V_x = \pi \int_0^2 y^2 dx = \pi \int_0^2 x^4 dx = \frac{\pi}{5} x^5 \Big|_0^2 = \frac{32}{5}\pi$$

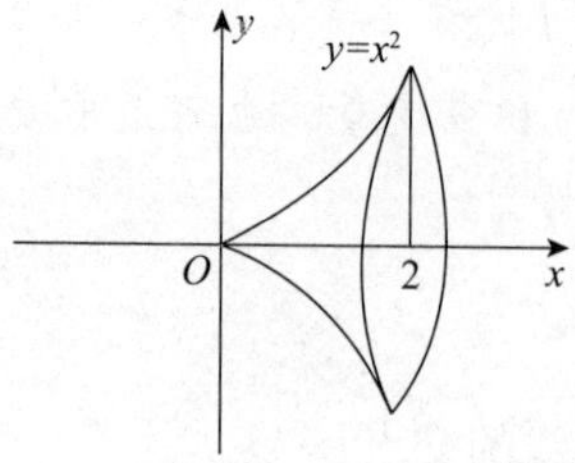

图 4.16

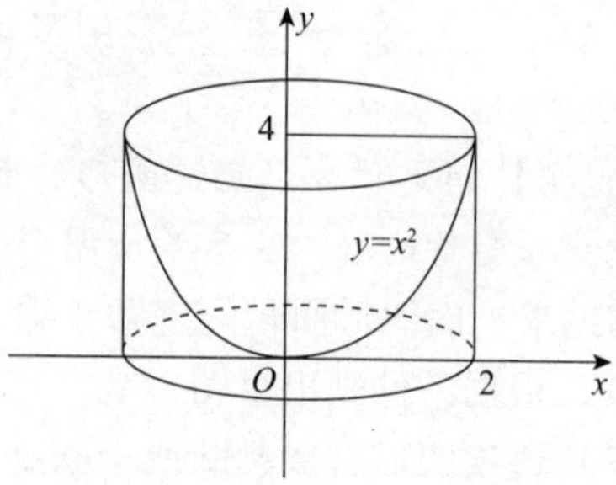

图 4.17

(2) 绕 y 轴旋转所形成立体（如图 4.17）的体积等于直线 $x=2$ 绕 y 轴旋转得到的体积减去抛物线 $y=x^2$ 绕 y 轴旋转得到的立体，所以其体积

$$V_y = \pi \int_0^4 2^2 dy - \pi \int_0^4 (\sqrt{y})^2 dy = \pi\left(4y - \frac{1}{2}y^2\right) \Big|_0^4 = 8\pi$$

三、定积分在物理上的应用

1. 引力

由万有引力知道，两个质点为 m_1, m_2 的质点之间引力的大小为

$$f = k\frac{m_1 m_2}{r^2}$$

其中 r 是两个质点之间的距离. 现在来求较复杂的质点与杆之间的引力.

【例 4.31】 设长为 l，质量均匀分布的杆，在杆的一段延长线上距端点 a 的位置有一质量为 m 的质点，求杆与质点之间的引力.

解：取坐标，由于杆不能看成一个质点，不能直接使用万有引力公式. 在区间 $[0,l]$ 上任取一个子区间 $[x,x+dx]$. 由于子区间的长度很短，可近似看成一个质点，设 μ 为单位长度上杆的质量（称为线密度），则小段杆的质量为 μdx. 这样子区间 $[x,x+dx]$ 上的小段杆与质量为 m 的质点之间的引力可用万有引力公式，得引力的微元.

$$df = \frac{\mu kmdx}{(a+l-x)^2}$$

其中 k 为引力系数，积分得

$$f = \int_0^l \frac{\mu kmdx}{(a+l-x)^2} = \frac{\mu km}{a+l-x}\Big|_0^l = \frac{\mu kml}{a(a+l)} = \frac{kMm}{a(a+l)}$$

其中 M 是杆的质量（$M=\mu l$）.

2. 变力沿直线所做的功

物体受力沿直线运动，如果这个力 F 是不变力，且物体沿着 F 的方向移动了距离，

那么力 F 对物体所做的功为

$$W=F\cdot s$$

如果物体受力是变化的，这个变力对物体所做的功如何计算呢？下面通过实例说明如何应用定积分来计算变力所做的功．

【例 4.32】 已知 $1N$ 的力能使某弹簧拉长 1cm，求使弹簧拉长 5cm 时拉力所做的功．

解： 由胡克定律知，在弹性限度内，拉长弹簧所需的力 F 与拉长长度 x 成正比，即

$$F=kx$$

其中 k 为弹性系数．因此，在拉长 5cm 的过程中，拉力 F 是个变力．

由已知条件知，当 $F=1N$ 时，$x=1\text{cm}=0.01\text{m}$，可求出 $k=100\text{N/m}$，即

$$F=100x$$

取弹簧的平衡点作为原点，建立坐标系，如图 4.18 所示．

图 4.18

取 x 为积分变量，在区间 $[0,0.05]$ 上任取一个小区间 $[x,x+dx]$，在这个小区间上变力所做的功近似等于点 x 处的力 $F=100x$ 移动 dx 距离时所做的功，即功的微元为：

$$dW=Fdx=100xdx$$

在 $[0,0.05]$ 上变力 F 所做的功为

$$W=\int_0^{0.05}100xdx=100\left(\frac{1}{2}x^2\right)\Big|_0^{0.05}=0.125\ (\text{J})$$

四、定积分在经济上的应用

1. 已知边际函数求经济总量及其改变量

（1）设生产的总成本 $C(x)$ 的边际成本是 $C'(x)$，那么当产量为 x 时，总成本

$$C(x)=\int_0^x C'(x)dx+C(0).$$

其中 $C(0)$ 为固定成本，$\int_0^x C'(x)dt$ 表示随产量 x 变化的可变成本．若产量由 x_1 增到 x_2 时，总成本的改变量为 $\Delta C=C(x_2)-C(x_1)=\int_{x_1}^{x_2}C'(x)dx$.

（2）若已知边际效益 $R'(x)$，则效益函数 $R(x)=\int_0^x R'(x)dx$，这里 $R(0)=0$.

当产量由 x_1 增到 x_2 时，效益的改变量 $\Delta R(x)=\int_{x_1}^{x_2}R'(x)dx$.

（3）若已知边际利润函数 $L'(x)=R'(x)-C'(x)$，则总利润函数为

$$L(x)=\int_0^x L'(x)dx-C(0)=\int_0^x[R'(x)-C'(x)]dx-C(0)$$

其中 $C(0)$ 为固定成本，$\int_0^x L'(x)dx$ 表示不考虑固定成本下的利润函数，亦称为**毛利润**．当产量由 x_1 增到 x_2 时，利润的改变量为 $\Delta L(x)=\int_{x_1}^{x_2}L'(x)dx$.

【例 4.33】 已知生产某产品 x 台的边际成本函数和边际收入函数分别为 $C'(x)=3+\frac{1}{3}x$（万元/台），$R'(x)=7-x$（万元/台）.

（1）若固定成本 $C(0)=1$（万元），求总成本函数，总收入函数和总利润函数；

（2）当产量从 4 台增加到 6 台时，求增加的总成本和总收入.

解：（1）由于总成本是固定成本和可变成本之和，所以总成本函数为

$$C(x)=C(0)+\int_0^x C'(t)dt=1+\int_0^x\left(3+\frac{1}{3}t\right)dt$$

$$=1+3x+\frac{1}{6}x^2\text{（万元）}.$$

由于产量为 0 时，总收入也必为 0，因此总收入函数为

$$R(x)=\int_0^x R'(t)dt=\int_0^x(7-t)dt=7x-\frac{1}{2}x^2\text{（万元）}$$

总利润函数为

$$L(x)=R(x)-C(x)=7x-\frac{1}{2}x^2-\left(1+3x+\frac{1}{6}x^2\right)=4x-\frac{2}{3}x^2-1\text{（万元）}$$

（2）当产量从 4 台增加到 6 台时，增加的总成本和总收入分别为

$$\Delta C=\int_4^6 C'(x)dx=C(x)\Big|_4^6$$

$$=\left(1+3\times6+\frac{1}{6}\times6^2\right)-\left(1+3\times4+\frac{1}{6}\times4^2\right)\approx9.33\text{（万元）}$$

$$\Delta R=\int_4^6 R'(x)dx=R(x)\Big|_4^6=\left(7\times6-\frac{1}{2}\times6^2\right)-\left(7\times4-\frac{1}{2}\times4^2\right)=4\text{（万元）}$$

2. 投资问题

设某个项目在 t 年时的收入为 $f(t)$ 万元，年利率为 r，即贴现率是 $f(t)e^{-rt}$，则应用定积分计算，该项目在时间区间 $[a,b]$ 上总贴现值的增量为 $\int_a^b f(t)e^{-rt}dt$.

设某工程总投资在竣工时的贴现值为 A 万元，竣工后的年收入预计为 a 万元，年利率为 r，按银行利息连续计算．在进行动态经济分析时，把竣工后收入的总贴现值达到 A，即使关系式

$$\int_0^T ae^{-rt}dt=A$$

成立的时间 T 年称为该项工程的投资回收期.

【例 4.34】 设某工程总投资在竣工时的贴现值为 1000 万元，竣工后的年收入预计为 200 万元，年利息率为 0.08，求该项工程的投资回收期.

解：这里 $A=1000,a=200,r=0.08$，则该工程竣工后 T 年内收入的总贴现值为

$$\int_0^{0.08}200e^{-0.08t}dt=-\frac{200}{0.08}e^{-0.08t}\Big|_0^T=2500(1-e^{-0.08T})$$

令 $2500(1-e^{-0.08T})=1000$，即得该项工程的回收期为

$$T=-\frac{1}{0.08}\ln\left(1-\frac{1000}{2500}\right)=-\frac{1}{0.08}\ln0.6=6.39\text{（年）}$$

【习题 4.5】

1. 求由曲线 $xy=1$，直线 $y=x$ 和 $x=2$ 所围成的平面图形的面积.

2. 求由曲线 $4y^2=x$ 与直线 $x+y=\frac{3}{2}$所围成的平面图形的面积.

3. 求由抛物线 $y=x^2$，直线 $y=x+2$ 所围成的图形绕 x 轴旋转的旋转体的体积.

4. 半径为 $R(m)$，高为 $H(m)$的圆柱体水桶，盛满了水，问水泵将水桶内的水全部吸出至少要作多少功（水的比重为 $gkN/m^3, g=9.8$）?

5. 设某产品在时刻 t 总产量的变化率为 $f(t)=100+12t-0.6t^2$，求：

（1）总产量函数 $Q(t)$；

（2）从 $t_0=2$ 到 $t_1=4$ 这段时间内的总产量.

6. 若对某企业投资 400 万元，年利率 $r=10\%$，设在 10 年内的均匀收入率为 100 万元/年，求收回该笔投资的年限是多少?

【复习题四】

1. 比较下列定积分的大小.

（1）$\int_1^2 x^2dx$ 与 $\int_1^2 x^3dx$　　（2）$\int_1^e \ln^2 xdx$ 与 $\int_1^e \ln^7 xdx$

（3）$\int_0^{\frac{\pi}{2}} \sin xdx$ 与 $\int_0^{\frac{\pi}{2}} \sin^3 xdx$　　（4）$\int_{-2}^{-1} \left(\frac{1}{3}\right)^x dx$ 与 $\int_{-2}^{-1} 3^x dx$

2. 试证明：

$$0 \leqslant \int_0^{10} \frac{x}{x^3+16}dx \leqslant \frac{5}{6}$$

3. 求下列函数的导数.

（1）$\phi(x) = \int_0^x \sqrt{1+2t}\,dt$；　　（2）$\phi(x) = \int_x^{-4} e^{2t}\cos tdt$；

（3）$\phi(x) = \int_1^{x^2} te^{\sqrt{t}}dt$；　　（4）$\phi(x) = \int_{\cos x}^{\sin x} (1-t^2)dt$.

4. 求下列极限.

（1）$\lim\limits_{x\to 0} \frac{\int_0^x \sin t^3 dt}{x^4}$　　（2）$\lim\limits_{x\to 0} \frac{\int_0^x \arctan tdt}{x^2}$

5. 求下列定积分.

（1）$\int_0^{\pi} (3^x+\sin x)dx$　　（2）$\int_0^1 (x-1)(3x+2)dx$　　（3）$\int_0^{\frac{\pi}{4}} \tan^2 xdx$

（4）$\int_{-5}^{-2} \frac{x^4-1}{x^2+1}dx$　　（5）$\int_0^{2\pi} |\sin x|dx$　　（6）$\int_0^3 |2-x|dx$

(7) 设函数 $f(\theta)=\begin{cases}\cos^2\theta, & 0\leqslant\theta<\dfrac{\pi}{4},\\ \sin\theta\cos^2\theta. & \dfrac{\pi}{4}\leqslant\theta\leqslant\dfrac{\pi}{2}.\end{cases}$ 计算 $\int_0^{\frac{\pi}{2}}f(\theta)d\theta$.

6. 求下列定积分.

(1) $\int_0^1 e^{-\frac{1}{3}x}dx$　(2) $\int_0^1\frac{1}{(x+1)^2}dx$　(3) $\int_0^1\frac{x}{(x^2+1)^2}dx$

(4) $\int_1^e\frac{1}{x\sqrt{1+\ln x}}dx$　(5) $\int_{\frac{1}{\pi}}^{\frac{\pi}{2}}\frac{1}{x^2}\cos\frac{1}{x}dx$　(6) $\int_{-1}^0\frac{2x+3}{x^2+2x+2}dx$

7. 求下列定积分.

(1) $\int_0^1\frac{\sqrt{x}}{2-\sqrt{x}}dx$　(2) $\int_{-1}^1\frac{x}{\sqrt{5-4x}}dx$

(3) $\int_{-1}^0 x\sqrt{1+x^2}dx$　(4) $\int_0^{\frac{1}{3}}\sqrt{1-9x^2}dx$

8. 求下列定积分.

(1) $\int_0^1 x^2e^{-x}dx$　(2) $\int_1^e x^2\ln x dx$　(3) $\int_0^{\frac{\pi}{4}}x\sec^2 x dx$

(4) $\int_0^1\sin(\sqrt{x}+1)dx$　(5) $\int_1^4 e^{-2\sqrt{x}}dx$　(6) $\int_1^5 e^{\sqrt{x-1}}dx$

9. 利用函数奇偶性计算下列定积分.

(1) $\int_{-4}^4 x^7e^{-x^4}dx$　(2) $\int_{-3}^3(7x^5+x^3+1)dx$

(3) $\int_{-1}^1 e^{|x|}dx$　(4) $\int_{-2}^2\frac{x+|x|}{2+x^2}dx$；

(5) $\int_{-1}^1\frac{x^2\sin x+(\arctan x)^2}{1+x^2}dx$

10. 判断下列广义积分的敛散性，如果收敛则求其值.

(1) $\int_1^{+\infty}\frac{1}{1+x}dx$　(2) $\int_e^{+\infty}\frac{1}{x\ln^4 x}dx$

(3) $\int_{-\infty}^{-1}\frac{1}{x^2(x^2+1)}dx$　(4) $\int_{-\infty}^{+\infty}\frac{2x}{1+x^2}dx$

(5) $\int_0^3\frac{1}{(x-1)^2}dx$　(6) $\int_1^{+\infty}\frac{\arctan x}{x^2}dx$

11. 计算下列各曲线所围成的平面图形的面积.

(1) $y=x^2, y=1$　(2) $y=e^x, y=e^{-x}, x=1$

(3) $y^2=x, x+y-2=0$　(4) $y=x, y=2x, x+y=6$

12. 求椭圆 $\frac{x^2}{a^2}+\frac{y^2}{b^2}=1$ 分别绕 x 轴和 y 轴旋转所得的旋转体的体积.

13. 设半圆弧细铁丝，半径为 R，质量均匀分布. 在圆心处有一质量为 m 的质点. 求该铁丝与质点 m 之间的引力.

14. 由胡克定律知，弹簧伸长量 s(cm) 与受力的大小 F(N) 成正比，即

$$F = ks \text{（} k \text{ 为比例常数）}$$

如果把弹簧拉长 6cm，问力作多少功?

15. 已知生产某产品 x 台的边际成本函数和边际收入函数分别为

$$C'(x) = 4 + \frac{1}{4}x \text{（万元/台）}, \quad R'(x) = 8 - x \text{（万元/台）}$$

（1）若固定成本 $C(0) = 1$（万元），求总成本函数，总收入函数和总利润函数.

（2）当产量从 1 台增加到 5 台时，求增加的总成本和总收入.

（3）求产量为多少时，总利润 L 最大?

第五章

常微分方程

寻找变量之间的函数关系是高等数学的重要课题之一，我们第一章已经简单地介绍过找函数关系的一些方法，本章将进一步来研究这个问题．

第一节
微分方程的基本概念

一、引例

【例 5.1】 一曲线通过点(0,1)，且在该曲线上任一点 $M(x,y)$ 处切线的斜率为 $2x$，求该曲线方程．

解： 设所求曲线的方程为 $y=y(x)$，根据题意和导数的几何意义，该曲线应满足下面关系：

$$\frac{dy}{dx}=2x \tag{5.1}$$

和已知条件

$$y\Big|_{x=0}=1 \tag{5.2}$$

将式 5.1 两边积分得：

$$y=\int 2x dx=x^2+C \tag{5.3}$$

其中 C 为任意常数．

将条件式 5.2 代入式 5.3 得，$C=1$，故所求的曲线方程为 $y=x^2+1$.

【例 5.2】 质量为 m 的物体，只受重力影响自由下落．设自由落体的初始位置和初速度均为零，试求该物体下落的距离 s 和时间 t 的关系．

解： 设物体自由下落的距离 s 和时间 t 的关系为 $s=s(t)$，根据牛顿定律，所求未知函数 $s=s(t)$ 应满足方程

$$\frac{d^2s}{dt^2}=g \tag{5.4}$$

其中 g 为重力加速度，而且满足条件：

$$s\Big|_{t=0}=0;\ v=\frac{ds}{dt}\Big|_{t=0}=0 \tag{5.5}$$

我们的问题是：求满足方程式 5.4 且满足条件式 5.5 的未知函数 $s=s(t)$，为此，对式 5.4 两边积分两次得

$$\frac{ds}{dt}=\int\frac{d^2s}{dt^2}dt=\int gdt=gt+C_1 \tag{5.6}$$

$$s=\int\frac{ds}{dt}dt=\int(gt+C_1)dt=\frac{1}{2}gt^2+C_1t+C_2 \tag{5.7}$$

其中 C_1,C_2 都是任意常数.

由条件式 5.5 得 $\quad \frac{ds}{dt}\Big|_{t=0}=(gt+C_1)\Big|_{t=0}=0.\quad$ 即 $C_1=0.$

$$s\Big|_{t=0}=\left(\frac{1}{2}gt^2+C_1t+C_2\right)\Big|_{t=0}=0 \qquad 即\ C_2=0$$

将 C_1,C_2 的值代入式 5.7 得 $\quad s=\frac{1}{2}gt^2.$

上面两例中的式 5.1 和式 5.4，都是含未知函数导数或微分的关系式，称它们为微分方程.

二、微分方程的概念

【定义 5.1】 含有未知函数的导数（或微分）的方程称为**微分方程**. 未知函数是一元函数的微分方程叫常微分方程，未知函数是多元函数的微分方程叫偏微分方程. 本章只介绍常微分方程，简称微分方程. 例如：

（1）$\frac{dy}{dx}=2x$ 是常微分方程；（2）$\frac{\partial^2u}{\partial x^2}+\frac{\partial^2u}{\partial y^2}=0$ 是偏微分方程.

微分方程中未知函数的导数（或微分）的最高阶数称为**微分方程的阶**.

例如：$\frac{dy}{dx}=2x$ 是一阶常微分方程；$\frac{d^3y}{dx^3}=a^3y$ 是三阶常微分方程；

$$(y^{(4)})^6=y''+y'\sin x+y^5-\tan x\ 是四阶常微分方程.$$

一阶和二阶微分方程的一般形式为

$$F(x,y,y')=0,\qquad F(x,y,y',y'')=0$$

一般地，n 阶微分方程的形式为

$$F(x,y,y',\cdots,y^{(n)})=0$$

其中 x 是自变量，y 是 x 的函数，$y',y'',\cdots,y^{(n)}$ 依次是函数 $y=y(x)$ 对 x 的一阶，二阶，$\cdots,n$ 阶导数.

使微分方程成为恒等式的函数，称为该**微分方程的解**. 如果微分方程的解中所含任意常数的个数等于微分方程的阶数，则称此解为**微分方程的通解**. 确定了通解中的任意常数

后，所得到的微分方程的解称为微分方程的**特解**.

例 5.1 中，$y=x^2+C$ 为一阶微分方程$\frac{dy}{dx}=2x$ 的通解；而 $y=x^2+1$ 是其特解．例 5.2 中 $s=\frac{1}{2}gt^2+C_1t+C_2$ 为二阶微分方程$\frac{d^2s}{dt^2}=g$ 的通解，而 $s=\frac{1}{2}gt^2$ 是其特解．

例 5.1 和例 5.2 中，用于确定通解中的任意常数而得到特解的条件式 5.2，式 5.5 称为**初始条件**．求微分方程满足初始条件的解的问题称为**初值问题**.

微分方程通解的图形表示为一族曲线，特解是积分曲线族中满足初始条件的某一条特定的积分曲线.

【例 5.3】 验证函数 $y=C_1e^x+C_2e^{-x}$是微分方程 $y''-y=0$ 的解（C_1,C_2 为任意常数）.

解：$y=C_1e^x+C_2e^{-x}$，$y'=C_1e^x-C_2e^{-x}$，$y''=C_1e^x+C_2e^{-x}$

把 y 与 y''代入 $y''-y$，得

$$C_1e^x+C_2e^{-x}-(C_1e^x+C_2e^{-x})=0$$

所以 $y=C_1e^x+C_2e^{-x}$是微分方程 $y''-y=0$ 的解．因为解中有两个任意常数，与微分方程的阶数相同，且相互独立，所以 $y=C_1e^x+C_2e^{-x}$是微分方程 $y''-y=0$ 的通解.

【习题 5.1】

1. 指出下列各题中的函数是否为所给微分方程的解：

（1）$xy'=2y,y=5x^2$　　（2）$y''-2y'+y=0,y=xe^x$

2. 指出下列各方程的阶数.

（1）$x(y')^2-2yy'+x=0$　　（2）$(y'')^4+5y'-y^5+x^7=0$

（3）$xy'''+2y''+x^2y=0$　　（4）$(s^2-t^2)ds+(s^2+t^2)dt=0$

3. 验证 $y=C_1\cos kx+C_2\sin kx$（C_1,C_2 为任意常数）为微分方程 $y''+k^2y=0(k\neq0)$的解.

第二节 一阶微分方程

一、可分离变量的微分方程

一阶微分方程的一般形式是

$$F(x,y,y')=0$$

若一阶微分方程可化为

$$y'=f(x)\cdot g(y)\text{或}\frac{dy}{dx}=f(x)\cdot g(y) \tag{5.8}$$

则称它为**可分离变量的微分方程**．其特点是：一端是只含有 y 的函数和 dy，另一端是只含

有 x 的函数和 dx.

可分离变量的微分方程的具体解法如下：

（1）分离变量 $$\frac{dy}{g(y)}=f(x)dx$$

（2）两边积分 $$\int\frac{1}{g(y)}dy=\int f(x)dx$$

设 $G(y)$，$F(x)$ 分别为 $\frac{1}{g(y)}$ 和 $f(x)$ 的原函数，得

$$G(y)=F(x)+C$$

即为微分方程的通解.

【例 5.4】 求微分方程 $\frac{dy}{dx}=3xy$ 的通解

解： 分离变量，得 $$\frac{dy}{y}=3xdx$$

两边积分，得 $$\int\frac{dy}{y}=\int 3xdx$$

即 $$\ln|y|=\frac{3}{2}x^2+\ln|C|$$

于是，原方程的通解为 $$y=Ce^{\frac{3}{2}x^2}$$

【例 5.5】 求微分方程 $(1+x^2)dy-xydx=0$ 的通解

解： 分离变量，得 $$\frac{dy}{y}=\frac{x}{1+x^2}dx$$

两边积分，得 $$\int\frac{dy}{y}=\int\frac{x}{1+x^2}dx$$

于是，有 $$\ln|y|=\frac{1}{2}\ln(1+x^2)+\ln|C|$$

所以，原方程的通解为 $$y=C\sqrt{1+x^2}$$

【例 5.6】 求方程 $\frac{dy}{dx}=-y^2\sin x$ 满足初始条件 $y\big|_{x=0}=1$ 的特解

解： 分离变量，得

$$-\frac{1}{y^2}dy=\sin xdx$$

两边积分，得 $$-\int\frac{1}{y^2}dy=\int\sin xdx$$

$$\frac{1}{y}=-\cos x+C$$

即 $$y=\frac{1}{-\cos x+C}$$

由初值条件 $y\big|_{x=0}=1$ 可定出常数 $C=2$，从而所求的特解为

$$y=\frac{1}{2-\cos x}$$

二、一阶线性微分方程

形如
$$y'+P(x)y=Q(x) \tag{5.9}$$
的方程，称为**一阶线性微分方程**，其中 $P(x)$，$Q(x)$ 是 x 的已知函数．

如果 $Q(x)=0$，则方程式 5.9 变为
$$y'+P(x)y=0 \tag{5.10}$$
称为**一阶线性齐次微分方程**．如果 $Q(x)\neq 0$，则称方程式 5.9 为**一阶线性非齐次微分方程**．

1. 一阶线性齐次微分方程的解法

一阶线性齐次微分方程 $y'+P(x)y=0$ 是可分离变量的方程．

分离变量
$$\frac{1}{y}dy=-P(x)dx$$
两边积分，得
$$\ln|y|=-\int P(x)dx+\ln|C|$$
于是得齐次线性微分方程式 5.10 的通解为
$$y=Ce^{-\int P(x)dx}$$ （**通解公式**）

其中 $\int P(x)dx$ 只取一个原函数．

【例 5.7】 求微分方程 $y'=3x^2y$ 的通解

解：本题可以用分离变量的方法来解也可以用公式法来解．

分离变量法：

分离变量，得
$$\frac{1}{y}dy=3x^2dx$$
两边积分，得
$$\int\frac{1}{y}dy=\int 3x^2dx$$
$$\ln|y|=x^3+\ln|C|$$
得通解
$$y=Ce^{x^3}$$

2. 一阶线性非齐次微分方程的解法

对于一阶线性非齐次微分方程，用**常数变易法**来解．

所谓**“常数变易法”**，就是在非齐次微分方程式 5.9 所对应的齐次线性方程式 5.10 的通解
$$y=Ce^{-\int P(x)dx}$$
中，将任意常数 C 换成 x 的函数 $C(x)$ ［$C(x)$是待定函数］，即设非齐次线性方程式 5.9 有如下形式的解
$$y=C(x)e^{-\int P(x)dx} \tag{5.11}$$
于是
$$\frac{dy}{dx}=\frac{dC(x)}{dx}e^{-\int P(x)dx}-C(x)P(x)e^{-\int P(x)dx} \tag{5.12}$$

将式 5.11 和式 5.12 代入式 5.9 得

$$\frac{dC(x)}{dx}e^{-\int P(x)dx} = Q(x)$$

即

$$\frac{dC(x)}{dx} = Q(x)e^{\int P(x)dx}$$

两边积分，得

$$C(x) = \int Q(x)e^{\int P(x)dx}dx + C$$

其中 C 为任意常数，把上式代入式 5.9，就可得到非齐次线性微分方程式 5.9 的通解

$$y = e^{-\int P(x)dx}\left(\int Q(x)e^{\int P(x)dx}dx + C\right) \tag{5.13}$$

将式 5.13 改写成两项之和

$$y = e^{-\int P(x)dx}\left[C + \int Q(x)e^{\int P(x)dx}dx\right].$$

【例 5.8】 求方程 $\frac{dy}{dx} - \frac{2y}{x+1} = (x+1)^3$ 的通解

解： 这是一个非齐次线性方程．先求对应的齐次方程的通解．

$$\frac{dy}{dx} - \frac{2y}{x+1} = 0, \text{ 即 } \quad y' - \frac{2}{x+1}y = 0$$

所以 $P(x) = -\frac{2}{x+1}$，带入通解公式 $y = Ce^{-\int P(x)dx}$，得：$y = C(x+1)^2$

用**常数变易法**，把 C 换成 $C(x)$，令 $y = C(x)(x+1)^2$

则

$$\frac{dy}{dx} = (x+1)^2\frac{dC(x)}{dx} + 2C(x)(x+1)$$

代入原方程，得

$$\frac{dC(x)}{dx} = x+1$$

两端积分，得

$$C(x) = \frac{1}{2}(x+1)^2 + C$$

故原方程的通解为

$$y = (x+1)^2\left[\frac{1}{2}(x+1)^2 + C\right]$$

【例 5.9】 解微分方程 $\frac{dy}{dx}\cos^2 x + y = \tan x$

解： 原方程可化为

$$y' + \frac{1}{\cos^2 x}y = \frac{\tan x}{\cos^2 x},$$

其中 $P(x) = \frac{1}{\cos^2 x}, Q(x) = \frac{\tan x}{\cos^2 x}$.

首先求对应的线性齐次方程的通解．

$$y' + \frac{1}{\cos^2 x}y = 0$$

带入公式 $y = Ce^{-\int P(x)dx}$，得通解：

$$y = Ce^{-\tan x}.$$

用**常数变易法**，把 C 换成 $C(x)$，令 $y = C(x)e^{-\tan x}$，则

$$y' = e^{-\tan x}\frac{dC(x)}{dx} - C(x)e^{-\tan x}\sec^2 x.$$

代入原方程得 $$[C(x)]' = e^{\tan x}\frac{\tan x}{\cos^2 x},$$

两端积分，得 $$C(x) = \int e^{\tan x}\tan x\sec^2 x dx = \int e^{\tan x}\tan x d(\tan x)$$
$$= e^{\tan x}(\tan x - 1) + C,$$

于是，原方程的通解为

$$y = [e^{\tan x}(\tan x - 1) + C]e^{-\tan x} = Ce^{-\tan x} + \tan x - 1.$$

【例 5.10】 求 $xy' + y = \sin x$ 的通解

解：原方程可化为

$$y' + \frac{y}{x} = \frac{\sin x}{x}$$

其中 $P(x) = \frac{1}{x}, Q(x) = \frac{\sin x}{x}$.

首先求对应的线性齐次方程的通解．

$$y' + \frac{1}{x}y = 0$$

带入公式 $y = Ce^{-\int P(x)dx}$，得通解 $$y = \frac{C}{x}$$

用**常数变易法**，把 C 换成 $C(x)$，令 $y = \frac{C(x)}{x}$，则

$$y' = \frac{C'(x)x - C(x)}{x^2}$$

代入原方程得 $$C'(x) = \sin x$$

两端积分，得 $$C(x) = -\cos x + C$$

于是，原方程的通解为 $y = \frac{1}{x}(-\cos x + C)$

【习题 5.2】

1. 求下列微分方程的通解．

（1）$\frac{dy}{dx} = \frac{y}{\sqrt{1 - x^2}}$　　（2）$y' = xe^{-y}$

（3）$xy' + y = y^2$　　（4）$(1 + x)dy = (1 - y)dx$

2. 求方程 $y - xy' = x^2y', y(1) = 1$ 满足初始条件的特解．

3. 求下列一阶微分方程的通解．

（1）$y'-y=0$　　（2）$y'-3y=e^x$

（3）$y'+3y=xe^x$　　（4）$y'-\frac{4}{x+1}y=(x+1)^2$

4. 求下列方程满足初值条件的特解.

（1）$y'-y\tan x=\sec x, y(0)=0$　　（2）$xy'+y=\cos x, y(\pi)=1$

第三节
高阶方程的特殊类型

二阶及二阶以上的微分方程统称为高阶微分方程. 本节将介绍两种特殊类型的高阶微分方程的解法.

一、$y^{(n)}=f(x)$ 型的微分方程

这类方程通过 n 次积分就可得到其通解，它的解法是：逐次积分，得

$$y^{(n-1)}=\int f(x)dx+C_1$$

$$y^{(n-2)}=\int\left[\int f(x)dx+C_1\right]dx+C_2$$

…

最后积分 n 次后就得方程的通解.

【例 5.11】 求微分方程 $y'''=x+\sin x$ 的通解

解： 对所给方程接连积分三次，得

$$y''=\int(x+\sin x)dx=\frac{x^2}{2}-\cos x+C_1$$

$$y'=\int\left(\frac{x^2}{2}-\cos x+C_1\right)dx=\frac{x^3}{6}-\sin x+C_1x+C_2$$

$$y=\int\left(\frac{x^3}{6}-\sin x+C_1x+C_2\right)dx=\frac{x^4}{24}+\cos x+\frac{1}{2}C_1x^2+C_2x+C_3.$$

其中 C_1，C_2，C_3 为任意常数.

二、$y''=f(x,y')$ 型的微分方程

方程

$$y''=f(x,y') \tag{5.14}$$

的特点是不含未知函数 y. 作变量替换 $y'=p(x)$，则 $y''=p'(x)$.

于是，方程式 5.14 可化为　　$p'(x)=f(x,p)$.

【例 5.12】 求微分方程 $(x^2+1)y''=3xy'$ 的通解

解： 设 $y'=p(x)$，则 $y''=p'(x)=\frac{dp}{dx}$.

将其代入原方程中，得 $$(x^2+1)\frac{dp}{dx}=2xp$$

分离变量，得 $$\frac{dp}{p}=\frac{2x}{x^2+1}dx$$

两端积分，得 $$\ln p=\ln(1+x^2)+\ln C_1=\ln C_1(1+x^2),$$

得 $$p=C_1(x^2+1)$$

即 $$y'=C_1(x^2+1)$$

再积分，便得原方程的通解

$$y=\int C_1(x^2+1)dx=\left(\frac{1}{3}x^3+x\right)C_1+C_2$$

【习题 5.3】

1. 求下列微分方程的通解．

（1）$y''=e^x-\sin 3x$　　（2）$y''=\dfrac{y'}{x}$

2. 求微分方程 $y''+y'=x,y|(0)=2,y'(0)=1$ 满足初始条件的特解．

第四节

高阶常系数线性微分方程

在高阶微分方程中线性微分方程最为常见，且其理论完备、解法方便，为人们所重视．本节着重介绍在工程技术中常用的一类——二阶常系数线性常微分方程．

二阶常系数线性微分方程的一般形式是

$$y''+py'+qy=f(x) \tag{5.15}$$

其中 p,q 是常数；$f(x)$ 是 x 的已知函数．如果 $f(x)=0$ 则方程式 5.15 变为

$$y''+py'+qy=0 \tag{5.16}$$

称式 5.16 为**二阶常系数齐次线性微分方程**．如果 $f(x)\neq 0$，则称方程式 5.15 为**二阶常系数非齐次线性微分方程**．

一、二阶线性微分方程解的结构

1. 二阶常系数齐次线性微分方程的通解

【定理 5.1】 如果 $y_1(x),y_2(x)$ 是二阶齐次线性微分方程 $y''+py'+qy=0$ 的两个解，那么

$$y=C_1y_1+C_2y_2$$

也是方程 $y''+py'+qy=0$ 的解，其中 C_1,C_2 是任意常数．

【定义 5.2】 设 $y_1(x), y_2(x)$ 是两个函数，如果 $\frac{y_1(x)}{y_2(x)} \neq k$（$k$ 为常数），则称函数 $y_1(x), y_2(x)$ **线性无关**，反之则**线性相关**.

【定理 5.2】 如果 $y_1(x), y_2(x)$ 是二阶齐次线性方程 $y''+py'+qy=0$ 的两个线性无关的特解，则

$$y=C_1y_1+C_2y_2$$

是方程 $y''+py'+qy=0$ 的通解，其中 C_1, C_2 是任意常数.

2. 二阶常系数非齐次线性微分方程解的结构

【定理 5.3】 设 y^* 是非齐次线性方程 $y''+py'+qy=f(x)$ 的一个特解，而 Y 是对应齐次方程 $y''+py'+qy=0$ 的通解，则 $y=Y+y^*$ 是非齐次方程 $y''+py'+qy=f(x)$ 的通解.

二、二阶常系数齐次线性微分方程的解法

【定义 5.3】 方程 $r^2+pr+q=0$ 称为微分方程 $y''+py'+qy=0$ 的**特征方程**，特征方程 $r^2+pr+q=0$ 的根称为微分方程 $y''+py'+qy=0$ 的**特征根**.

【定理 5.4】 (1) 当 $p^2-4q>0$ 时，特征方程有两个不相等的实根 r_1，r_2. 微分方程 $y''+py'+qy=0$ 的通解是 $y=C_1e^{r_1x}+C_2e^{r_2x}$.

(2) 当 $p^2-4q=0$ 时，特征方程有两个相等的实根 $r_1=r_2=r$. 微分方程 $y''+py'+qy=0$ 的通解是 $y=(C_1+C_2x)e^{rx}$.

(3) 当 $p^2-4q<0$ 时，特征方程有一对共轭复数根 $r_1=\alpha+i\beta$，$r_2=\alpha-i\beta$. 微分方程 $y''+py'+qy=0$ 的通解是 $y=e^{\alpha x}(C_1\cos\beta x+C_2\sin\beta x)$.

【例 5.13】 求微分方程 $y''+2y'-8y=0$ 的通解.

解：所给微分方程的特征方程为 $r^2+2r-8=0$，即 $(r+4)(r-2)=0$

其特征根为 $$r_1=-4, r_2=2$$

因此所求微分方程的通解为 $y=C_1e^{-4x}+C_2e^{2x}$.

【例 5.14】 求微分方程 $y''-6y'+9y=0$ 的通解

解：所给微分方程的特征方程为 $r^2-6r+9=0$

它有相同的实根 $r_1=r_2=3$，因此所求微分方程的通解为 $y=(C_1+C_2x)e^{3x}$.

【例 5.15】 求方程 $y''-6y'+13y=0$ 的通解

解：所给微分方程的特征方程为 $r^2-6r+13=0$

它有一对共轭复根 $$r_1=3+2i，r_2=3-2i$$

因此所求微分方程的通解为 $y=e^{3x}(C_1\cos 2x+C_2\sin 2x)$.

【例 5.16】 求方程 $\frac{d^2y}{dx^2}+2\frac{dy}{dx}+y=0$ 满足初始条件 $y(0)=4, y'(0)=-2$ 的特解.

解：特征方程为 $r^2+2r+1=0$

特征根为 $r_1=r_2=-1$，于是方程的通解为 $y=(C_1+C_2x)e^{-x}$.

因 $$y'=(C_2-C_2x-C_1)e^{-x}$$

故将初始条件代入以上两式，得 $4=C_1$，$-2=C_2-C_1$.

从而 $C_1=4, C_2=2$. 于是原方程的特解为 $y=(4+2x)e^{-x}$.

三、二阶常系数非齐次线性微分方程的解法

由定理5.3可知，求二阶非齐次线性微分方程 $y''+py'+qy=f(x)$ 的通解问题就转化为求非齐次方程 $y''+py'+qy=f(x)$ 的一个特解和对应齐次方程 $y''+py'+qy=0$ 的通解问题. 由于求齐次方程的通解问题已解决，故求非齐次方程 $y''+py'+qy=f(x)$ 的通解的关键是求其一个特解. 这里我们只讨论 $f(x)$ 常见的几种情形：（1）$f(x)=p_m(x)e^{\lambda x}$；（2）$f(x)=e^{\alpha x}p_m(x)\cos\beta x$ 或 $f(x)=e^{\alpha x}p_m(x)\sin\beta x$

1. 自由项 $f(x)=p_m(x)e^{\lambda x}$

【定理5.5】 若方程 $y''+py'+qy=f(x)$ 中自由项 $f(x)=p_m(x)e^{\lambda x}$，其中 $p_m(x)$ 是 x 的 m 次多项式，则方程 $y''+py'+qy=f(x)$ 的一特解 y^* 具有如下形式

$$y^*=x^kQ_m(x)e^{\lambda x}$$

其中 $Q_m(x)$ 是系数待定的 x 的 m 次多项式，k 由下列情形决定：

（1）当 λ 是方程 $y''+py'+qy=0$ 的特征方程的单根时，取 $k=1$；

（2）当 λ 是方程 $y''+py'+qy=0$ 的特征方程的重根时，取 $k=2$；

（3）当 λ 不是方程 $y''+py'+qy=0$ 的特征根时，取 $k=0$.

【例5.17】 求方程 $y''+4y'+3y=x-2$ 的通解.

解：对应的齐次方程的特征方程为

$$\lambda^2+4\lambda+3=0$$

特征根为 $\lambda_1=-3, \lambda_2=-1$. 从而对应的齐次方程的通解为：$y=C_1e^{-3x}+C_2e^{-x}$.
方程右端可看成 $(x-2)e^{0x}$，即 $\lambda=0$. 由于0不是特征根，故设原方程的特解为

$$y^*=ax+b$$

将 y^* 代入原方程，得 $$4a+3(ax+b)=x-2$$

比较两边系数得 $$3a=1,\ 4a+3b=-2$$

即 $$a=\frac{1}{3}, b=-\frac{10}{9}$$

故 $$y^*=\frac{1}{3}x-\frac{10}{9}$$

于是方程通解为 $$y=C_1e^{-3x}+C_2e^{-x}+\frac{1}{3}x-\frac{10}{9}$$

【例5.18】 求方程 $y''-5y'+6y=xe^{2x}$ 的通解

解：对应的齐次方程的特征方程为 $\lambda^2-5\lambda+6=0$

特征根为 $\lambda_1=2, \lambda_2=3$. 从而对应的齐次方程的通解为

$$y=C_1e^{2x}+C_2e^{3x}$$

因为 $\lambda=2$ 是特征方程的单根，故设原方程的特解为

$$y^*=x(ax+b)e^{2x}$$

于是 $$(y^*)'=[2ax^2+2(a+b)x+b]e^{2x}$$

$$(y^*)''=[4ax^2+4(2a+b)x+2(a+2b)]e^{2x}$$

代入方程，得 $$-2ax+2a-b=x$$
比较系数，得 $$-2a=1,2a-b=0$$
故 $$a=-\frac{1}{2},b=-1$$
因此 $$y^*=x\left(-\frac{1}{2}x-1\right)e^{2x}$$
于是原方程的通解为 $$y=C_1e^{2x}+C_2e^{3x}+x\left(-\frac{1}{2}x-1\right)e^{2x}$$

【例 5.19】 求方程 $y''-2y'+y=(x+1)e^x$ 的通解

解：对应的齐次方程的特征方程为 $\lambda^2-2\lambda+1=0$
特征根为 $\lambda_1=\lambda_2=1$. 于是，对应的齐次方程的通解为 $y=(C_1+C_2x)e^x$
因 $\lambda=1$ 是二重特征根，故令原方程特解为 $y^*=x^2(ax+b)e^x$
代入方程化简后得 $$6ax+2b=x+1$$
比较系数得 $$a=\frac{1}{6},b=\frac{1}{2}$$
所以 $$y^*=\frac{1}{6}x^2(x+3)e^x$$
于是方程通解为 $y=(C_1+C_2x)e^x+\frac{1}{6}x^2(x+3)e^x$.

2. $f(x)=e^{\alpha x}p_m(x)\cos\beta x$ 或 $f(x)=e^{\alpha x}p_m(x)\sin\beta x$

【定理 5.6】 若方程式 5.15 中的 $f(x)=e^{\alpha x}p_m(x)\cos\beta x$ 或 $f(x)=e^{\alpha x}p_m(x)\sin\beta x$ [$p_m(x)$ 是 x 的 m 次多项式]，则方程式 5.15 的一个特解 y^* 具有如下形式
$$y^*=x^k[A_m(x)\cos\beta x+B_m(x)\sin\beta x]e^{\alpha x}$$
其中 $A_m(x)$、$B_m(x)$ 为系数待定的 x 的 m 次多项式，k 由下列情形决定：

（1）当 $\alpha+i\beta$ 是对应齐次方程特征根时，取 $k=1$；

（2）当 $\alpha+i\beta$ 不是对应齐次方程特征根时，取 $k=0$.

【例 5.20】 求方程 $y''+y=\sin x$ 的一个特解.

解：对应的齐次方程的特征方程为 $\lambda^2+1=0$，特征根为 $\pm i$. 由于 $f(x)=\sin x$，$\alpha\pm i\beta=\pm i$ 是特征根. 于是，可设原方程的特解为
$$y^*=x(A\cos x+B\sin x)$$
由于 $$(y^*)'=(A\cos x+B\sin x)+x(-A\sin x+B\cos x)$$
$$(y^*)''=(-A\sin x+B\cos x)+(-A\sin x+B\cos x)+x(-A\cos x-B\sin x)$$
代入原方程，得 $$2A\cos x-2B\sin x=\sin x$$
由此解得 $$A=0,B=-\frac{1}{2}$$
因此方程一特解为 $$y^*=-\frac{x}{2}\cos x.$$

【例 5.21】 求微分方程 $y''-4y'+5y=e^{2x}(\sin x+2\cos x)$ 的通解

解：对应的齐次方程的特征方程为 $\lambda^2-4\lambda+5=0$，特征根为 $\lambda_1=2+i,\lambda_2=2-i$. 由

于$f(x)=e^{2x}(\sin x+2\cos x)$，而$2\pm i$是特征方程的根，所以，可设特解形式为

$$y^*=xe^{2x}(A\cos x+B\sin x)$$

求出$(y^*)'$和$(y^*)''$，代入原方程，然后比较系数得

$$A=-\frac{1}{2},B=1$$

所以特解为
$$y^*=xe^{2x}\left(-\frac{1}{2}\cos x+\sin x\right)$$

故原方程的通解为
$$y=e^{2x}(C_1\cos x+C_2\sin x)+xe^{2x}\left(-\frac{1}{2}\cos x+\sin x\right)$$

【习题 5.4】

1. 求下列常系数齐次线性微分方程的通解.

（1）$y''+y'=0$　　（2）$y''+4y'+3y=0$

（3）$y''-2y'-3y=0$　　（4）$y''+2y'+y=0$

2. 求常系数齐次线性方程$y''-4y'+3y=0$，满足初始条件$y\big|_{x=0}=6,y'\big|_{x=0}=10$的特解.

3. 求下列方程的特解.

（1）$2y''+y'-y=2e^x$　　（2）$y''-7y'+12y=x$

（3）$y''-4y'+4y=3e^{2x}$　　（4）$y''+9y=x\cos 3x$

【复习题五】

1. 填空题.

（1）二阶常系数非齐次线性微分方程的通解等于其对应的________的通解再加上________的一个特解.

（2）$(y'')^3+e^{-2x}y'=0$是________阶微分方程.

（3）微分方程$(x-xy^2)dx+2xydy=0$是________（类型）微分方程.

2. 求下列各微分方程的通解或在初始条件下的特解.

（1）$xy'+y=e^x,y\big|_{x=1}=e$　　（2）$y''+2y'+2y=0$

（3）$y''-2y'-3y=(x+1)e^x$　　（4）$y''=e^{3x},y\big|_{x=0}=\frac{1}{9},y'\big|_{x=0}=\frac{4}{3}$

（5）$\frac{dy}{dx}+\frac{4}{x}y=\frac{3\ln x}{x}$　　（6）$y'-\frac{2y}{x}=x^2\sin 3x$

3. 方程$y''+y=\sin x$的一条积分曲线过点（0，1），并在这一点与直线$y=1$相切，求该曲线方程.

第六章 多元函数微分学及其应用

之前章节中我们所讨论的函数都只有一个自变量，这种函数称为一元函数．而在实际问题中，还会遇到多于一个自变量的函数，这就是本章将要讨论的多元函数．

多元函数是一元函数的推广．它的一些基本概念及研究问题的思想方法与一元函数有许多类似之处，但是由于自变量个数的增加，它与一元函数又存在着某些区别，这些区别之处在学习中要加以注意．对于多元函数，我们将着重讨论二元函数．在掌握了二元函数的有关理论与研究方法之后，我们可以把它推广到一般的多元函数中去．

第一节 多元函数的极限与连续

一、平面点集与 n 维空间

一元函数的定义域是实数轴上的点集，而二元函数的定义域是坐标平面上的点集．因此，在讨论二元函数之前，有必要先了解有关平面点集的一些基本概念．

由平面解析几何知道，当在平面上确定了一个直角坐标系后，平面上的点 P 与二元有序实数组(x,y)之间就建立了一一对应．于是，我们常把二元有序实数组(x,y)与平面上的点 P 看作等同的．这种建立了坐标系的平面称为**坐标平面**．

二元有序实数组(x,y)的全体，即 $R^2=\{(x,y)\mid x,y\in R\}$就表示坐标平面．

坐标平面上满足某种条件 C 的点的集合，称为**平面点集**，记作

$$E=\{(x,y)\mid (x,y)\text{满足条件 } C\}.$$

例如，平面上以原点为中心，r 为半径的圆内所有点的集合是

$$E=\{(x,y)\mid x^2+y^2<r^2\}$$

现在，我们引入平面中邻域的概念．

【定义 6.1】 设 $P_0(x_0,y_0)$是平面上一点，δ 是一正数．与点 $P_0(x_0,y_0)$距离小于 δ 的点 $P(x,y)$的全体，称为**点 P_0 的 δ 邻域**，记为 $U(P_0,\delta)$或 $U(P_0)$，即

$$U(P_0,\delta)=\{P \mid |P_0P|<\delta\}=\{(x,y) \mid \sqrt{(x-x_0)^2+(y-y_0)^2}<\delta\}.$$

不包含点 P_0 在内的邻域称为**点 P_0 的空心 δ 邻域**，记为 $\mathring{U}(P_0,\delta)$ 或 $\mathring{U}(P_0)$，即

$$\mathring{U}(P_0,\delta)=\{0<|PP_0|<\delta\}=\{(x,y) \mid 0<\sqrt{(x-x_0)^2+(y-y_0)}<\delta\}$$

在几何上，邻域 $U(P_0,\delta)$ 就是平面上以点 $P_0(x_0,y_0)$ 为中心，δ 为半径的圆的内部的点 $P(x,y)$ 的全体.

下面利用邻域来描述点和点集之间的关系.

任意一点 $P\in R^2$ 与任意一个点集 $E\subset R^2$ 之间必有以下三种关系之一：

（1）**内点**：若存在点 P 的某个邻域 $U(P)$，使 $U(P)\subset E$，则称点 P 是点集 E 的**内点**（见图 6.1）.

（2）**外点**：如果存在点 P 的某个邻域 $U(P)$，使得 $U(P)\cap E=\emptyset$，则称点 P 是点集 E 的**外点**（见图 6.2）.

（3）**边界点**：如果在点 P 的任何邻域内既含有属于 E 的点，又含有不属于 E 的点，则称点 P 是点集 E 的**边界点**（见图 6.3）. E 的边界点的全体称为 E 的**边界**，记作 ∂E.

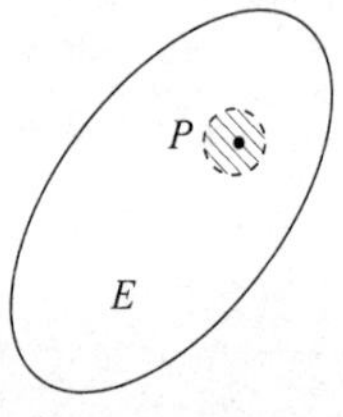

图 6.1

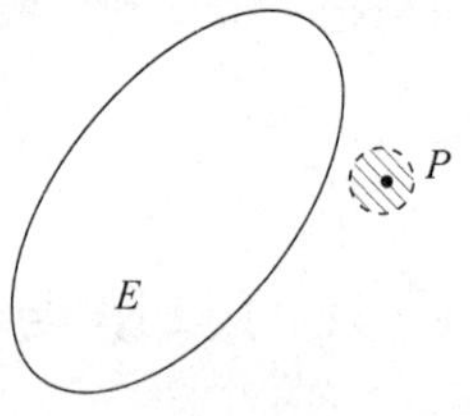

图 6.2

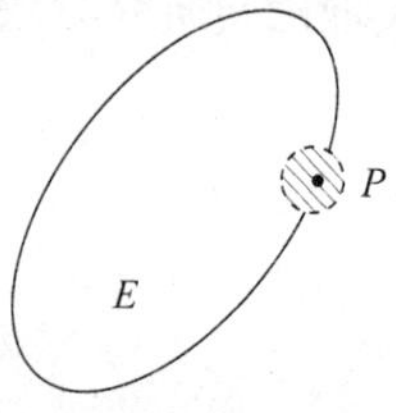

图 6.3

E 的内点必定属于 E；E 的外点必定不属于 E；E 的边界点可能属于 E，也可能不属于 E.

（4）聚点：如果点 P 的任何邻域中都含有平面点集 E 中无穷多个点，则称 P 为 E 的聚点。

根据点集的特征，我们再来定义一些重要的平面点集.

开集：如果点集 E 的点都是 E 的内点，则称 E 为**开集**.

闭集：如果点集 E 的所有聚点都属于 E，则称 E 为**闭集**.

例如，集合 $\{(x,y) \mid 1<x^2+y^2<4\}$ 是开集；集合 $\{(x,y) \mid 1\leqslant x^2+y^2\leqslant 4\}$ 是闭集；而集合 $\{(x,y) \mid 1\leqslant x^2+y^2<4\}$ 既非开集，也非闭集. 此外，还约定全平面 R^2 和空集 $\emptyset$ 既是开集又是闭集.

区域（开区域）：连通的开集称为**区域或开区域**.

闭区域：开区域连同它的边界一起组成的集合，称为**闭区域**.

例如，$\{(x,y) \mid 1<x^2+y^2<4\}$ 是开区域；$\{(x,y) \mid 1\leqslant x^2+y^2\leqslant 4\}$ 是闭区域.

有界集：对于点集 E，如果能包含在以原点为中心的某个圆内，则称 E 是**有界点集**. 否则称为**无界点集**.

例如 $\{(x,y) \mid x^2+y^2\leqslant 1\}$ 是有界闭区域，而 $\{(x,y) \mid x^2+y^2>1\}$ 是无界的开区域.

上述定义推广到 n 维空间都是相类似的. 即有了邻域之后，就可以相应的有点集的内点、外点、边界点、聚点、开集、闭集、区域等概念.

二、二元函数的概念

在很多自然现象以及实际问题中，经常会遇到一个变量依赖于多个变量的关系，下面先看几个例子．

【例 6.1】 正圆锥体的体积 V 和它的高 h 及底面半径 r 之间有关系 $V=\frac{1}{3}\pi r^2 h$. 当 r 和 h 在集合 $\{(r,h)\mid r>0,h>0\}$ 内取定一组数时，通过关系式 $V=\frac{1}{3}\pi r^2 h$，V 有唯一确定的值与之对应．

上面例子可以看出，在一定的条件下三个变量之间存在着一种依赖关系，这种关系给出了一个变量与另外两个变量之间的对应法则，依照这个法则，当两个变量在允许的范围内取定一组数时，另一个变量有唯一确定的值与之对应．由这些共性便可得到以下二元函数的定义．

【定义 6.2】 设 D 是平面上的一个点集，如果对于 D 内任意一点 $P(x,y)$，变量 z 按照某一对应法则 f 总有唯一确定的值与之对应，则称 z 是变量 x、y 的**二元函数**（或称 z 是点 P 的函数），记作

$$z=f(x,y),(x,y)\in D \text{ 或 } z=f(P),P\in D$$

其中点集 D 称为函数的**定义域**，x，y 称为**自变量**，z 称为**因变量**，数集 $\{z\mid z=f(x,y),(x,y)\in D\}$ 称为该函数的值域．z 是 x，y 的函数也可记为 $z=z(x,y)$．把定义 6.2 中平面点集换成 n 维空间内的点集 D，则可以类似定义 n 元函数 $y=f(x_1,x_2,\cdots,x_n)$．将自变量的个数大于等于 2 的统称为多元函数．与一元函数一样，定义域和对应法则也是多元函数的两个要素．

【例 6.2】 求下列函数的定义域

（1）$z=\ln(x+y)$　　　　（2）$z=\arcsin(x^2+y^2)$

解：（1）要使 $\ln(x+y)$ 有意义，必须有 $x+y>0$，

所以定义域为 $\{(x,y)\mid x+y>0\}$（见图 6.4），这是一个无界开区域．

（2）要使 $\arcsin(x^2+y^2)$ 有意义，必须有 $|x^2+y^2|\leqslant 1$，

所以定义域为

$$\{(x,y)\mid x^2+y^2\leqslant 1\}$$

（见图 6.5），这是一个有界闭区域．

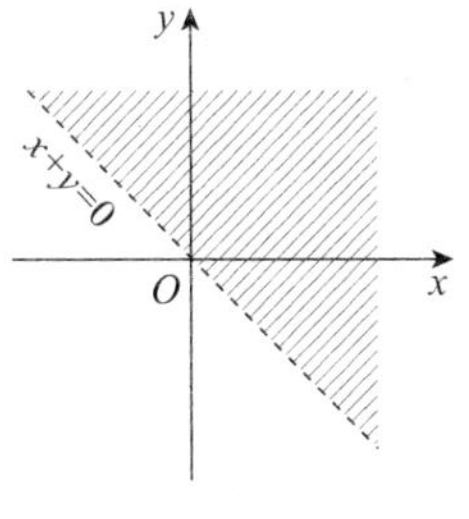

图 6.4

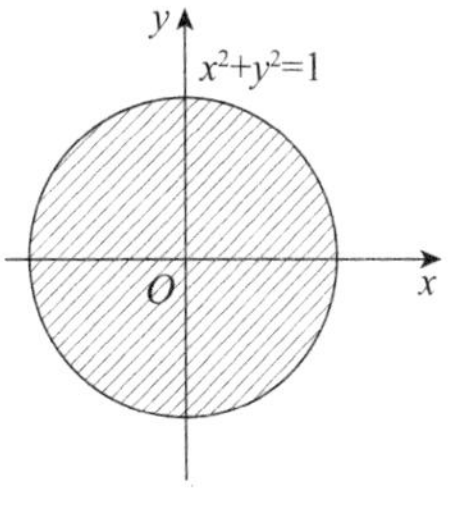

图 6.5

设二元函数 $z=f(x,y)$ 的定义域为 D，对任一点 $(x,y)\in D$，必有唯一的 $z=f(x,y)$ 与之对应．这样，以 x 为横坐标，y 为纵坐标，$z=f(x,y)$ 为竖坐标在空间就确定一个点 $P(x,y,z)$．当 (x,y) 取遍 D 上一切点时，相应地得到一个空间点集

$$\{(x,y,z)\mid z=f(x,y),(x,y)\in D\}$$

这个点集称为**二元函数 $z=f(x,y)$ 的图形**（见图 6.6）．通常 $z=f(x,y)$ 的图形是一张曲面图，函数 $f(x,y)$ 的定义域 D 便是该曲面在 xOy 面上的投影．

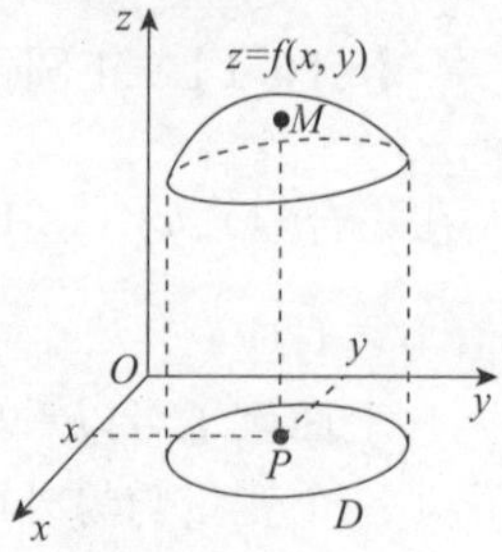

图 6.6

例如，由空间解析几何知道，$z=2x+5y$ 的图形是一张平面，而函数 $z=x^2+y^2$ 的图形是旋转抛物面．

三、二元函数的极限

设二元函数 $z=f(x,y)$ 定义在平面点集 D 上，$P_0(x_0,y_0)$ 为点集 D 的聚点，我们来讨论当点 $P(x,y)\to P_0(x_0,y_0)$，即点 $x\to x_0,y\to y_0$ 时函数 $z=f(x,y)$ 的极限．

这里 $P(x,y)\to P_0(x_0,y_0)$ 是指点 P 以任意的方式趋于 P_0，亦即两点 P 与 P_0 之间的距离趋于零，也就是

$$|P_0P|=\sqrt{(x-x_0)^2+(y-y_0)^2}\to 0$$

与一元函数的极限概念类似，如果在 $P(x,y)\to P_0(x_0,y_0)$ 的过程中，$P(x,y)$ 所对应的函数值 $f(x,y)$ 无限接近于一个常数 A，则称当 $P(x,y)\to P_0(x_0,y_0)$ 时，函数 $z=f(x,y)$ 以 A 为极限．下面用“$\varepsilon-\delta$”语言来描述这个极限的概念．

【定义 6.3】 设二元函数 $z=f(x,y)$ 的定义域为 D 且在 $U(P_0,\delta)$ 有定义（可以在 P_0 点没有定义），其中 $P_0=P(x_0,y_0)$．如果存在一个常数 A，对于任意给定的正数 ε，总存在正数 δ，使当 $P(x,y)\in \overset{0}{U}(P_0,\delta)$ 时，恒有

$$|f(P)-A|=|f(x,y)-A|<\varepsilon$$

成立，则称当 $P(x,y)\to P_0(x_0,y_0)$ 时**函数 $z=f(x,y)$ 以 A 为极限**，记为

$$\lim_{(x,y)\to(x_0,y_0)} f(x,y)=A \text{ 或} \lim_{\substack{x\to x_0\\ y\to y_0}} f(x,y)=A,$$

也记作

$$\lim_{P\to P_0} f(P)=A.$$

二元函数的极限也称为**二重极限**．

【例 6.3】 求极限 $\lim\limits_{\substack{x\to 0\\ y\to 0}}(x^2+y^2)\sin\dfrac{1}{x^2+y^2}$.

解： 令 $u=x^2+y^2$，则

$$\lim_{\substack{x\to 0\\ y\to 0}}(x^2+y^2)\sin\frac{1}{x^2+y^2}=\lim_{u\to 0}u\sin\frac{1}{u}=0.$$

【例 6.4】 求极限 $\lim\limits_{\substack{x\to 0\\ y\to 0}}\dfrac{\sin(x^2y)}{x^2+y^2}$.

解：$\lim\limits_{\substack{x\to 0\\ y\to 0}}\dfrac{\sin(x^2y)}{x^2+y^2}=\lim\limits_{\substack{x\to 0\\ y\to 0}}\dfrac{\sin(x^2y)}{x^2y}\cdot\dfrac{x^2y}{x^2+y^2}$，

其中 $\lim\limits_{\substack{x\to 0\\ y\to 0}}\dfrac{\sin(x^2y)}{x^2y}\xlongequal{u=x^2y}\lim\limits_{u\to 0}\dfrac{\sin u}{u}=1$，

$\left|\dfrac{x^2y}{x^2+y^2}\right|=\dfrac{1}{2}\left|\dfrac{2xy}{x^2+y^2}\cdot x\right|\leqslant\dfrac{1}{2}|x|\xrightarrow{x\to 0}0$，

所以 $\lim\limits_{\substack{x\to 0\\ y\to 0}}\dfrac{\sin(x^2y)}{x^2+y^2}=0.$

我们必须注意，所谓二重极限存在，是指 $P(x,y)$ 以任何方式趋于 $P_0(x_0,y_0)$ 时，函数 $f(x,y)$ 都无限接近于同一个常数 A. 因此，当 P 以某种特殊方式趋近于 P_0，即使函数 $f(x,y)$ 无限接近于某一常数，也不能断定二重极限存在．但当 P 以某种特殊方式趋近于 P_0 时，函数 $f(x,y)$ 的极限不存在，或者当 P 沿两个特殊方式趋近于 P_0 时，函数 $f(x,y)$ 分别无限接近于两个不同的常数，则可以断定二重极限不存在．

【**例 6.5**】 讨论 $f(x,y)=\dfrac{xy}{x^2+y^2}$ 当 $(x,y)\to(0,0)$ 时是否存在极限．

解：当点 (x,y) 沿着直线 $y=kx$ 趋于 $(0,0)$ 时，有

$$\lim_{\substack{(x,y)\to(0,0)\\ y=kx}}\frac{xy}{x^2+y^2}=\lim_{x\to 0}\frac{kx^2}{x^2+k^2x^2}=\frac{k}{1+k^2}.$$

其值因 k 而异，这与极限定义中当 $P(x,y)$ 以任何方式趋于 $P_0(x_0,y_0)$ 时，函数 $f(x,y)$ 都无限接近于同一个常数 A 的要求相违背，因此当 $(x,y)\to(0,0)$ 时，$f(x,y)=\dfrac{xy}{x^2+y^2}$ 的极限不存在．

以上关于二元函数极限的有关描述，可相应地推广到一般的 n 元函数 $u=f(P)$ 即 $u=f(x_1,x_2,\cdots,x_n)$ 上去．

多元函数极限的性质和运算法则与一元函数相仿，这里不再重复．

四、二元函数的连续

有了二元函数极限的概念，仿照一元函数连续性的定义，不难得出二元函数连续性的定义．

【**定义 6.4**】 设二元函数 $z=f(x,y)$ 的定义域为 D，$P_0(x_0,y_0)$ 是 D 的聚点，且 $P_0\in D$，如果

$$\lim_{(x,y)\to(x_0,y_0)}f(x,y)=f(x_0,y_0) \tag{6.1}$$

则称**二元函数 $z=f(x,y)$ 在 P_0 点连续**．

若函数 $f(x,y)$ 在 D 上每一点都连续，则称 $f(x,y)$ **在 D 上连续，或称 $f(x,y)$ 是 D 上的连续函数**．在某个区域内连续的二元函数在几何上是一张完整的空间曲面．

若 $f(x,y)$ 在 P_0 点不连续，则称 P_0 是函数 $f(x,y)$ 的**间断点**．二元函数间断点的产生与一元函数类似，除了有间断点，还有间断线．再如函数 $f(x,y)=\dfrac{x-y}{x-y^2}$ 在曲线 $x=y^2$ 上每一点处都没有定义，所以曲线 $x=y^2$ 上每一点都是该函数的间断点．

【例 6.6】 求 $\lim\limits_{(x,y)\to(0,0)}\dfrac{xy}{\sqrt{xy+1}-1}$，并判断在(0,0)点是否连续.

解：$\lim\limits_{(x,y)\to(0,0)}\dfrac{xy}{\sqrt{xy+1}-1}=\lim\limits_{(x,y)\to(0,0)}\dfrac{xy(\sqrt{xy+1}+1)}{xy+1-1}=\lim\limits_{(x,y)\to(0,0)}\sqrt{xy+1}+1=2.$

但是它在(0,0)点是间断的，函数在该点没有定义.

【例 6.7】 求函数 $z=\ln(x+y)$ 的间断点.

解：函数 $z=\ln(x+y)$ 是多元初等函数，它在 $x+y\leqslant 0$ 区域上是间断的.

类似于闭区间上一元连续函数的性质，在有界闭区域上的多元连续函数具有以下几个重要性质：

【性质 6.1】（最大值、最小值定理）在有界闭区域上连续的多元函数，在该区域上有最大值与最小值；

【性质 6.2】（有界性定理）在有界闭区域上连续的多元函数，在该区域上有界；

【性质 6.3】（介值定理）在有界闭区域上连续的多元函数，必能取得介于最大值与最小值之间的任何值.

【习题 6.1】

1. 求下列函数的定义域，并做出定义域的草图：

(1) $z=\dfrac{x^2+y^2}{x^2-y^2}$　　(2) $z=\ln x+\ln y$

(3) $z=\dfrac{\arcsin(3-x^2-y^2)}{\sqrt{x-y^2}}$　　(4) $z=\sqrt{\sin(x^2+y^2)}$

2. 求下列各极限：

(1) $\lim\limits_{(x,y)\to(1,2)}\dfrac{x+y}{xy}$　　(2) $\lim\limits_{(x,y)\to(1,0)}\dfrac{\ln(x+e^y)}{\sqrt{x^2+y^2}}$

(3) $\lim\limits_{(x,y)\to(0,0)}(x^2+y^2)\sin\dfrac{1}{x^2+y^2}$　　(4) $\lim\limits_{(x,y)\to(0,2)}\dfrac{\sin(xy)}{x}$

3. 求下列函数的间断点：

(1) $\sin\dfrac{1}{x+y}$　　(2) $\tan(x^2+y^2)$

第二节 偏导数及全微分

一、偏导数的概念

在一元函数中，我们通过函数的增量与自变量增量之比的极限引出了导数的概念，这个比值的极限刻画了函数对于自变量的变化率．对于多元函数同样需要讨论它的变化率，我们通过考虑多元函数关于其中一个自变量的变化率，即讨论只有一个自变量变化，而其余自变量固定不变（视为常量）时函数的变化率．

1. 偏导数的定义及其计算

【定义 6.5】 设函数 $z=f(x,y)$ 在点 (x_0,y_0) 的某邻域内有定义，当 y 固定在 y_0，而 x 在 x_0 处有增量 Δx 时［点 $(x_0+\Delta x,y_0)$ 仍在该邻域中］，相应地函数有增量

$$f(x_0+\Delta x,y_0)-f(x_0,y_0).$$

如果极限

$$\lim_{\Delta x\to 0}\frac{f(x_0+\Delta x,y_0)-f(x_0,y_0)}{\Delta x}$$

存在，则称此极限为**函数 $z=f(x,y)$ 在点 (x_0,y_0) 处对 x 的偏导数**，记作 $\left.\frac{\partial z}{\partial x}\right|_{(x_0,y_0)}$，$\left.\frac{\partial f}{\partial x}\right|_{(x_0,y_0)}$，$z'_x(x_0,y_0)$，或 $f'_x(x_0,y_0)$，即

$$f'_x(x_0,y_0)=\lim_{\Delta x\to 0}\frac{f(x_0+\Delta x,y_0)-f(x_0,y_0)}{\Delta x} \tag{6.2}$$

类似地，**函数 $z=f(x,y)$ 在点 (x_0,y_0)** 处对 y 的偏导数定义为

$$f'_y(x_0,y_0)=\lim_{\Delta y\to 0}\frac{f(x_0,y_0+\Delta y)-f(x_0,y_0)}{\Delta y} \tag{6.3}$$

记作 $\left.\frac{\partial z}{\partial y}\right|_{(x_0,y_0)}$，$\left.\frac{\partial f}{\partial y}\right|_{(x_0,y_0)}$，$z'_y(x_0,y_0)$ 或 $f'_y(x_0,y_0)$

如果函数 $z=f(x,y)$ 在区域 D 内每一点 (x,y) 处对 x 的偏导数都存在，那么这个偏导数就是 x，y 的函数，称它为函数 $z=f(x,y)$ **对自变量 x 的偏导函数**，记作 $\frac{\partial z}{\partial x}$，$\frac{\partial f}{\partial x}$，$z'_x$ 或 $f'_x(x,y)$．

类似地，可以定义函数 $z=f(x,y)$ **对自变量 y 的偏导函数**，记作 $\frac{\partial z}{\partial y}$，$\frac{\partial f}{\partial y}$，$z'_y$ 或 $f'_y(x,y)$．偏导函数也简称为偏导数．

显然函数 $z=f(x,y)$ 在点 (x_0,y_0) 处对 x 的偏导数 $f'_x(x_0,y_0)$ 就是偏导函数 $f'_x(x,y)$ 在点 (x_0,y_0) 处的函数值；$f'_y(x_0,y_0)$ 就是偏导函数 $f'_y(x,y)$ 在点 (x_0,y_0) 处的函数值．

二元以上的函数的偏导数可类似定义．例如三元函数 $u=f(x,y,z)$ 在点 (x,y,z) 处对 x 的偏导数可定义为

$$f'_x(x,y,z)=\lim_{\Delta x\to 0}\frac{f(x+\Delta x,y,z)-f(x,y,z)}{\Delta x}$$

至于实际求 $z=f(x,y)$ 的偏导数，并不需要用新的方法，因为偏导数的实质就是把一个自变量固定，而将二元函数 $z=f(x,y)$ 看成另一个自变量的一元函数的导数．计算 $\frac{\partial f}{\partial x}$ 时，只要把 y 看作常数，而对 x 求导数；类似地，计算 $\frac{\partial f}{\partial y}$ 时，只要把 x 看作常数，而对 y 求导数．所以求二元以上函数对某个自变量的偏导数也只需把其余自变量都看作常数而对该自

变量求导即可.

【例 6.8】 设$f(x,y)=x^2+3xy-y^2$，求$f'_x(1,3),f'_y(1,3)$

解：方法一：先求出偏导函数$f'_x(x,y)$，$f'_y(x,y)$，再求偏导函数在点(1,3)的函数值.

$$f'_x(x,y)=2x+3y,\ f'_y(x,y)=3x-2y$$

所以
$$f'_x(1,3)=11,\ f'_y(1,3)=-3$$

方法二：将$f'_x(1,3)$转化为当$y=3$时，计算一元函数$f(x,3)$在$x=1$处的导数，

$$f(x,3)=x^2+9x-9$$

所以
$$f'_x(1,3)=\frac{df(x,3)}{dx}\bigg|_{x=1}=(2x^2+9)\bigg|_{x=1}=11$$

将$f'_y(1,3)$转化为当$x=1$时，计算一元函数$f(1,y)$在$y=3$处的导数，

$$f(1,y)=1+2y-y^2$$

所以
$$f'_y(1,3)=\frac{df(1,y)}{dy}\bigg|_{y=3}=(2-2y)\bigg|_{y=3}=-3$$

【例 6.9】 求二元函数$z=x^y$的偏导数

解：对x求偏导数时，把y看作常数，则可看成幂函数求导即

$$\frac{\partial z}{\partial x}=yx^{y-1}$$

对y求偏导数时，把x看作常数，则可看成指数函数求导即

$$\frac{\partial z}{\partial y}=x^y\ln x$$

【例 6.10】 设$f(x,y)=\begin{cases}(x^2+y^2)\ln(x^2+y^2),(x,y)\neq(0,0)\\0,(x,y)=(0,0)\end{cases}$，求$f'_x(0,0)$，$f'_y(0,0)$.

解：$f'_x(0,0)=\lim\limits_{x\to0}\frac{f(x,0)-f(0,0)}{x}=\lim\limits_{x\to0}\frac{x^2\ln x^2}{x}=\lim\limits_{x\to0}x\ln x^2=0$

$f'_y(0,0)=\lim\limits_{x\to0}\frac{f(0,y)-f(0,0)}{y}=\lim\limits_{y\to0}\frac{y^2\ln y^2}{y}=\lim\limits_{y\to0}y\ln y^2=0$

【例 6.11】 已知函数$r=\sqrt{x^2+y^2+z^2}$，求证$\left(\frac{\partial r}{\partial x}\right)^2+\left(\frac{\partial r}{\partial y}\right)^2+\left(\frac{\partial r}{\partial z}\right)^2=1$

证：求$\frac{\partial r}{\partial x}$时，把$y$和$z$看作常数，则

$$\frac{\partial r}{\partial x}=\frac{x}{\sqrt{x^2+y^2+z^2}}=\frac{x}{r}$$

由于所给函数关于自变量对称，所以$\frac{\partial r}{\partial y}=\frac{y}{r}$，$\frac{\partial r}{\partial z}=\frac{z}{r}$

从而有
$$\left(\frac{\partial r}{\partial x}\right)^2+\left(\frac{\partial r}{\partial y}\right)^2+\left(\frac{\partial r}{\partial z}\right)^2=\frac{x^2+y^2+z^2}{r^2}=1$$

【例 6.12】 已知理想气体的状态方程是$PV=RT$（R是常数），求证$\frac{\partial P}{\partial V}\cdot\frac{\partial V}{\partial T}\cdot\frac{\partial T}{\partial P}=-1$.

证：
$$\frac{\partial P}{\partial V}=\frac{\partial}{\partial V}\left(\frac{RT}{V}\right)=-\frac{RT}{V^2},$$

$$\text{类似}\frac{\partial V}{\partial T}=\frac{\partial}{\partial T}\left(\frac{RT}{P}\right)=\frac{R}{P},\ \frac{\partial T}{\partial P}=\frac{\partial}{\partial P}\left(\frac{PV}{R}\right)=\frac{V}{R}$$

故
$$\frac{\partial P}{\partial V}\cdot\frac{\partial V}{\partial T}\cdot\frac{\partial T}{\partial P}=-\frac{RT}{V^2}\cdot\frac{R}{P}\cdot\frac{V}{R}=-\frac{RT}{PV}=-1$$

从例 6.12 不难说明偏导数的记号$\frac{\partial P}{\partial V}$，$\frac{\partial V}{\partial T}$，$\frac{\partial T}{\partial P}$是一个整体记号，不能像一元函数的导数$\frac{dy}{dx}$那样看成分子与分母之商，否则将导致$\frac{\partial P}{\partial V}\cdot\frac{\partial V}{\partial T}\cdot\frac{\partial T}{\partial P}=1$ 的错误结论.

2. 偏导数的几何意义

在空间直角坐标系中，二元函数 $z=f(x,y)$ 的图像是一个空间曲面 S. 在几何上，一元函数 $z=f(x,y_0)$ 表示交线 $C_1:\begin{cases}z=f(x,y)\\ y=y_0\end{cases}$，$f'_x(x_0,y_0)$ 就是曲线 C_1 在点 $P_0[x_0,y_0,f(x,y_0)]$ 处的切线 P_0T_x 对 x 轴的斜率，即 P_0T_x 与 x 轴正向所成倾角的正切 $\tan\alpha$（见图 6.7）. 同理，$f'_y(x_0,y_0)$ 就是交线 $C_2:\begin{cases}z=f(x,y)\\ x=x_0\end{cases}$ 在点 P_0 处的切线 P_0T_y 对 y 轴的斜率 $\tan\beta$（见图 6.8）.

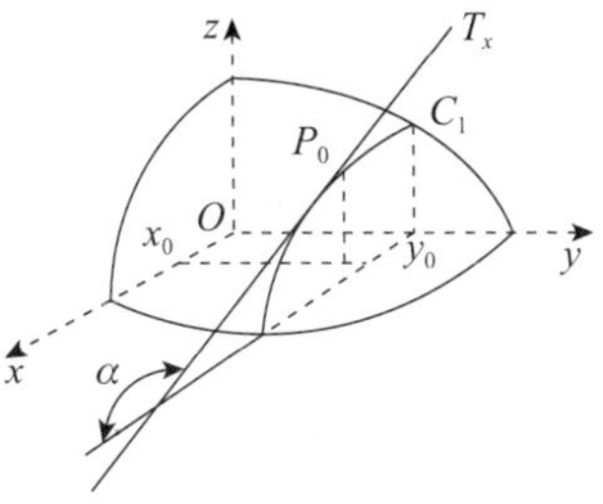

图 6.7

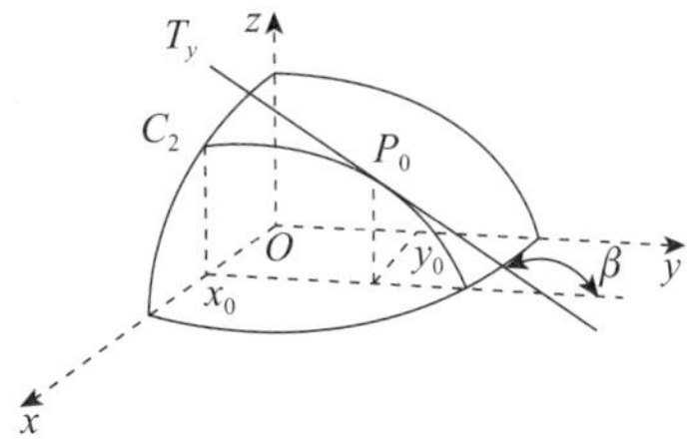

图 6.8

3. 偏导数与连续的关系

我们知道，若一元函数 $y=f(x)$ 在点 x_0 处可导，则 $f(x)$ 必在点 x_0 处连续. 但对于二元函数 $z=f(x,y)$ 来讲，即使在点 (x_0,y_0) 处的两个偏导数都存在，也不能保证函数 $f(x,y)$ 在点 (x_0,y_0) 处连续. 这是因为偏导数 $f'_x(x_0,y_0)$，$f'_y(x_0,y_0)$ 存在只能保证一元函数 $z=f(x,y_0)$ 和 $z=f(x_0,y)$ 分别在 x_0 和 y_0 处连续，但不能保证 (x,y) 以任何方式趋于 (x_0,y_0) 时，函数 $f(x,y)$ 都趋于 $f(x_0,y_0)$.

【例 6.13】 求二元函数

$$f(x,y)=\begin{cases}\dfrac{xy}{x^2+y^2}, & (x,y)\neq(0,0),\\ 0. & (x,y)=(0,0).\end{cases}$$

在点 $(0,0)$ 处的偏导数，并讨论它在点 $(0,0)$ 处的连续性.

解： 点 $(0,0)$ 是函数 $f(x,y)$ 的分界点，类似于一元函数，分段函数分界点处的偏导数要用定义去求.

$$f'_x(0,0)=\lim_{\Delta x\to 0}\frac{f(0+\Delta x,0)-f(0,0)}{\Delta x}=\lim_{\Delta x\to 0}\frac{0}{\Delta x}=0$$

又由于函数关于自变量 x，y 是对称的，故 $f'_y(0,0)=0$.

我们在第一节已经知道 $f(x,y)$ 在点 $(0,0)$ 处不连续.

当然，$z=f(x,y)$ 在点 (x_0,y_0) 处连续也不能保证 $f(x,y)$ 在点 (x_0,y_0) 处的偏导数存在.

【例 6.14】 讨论函数 $f(x,y)=\sqrt{x^2+y^2}$ 在点 $(0,0)$ 处的偏导数与连续性.

解： 因为 $f(x,y)=\sqrt{x^2+y^2}$ 是多元初等函数，它的定义域 R^2 是一个区域，而 $(0,0)\in R^2$，因此 $f(x,y)=\sqrt{x^2+y^2}$ 在点 $(0,0)$ 处连续.

但 $f'_x(0,0)=\lim\limits_{\Delta x\to 0}\dfrac{f(0+\Delta x,0)-f(0,0)}{\Delta x}=\lim\limits_{\Delta x\to 0}\dfrac{|\Delta x|}{\Delta x}$ 不存在. 由函数关于自变量的对称性知，$f'_y(0,0)$ 也不存在.

4. 高阶偏导数

设函数 $z=f(x,y)$ 在区域 D 内具有偏导数

$$\frac{\partial z}{\partial x}=f'_x(x,y)，\ \frac{\partial z}{\partial y}=f'_y(x,y)$$

一般来讲，在 D 内 $f'_x(x,y)$，$f'_y(x,y)$ 仍然是 x，y 的函数，如果 $f'_x(x,y)$，$f'_y(x,y)$ 关于 x，y 的偏导数也存在，则称 $f'_x(x,y)$，$f'_y(x,y)$ 的偏导数是函数 $z=f(x,y)$ 的**二阶偏导数**. 按照对两个自变量求导次序不同，二元函数 $z=f(x,y)$ 的二阶偏导数有如下四种情形：

对 x 的二阶偏导数：$\dfrac{\partial}{\partial x}\left(\dfrac{\partial z}{\partial x}\right)=\dfrac{\partial^2 z}{\partial x^2}=\dfrac{\partial^2 f}{\partial x^2}=f''_{xx}(x,y)$，

先对 x 后对 y 的二阶偏导数：$\dfrac{\partial}{\partial y}\left(\dfrac{\partial z}{\partial x}\right)=\dfrac{\partial^2 z}{\partial x\partial y}=\dfrac{\partial^2 f}{\partial x\partial y}=f''_{xy}(x,y)$，

先对 y 后对 x 的二阶偏导数：$\dfrac{\partial}{\partial x}\left(\dfrac{\partial z}{\partial y}\right)=\dfrac{\partial^2 z}{\partial y\partial x}=\dfrac{\partial^2 f}{\partial y\partial x}=f''_{yx}(x,y)$，

对 y 的二阶偏导数：$\dfrac{\partial}{\partial y}\left(\dfrac{\partial z}{\partial y}\right)=\dfrac{\partial^2 z}{\partial y^2}=\dfrac{\partial^2 f}{\partial y^2}=f''_{yy}(x,y)$.

如果二阶偏导数的偏导数存在，就称它们是函数 $f(x,y)$ 的**三阶偏导数**，例如 $\dfrac{\partial}{\partial x}\left(\dfrac{\partial^2 z}{\partial x^2}\right)=\dfrac{\partial^3 z}{\partial x^3}$，$\dfrac{\partial}{\partial y}\left(\dfrac{\partial^2 z}{\partial x^2}\right)=\dfrac{\partial^3 z}{\partial x^2\partial y}$ 等. 类似地，我们可以定义四阶，五阶，…，n 阶偏导数. 二阶及二阶以上的偏导数统称为**高阶偏导数**. 如果高阶偏导数中既有对 x 也有对 y 的偏导数，则此高阶偏导数称为**混合偏导数**，例如 $\dfrac{\partial^2 z}{\partial x\partial y}$，$\dfrac{\partial^2 z}{\partial y\partial x}$.

【例 6.15】 求函数 $z=e^{x+2y}$ 的所有二阶偏导数.

解： 由于

$$\frac{\partial z}{\partial x}=e^{x+2y}，\ \frac{\partial z}{\partial y}=2e^{x+2y}$$

因此有 $\dfrac{\partial^2 z}{\partial x^2}=\dfrac{\partial}{\partial x}\left(\dfrac{\partial z}{\partial x}\right)=\dfrac{\partial}{\partial x}(e^{x+2y})=e^{x+2y}$，$\dfrac{\partial^2 z}{\partial x\partial y}=\dfrac{\partial}{\partial y}\left(\dfrac{\partial z}{\partial x}\right)=\dfrac{\partial}{\partial y}(e^{x+2y})=2e^{x+2y}$，

$$\frac{\partial^2 z}{\partial y\partial x}=\frac{\partial}{\partial x}\left(\frac{\partial z}{\partial y}\right)=\frac{\partial}{\partial x}(2e^{x+2y})=2e^{x+2y},\ \frac{\partial^2 z}{\partial y^2}=\frac{\partial}{\partial y}\left(\frac{\partial z}{\partial y}\right)=\frac{\partial}{\partial y}(2e^{x+2y})=4e^{x+2y}.$$

在此例中，两个二阶混合偏导数相等，即$\frac{\partial^2 z}{\partial x\partial y}=\frac{\partial^2 z}{\partial y\partial x}$，但这个结论并非对任何函数成立，只有在满足一定条件时，二阶混合偏导数才与求偏导的次序无关．对此，我们不加证明地给出下面的定理．

【定理 6.1】 如果函数 $z=f(x,y)$ 的两个二阶混合偏导数$\frac{\partial^2 z}{\partial x\partial y}$及$\frac{\partial^2 z}{\partial y\partial x}$在区域 D 内连续，那么在该区域内这两个二阶混合偏导数必相等．

换句话说，两个二阶混合偏导数在偏导数连续的条件下与求偏导的次序无关．

【例 6.16】 验证函数 $z=\ln\sqrt{x^2+y^2}$满足拉普拉斯（Laplace）方程$\frac{\partial^2 z}{\partial x^2}+\frac{\partial^2 z}{\partial y^2}=0$.

证： 因为 $z=\ln\sqrt{x^2+y^2}=\frac{1}{2}\ln(x^2+y^2)$，所以

$$\frac{\partial z}{\partial x}=\frac{x}{x^2+y^2}$$

$$\frac{\partial^2 z}{\partial x^2}=\frac{\partial}{\partial x}\left(\frac{\partial z}{\partial x}\right)=\frac{\partial}{\partial x}\left(\frac{x}{x^2+y^2}\right)=\frac{(x^2+y^2)-x\cdot 2x}{(x^2+y^2)^2}=\frac{y^2-x^2}{(x^2+y^2)^2}$$

利用函数关于自变量的对称性，在$\frac{\partial^2 z}{\partial x^2}$的结果中，将 x 与 y 互换，便得到

$$\frac{\partial^2 z}{\partial y^2}=\frac{x^2-y^2}{(x^2+y^2)^2}$$

因此

$$\frac{\partial^2 z}{\partial x^2}+\frac{\partial^2 z}{\partial y^2}=\frac{y^2-x^2}{(x^2+y^2)^2}+\frac{x^2-y^2}{(x^2+y^2)^2}=0$$

二、全微分

1. 全微分的定义

一元函数 $y=f(x)$ 在点 x_0 处可微是指：如果当自变量 x 在 x_0 处有增量 Δx 时，函数增量 Δy 可表示为 $\Delta y=f(x_0+\Delta x)-f(x_0)=A\Delta x+o(\Delta x)$，其中 A 与 Δx 无关，$o(\Delta x)$ 是当 $\Delta x\to 0$时较 Δx 高阶的无穷小量，则称 $y=f(x)$ 在点 x_0 处可微，并称 $A\Delta x$ 为 $f(x)$ 在点 x_0 处的微分，记为 $dy=A\Delta x$. 对于二元函数，我们也用类似的方法来定义全微分．

【定义 6.6】 设函数 $z=f(x,y)$ 在点 (x_0,y_0) 处的某邻域内有定义，点 $(x_0+\Delta x,y_0+\Delta y)$ 为该邻域内任意一点，若函数在点 (x_0,y_0) 处的全增量

$$\Delta z=f(x_0+\Delta x,y_0+\Delta y)-f(x_0,y_0)$$

可表示为

$$\Delta z=A\Delta x+B\Delta y+o(\rho) \tag{6.4}$$

其中 A，B 仅与点 (x_0,y_0) 有关，而与 Δx，Δy 无关，$\rho=\sqrt{(\Delta x)^2+(\Delta y)^2}$，则称函数 $z=f(x,y)$ 在点 (x_0,y_0) 处是**可微的**，并称 $A\Delta x+B\Delta y$ 为函数 $z=f(x,y)$ 在点 (x_0,y_0) 处的**全微分**，记作

$$dz\Big|_{(x_0,y_0)}=A\Delta x+B\Delta y \tag{6.5}$$

2. 全微分存在的条件

【定理 6.2】（可微的必要条件）若 $z=f(x,y)$ 在点 (x_0,y_0) 处可微，则

(1) $f(x,y)$ 在点 (x_0,y_0) 处连续；

(2) $f(x,y)$ 在点 (x_0,y_0) 处的偏导数存在，且 $A=f'_x(x_0,y_0)$，$B=f'_y(x_0,y_0)$.

根据此定理，$z=f(x,y)$ 在点 (x_0,y_0) 处的全微分可以写成

$$dz\Big|_{(x_0,y_0)}=f'_x(x_0,y_0)\Delta x+f'_y(x_0,y_0)\Delta y$$

与一元函数的情形一样，由于自变量的增量等于自变量的微分，即

$$\Delta x=dx,\ \Delta y=dy$$

所以 $z=f(x,y)$ 在点 (x_0,y_0) 处的全微分又可以写成

$$dz\Big|_{(x_0,y_0)}=f'_x(x_0,y_0)dx+f'_y(x_0,y_0)dy \tag{6.6}$$

如果函数 $z=f(x,y)$ 在区域 D 上每一点都可微，则称函数在区域 D 上可微，且 $z=f(x,y)$ 在 D 上的全微分为

$$dz=\frac{\partial z}{\partial x}dx+\frac{\partial z}{\partial y}dy \tag{6.7}$$

【定理 6.3】（可微的充分条件）若函数 $z=f(x,y)$ 的偏导数在点 (x_0,y_0) 处的某邻域内存在，且 $f'_x(x,y)$ 与 $f'_y(x,y)$ 在点 (x_0,y_0) 处连续，则函数 $f(x,y)$ 在点 (x_0,y_0) 处可微.

注意偏导数连续只是函数可微的充分条件，不是必要条件.

以上关于全微分的定义及可微的必要条件和充分条件可以完全类似地推广到三元及三元以上的函数. 例如，若三元函数 $u=f(x,y,z)$ 的三个偏导数都存在且连续，则它的全微分存在，并有

$$du=\frac{\partial u}{\partial x}dx+\frac{\partial u}{\partial y}dy+\frac{\partial u}{\partial z}dz$$

【例 6.17】 求函数 $z=4xy^3+5x^2y^6$ 的全微分.

解： 因为 $\frac{\partial z}{\partial x}=4y^3+10xy^6$，$\frac{\partial z}{\partial y}=12xy^2+30x^2y^5$，

所以 $dz=(4y^3+10xy^6)dx+(12xy^2+30x^2y^5)dy$.

【例 6.18】 求函数 $u=e^{xyz}+xy+z^2$ 的全微分.

解： $\frac{\partial u}{\partial x}=yze^{xyz}+y$，$\frac{\partial u}{\partial y}=xze^{xyz}+x$，$\frac{\partial u}{\partial z}=xye^{xyz}+2z$

由于 $\frac{\partial u}{\partial x}$，$\frac{\partial u}{\partial y}$，$\frac{\partial u}{\partial z}$ 连续，所以函数 $u=e^{xyz}+xy+z^2$ 可微，且有

$$du=(yze^{xyz}+y)dx+(xze^{xyz}+x)dy+(xye^{xyz}+2z)dz$$

【例 6.19】 求函数 $z=x^2y^2$ 在点 $(2,-1)$ 处，当 $\Delta x=0.02$，$\Delta y=-0.01$ 时的全微分 dz 和全增量 Δz.

解： $\frac{\partial z}{\partial x}=2xy^2$，$\frac{\partial z}{\partial x}\Big|_{(2,-1)}=2xy^2\Big|_{(2,-1)}=4$

$\frac{\partial z}{\partial y}=2x^2y$，$\frac{\partial z}{\partial y}\Big|_{(2,-1)}=2x^2y\Big|_{(2,-1)}=-8$

由于$\frac{\partial z}{\partial x}$，$\frac{\partial z}{\partial y}$在点(2，-1)处连续，所以函数$z=x^2y^2$在点(2，-1)处可微，且

$$dz\Big|_{(2,-1)}=\frac{\partial z}{\partial x}\Big|_{(2,-1)}\Delta x+\frac{\partial z}{\partial y}\Big|_{(2,-1)}\Delta y=4\times(0.02)+(-8)\times(-0.01)=0.16$$

$$\Delta z=(2+0.02)^2\times(-1-0.01)^2-2^2\times(-1)^2=0.1624$$

此例中Δz与dz的差仅为0.0024.

3. 全微分在近似计算中的应用

通过上面的例子可知，与一元函数类似，也可以利用二元函数的全微分进行近似计算和误差估计.

设函数$z=f(x,y)$在点(x_0,y_0)处可微，则它在点(x_0,y_0)处的全增量为

$$\Delta z=f(x_0+\Delta x,y_0+\Delta y)-f(x_0,y_0)=f'_x(x_0,y_0)\Delta x+f'_y(x_0,y_0)\Delta y+o(\rho)$$

其中$o(\rho)$是当$\rho\to 0$时较ρ高阶的无穷小量．因此，当$|\Delta x|$，$|\Delta y|$都很小时，有近似公式

$$\Delta z\approx dz=f'_x(x_0,y_0)\Delta x+f'_y(x_0,y_0)\Delta y$$

上式有时也写成

$$f(x_0+\Delta x,y_0+\Delta y)\approx f'_x(x_0,y_0)\Delta x+f'_y(x_0,y_0)\Delta y+f(x_0,y_0) \tag{6.8}$$

利用上面的近似式6.8可以计算函数的近似值.

【例6.20】 计算$(1.08)^{3.96}$的近似值.

解： 把$(1.08)^{3.96}$看作函数$f(x,y)=x^y$在$x=1.08$，$y=3.96$时的函数值$f(1.08,3.96)$. 取$x_0=1$，$y_0=4$，$\Delta x=0.08$，$\Delta y=-0.04$.

由于

$$f'_x(x,y)=yx^{y-1},\ f'_x(1,4)=4$$

$$f'_y(x,y)=x^y\ln x,\ f'_y(1,4)=0,\ f(1,4)=1,$$

应用近似公式6.8有

$$(1.08)^{3.96}\approx f'_x(1,4)\times(0.08)+f'_y(1,4)\times(-0.04)+f(1,4)=1.32$$

【习题6.2】

1. 求下列函数的偏导数.

(1) $z=x^2+3xy+y^2$　　(2) $z=\arctan\frac{x}{y}$

(3) $z=x\ln(x+y)$　　(4) $z=\frac{1}{\sqrt{x^2+y^2}}$

(5) $u=\frac{y}{x}+\frac{z}{y}-\frac{x}{z}$　　(6) $u=(xy)^z$

2. 求下列函数的二阶偏导数.

(1) $z=x^3+y^3-3x^2y^2$　　(2) $z=\sin(x^2-y)$

3. 证明$r=\sqrt{x^2+y^2+z^2}$满足方程$\frac{\partial^2 r}{\partial x^2}+\frac{\partial^2 r}{\partial y^2}+\frac{\partial^2 r}{\partial z^2}=\frac{2}{r}$.

4. 考察函数$f(x,y)=\begin{cases}y\sin\frac{1}{x^2+y^2}, & (x,y)\neq(0,0),\\ 0. & (x,y)=(0,0).\end{cases}$在点(0,0)处的偏导数是否存在.

5. 求下列函数的全微分.

(1) $z=\dfrac{y}{x}$　　(2) $z=x^y$

(3) $z=xe^{xy}$　　(4) $u=\ln(x^2+y^2+z^2)$

6. 求下列各式的近似值.

(1) $(1.02)^{1.99}$　　(2) $\sqrt{(1.01)^3+(1.98)^3}$

第三节
多元复合函数与隐函数的偏导数

一、复合函数的偏导数

1. 复合函数微分法

在一元函数中，我们介绍了复合函数的链式求导法则：

$$\frac{dy}{dx}=\frac{dy}{du}\cdot\frac{du}{dx}=f'(u)\cdot\varphi'(x)$$

其中 $y=f(u)$，$u=\varphi(x)$ 都是可导的. 现在将这一微分法则推广到多元复合函数的情形.

【定理 6.4】 若 $u=\varphi(x,y)$，$v=\psi(x,y)$ 在点 (x,y) 处都存在偏导数，$z=f(u,v)$ 在对应点 (u,v) 处可微，则复合函数 $z=f[\varphi(x,y),\psi(x,y)]$ 在点 (x,y) 处存在偏导数，且有

$$\frac{\partial z}{\partial x}=\frac{\partial z}{\partial u}\frac{\partial u}{\partial x}+\frac{\partial z}{\partial v}\frac{\partial v}{\partial x} \tag{6.9}$$

$$\frac{\partial z}{\partial y}=\frac{\partial z}{\partial u}\frac{\partial u}{\partial y}+\frac{\partial z}{\partial v}\frac{\partial v}{\partial y} \tag{6.10}$$

可以借助函数的构造，直接写出式 6.9 和式 6.10，例如 z 到 x 的链有两条，即 $\dfrac{\partial z}{\partial x}$ 为两项之和，$z\to u\to x$ 表示 $\dfrac{\partial z}{\partial u}\dfrac{\partial v}{\partial x}$，$z\to v\to x$ 表示 $\dfrac{\partial z}{\partial v}\dfrac{\partial v}{\partial x}$，因此 $\dfrac{\partial z}{\partial x}=\dfrac{\partial z}{\partial u}\dfrac{\partial u}{\partial x}+\dfrac{\partial z}{\partial v}\dfrac{\partial v}{\partial x}$.

式 6.9 和式 6.10 可以推广到中间变量或自变量多于两个的情形. 例如，设 $u=\varphi(x,y)$，$v=\psi(x,y)$，$w=\omega(x,y)$ 在点 (x,y) 处都具有偏导数，而函数 $z=f(u,v,w)$ 在对应点 (u,v,w) 可微，则复合函数 $z=f[\varphi(x,y),\psi(x,y),\omega(x,y)]$ 在点 (x,y) 处具有偏导数，且

$$\frac{\partial z}{\partial x}=\frac{\partial z}{\partial u}\frac{\partial u}{\partial x}+\frac{\partial z}{\partial v}\frac{\partial v}{\partial x}+\frac{\partial z}{\partial w}\frac{\partial w}{\partial x}$$

$$\frac{\partial z}{\partial y}=\frac{\partial z}{\partial u}\frac{\partial u}{\partial y}+\frac{\partial z}{\partial v}\frac{\partial v}{\partial y}+\frac{\partial z}{\partial w}\frac{\partial w}{\partial y}$$

【例 6.21】 设 $z=u^2\cos 2v$，而 $u=x-y, v=xy$，求 $\dfrac{\partial z}{\partial x}$ 和 $\dfrac{\partial z}{\partial y}$.

解：$\frac{\partial z}{\partial x}=\frac{\partial z}{\partial u}\cdot\frac{\partial u}{\partial x}+\frac{\partial z}{\partial v}\cdot\frac{\partial v}{\partial x}=2u\cos2v\cdot1+u^2(-\sin2v)\cdot2\cdot y$

$=2(x-y)\cos2xy-2y(x-y)^2\sin2xy,$

$\frac{\partial z}{\partial y}=\frac{\partial z}{\partial u}\cdot\frac{\partial u}{\partial y}+\frac{\partial z}{\partial v}\cdot\frac{\partial v}{\partial y}=2u\cos2v\cdot(-1)+u^2(-\sin2v)\cdot2\cdot x$

$=-2(x-y)\cos2xy-2x(x-y)^2\sin2xy.$

【例 6.22】 设 $z=e^{xy}\sin(x+y)$，求$\frac{\partial z}{\partial x}$，$\frac{\partial z}{\partial y}$

解：令 $u=xy$，$v=x+y$，则 $z=e^u\sin v$，所以

$$\frac{\partial z}{\partial x}=\frac{\partial z}{\partial u}\frac{\partial u}{\partial x}+\frac{\partial z}{\partial v}\frac{\partial v}{\partial x}=e^u\sin v\cdot y+e^u\cos v\cdot1=e^{xy}[y\sin(x+y)+\cos(x+y)]$$

$$\frac{\partial z}{\partial y}=\frac{\partial z}{\partial u}\frac{\partial u}{y}+\frac{\partial z}{\partial v}\frac{\partial v}{\partial y}=e^u\sin v\cdot x+e^u\cos v\cdot1=e^{xy}[x\sin(x+y)+\cos(x+y)]$$

【例 6.23】 设 $u=f(x,y,z)=e^{x^2+y^2+z^2}$,$z=x^2\sin y$ 求$\frac{\partial u}{\partial x}$和$\frac{\partial u}{\partial y}$.

解：利用链式法则有

$$\frac{\partial u}{\partial x}=\frac{\partial f}{\partial x}+\frac{\partial f}{\partial z}\frac{\partial z}{\partial x}=2xe^{x^2+y^2+z^2}+2ze^{x^2+y^2+z^2}\cdot2x\sin y$$

$$=2x(1+2x^2\sin^2y)e^{x^2+y^2+x^4\sin^2y}$$

$$\frac{\partial u}{\partial y}=\frac{\partial f}{\partial y}+\frac{\partial f}{\partial z}\frac{\partial z}{\partial y}=2ye^{x^2+y^2+z^2}+2ze^{x^2+y^2+z^2}\cdot x^2\cos y$$

$$=2(y+x^4\sin y\cos y)e^{x^2+y^2+x^4\sin^2y}$$

一种特殊情况是，当最终的自变量只有一个若干个中间变量的时候，最终复合而来的函数为一元函数．比如函数 $u=\varphi(t)$，$v=\psi(t)$在点 t 处可导，函数 $z=f(u,v)$在对应点(u,v)处可微，则复合函数 $z=f[\varphi(t),\psi(t)]$在点 t 处可导，并且有

$$\frac{dz}{dt}=\frac{\partial z}{\partial u}\frac{du}{dt}+\frac{\partial z}{\partial v}\frac{dv}{dt}$$

【例 6.24】 设 $z=uv$，$u=e^t$，$v=\cos t$，求$\frac{dz}{dt}$

解：由全导数公式，有

$$\frac{dz}{dt}=\frac{\partial z}{\partial u}\frac{du}{dt}+\frac{\partial z}{\partial v}\frac{dv}{dt}=ve^t+u(-\sin t)=e^t(\cos t-\sin t).$$

【例 6.25】 设 $z=u^2v^2+e^t$，$u=\sin t$，$v=\cos t$，求$\frac{dz}{dt}$

解：利用链式法则有

$$\frac{dz}{dt}=\frac{\partial z}{\partial u}\frac{du}{dt}+\frac{\partial z}{\partial v}\frac{dv}{dt}+\frac{\partial z}{\partial t}\frac{dt}{dt}$$

$$=2uv^2\cdot\cos t+2u^2v(-\sin t)+e^t\cdot1$$

$$=2\sin t\cos^3t-2\sin^3t\cos t+e^t$$

$$=\frac{1}{2}\sin4t+e^t.$$

【例 6.26】 设 $z=f(e^{xy},x^2-y^2)$，其中 $f(u,v)$ 有连续的二阶偏导数，求 $\frac{\partial z}{\partial x}$，$\frac{\partial^2 z}{\partial x\partial y}$.

解：设 $u=e^{xy}$，$v=x^2-y^2$，则

$$\frac{\partial z}{\partial x}=\frac{\partial f}{\partial u}\cdot\frac{\partial u}{\partial x}+\frac{\partial f}{\partial v}\cdot\frac{\partial v}{\partial x}=ye^{xy}\frac{\partial f}{\partial u}+2x\frac{\partial f}{\partial v}$$

$$\frac{\partial^2 z}{\partial x\partial y}=\frac{\partial}{\partial y}\left(ye^{xy}\frac{\partial f}{\partial u}\right)+\frac{\partial}{\partial y}\left(2x\frac{\partial f}{\partial v}\right)$$

$$=e^{xy}\frac{\partial f}{\partial u}+xye^{xy}\frac{\partial f}{\partial v}+xye^{2xy}\frac{\partial f}{\partial u^2}-2y^2e^{xy}\frac{\partial^2 f}{\partial u\partial v}+2x^2e^{xy}\frac{\partial^2 f}{\partial u\partial v}-4xy\frac{\partial^2 f}{\partial v^2}$$

$$=e^{xy}(1+xy)\frac{\partial f}{\partial u}+xye^{2xy}\frac{\partial^2 f}{\partial u^2}$$

二、隐函数的偏导数

1. 一个方程所确定的隐函数的微分法

在一元函数中已经提出了隐函数的概念，并且指出在不经过显式化的情况下，直接由方程

$$F(x,y)=0$$

求出它所确定的隐函数 $y=f(x)$ 的导数的方法．现在结合偏导数的概念给出隐函数求导数的定理．

【定理 6.5】（隐函数可微性定理） 设函数 $F(x,y)$ 在点 (x_0,y_0) 处的某一邻域内具有连续的偏导数 $F'_x(x_0,y_0)$，$F'_y(x_0,y_0)$，且 $F(x_0,y_0)=0$，$F'_y(x_0,y_0)\neq 0$，则方程 $F(x,y)=0$ 在点 (x_0,y_0) 处的某一邻域内能唯一确定一个单值连续且具有连续导数的函数 $y=f(x)$，它满足条件 $y_0=f(x_0)$，并有

$$\frac{dy}{dx}=-\frac{F'_x(x,y)}{F'_y(x,y)} \tag{6.11}$$

定理 6.5 的证明略，这里仅对式 6.11 作如下推导．

把函数 $y=f(x)$ 代入方程 $F(x,y)=0$ 中，得恒等式 $F[x,f(x)]\equiv 0$，其左端是 x 的一个复合函数，它的全导数应恒等于右端零的导数，即

$$F'_x+F'_y\frac{dy}{dx}=0$$

由于 F'_y 连续且 $F'_y(x_0,y_0)\neq 0$，所以存在点 (x_0,y_0) 的某邻域，在该邻域内 $F'_y(x_0,y_0)\neq 0$，于是有

$$\frac{dy}{dx}=-\frac{F'_x(x,y)}{F'_y(x,y)}$$

【例 6.27】 求由方程 $y-xe^y+x=0$ 所确定的 y 是 x 函数的导数．

解：令 $F(x,y)=y-xe^y+x$ 由

$$\frac{\partial F}{\partial x}=-e^y+1,\frac{\partial F}{\partial y}=1-xe^y,$$

所以
$$\frac{dy}{dx}=-\frac{-e^y+1}{1-xe^y}=\frac{e^y-1}{1-xe^y}.$$

与定理6.5一样，我们同样可以由三元函数 $F(x,y,z)$ 的性质来判断由方程

$$F(x,y,z)=0$$

所确定的二元函数 $z=f(x,y)$ 的存在性及求偏导数的公式，这就是下面的定理.

【定理6.6】（隐函数存在定理） 设函数 $F(x,y,z)$ 在点 (x_0,y_0,z_0) 处的某一邻域内具有连续的偏导数且 $F(x_0,y_0,z_0)=0$，$F'_z(x_0,y_0,z_0)\neq 0$，则方程 $F(x,y,z)=0$ 在点 (x_0,y_0,z_0) 的某一邻域内能唯一确定一个单值连续且具有连续偏导数的函数 $z=f(x,y)$，它满足条件 $z_0=f(x_0,y_0)$，并有

$$\frac{\partial z}{\partial x}=-\frac{F'_x}{F'_z},\ \frac{\partial z}{\partial y}=-\frac{F'_y}{F'_z} \tag{6.12}$$

下面仅对式6.12作如下推导.

把函数 $z=f(x,y)$ 代入方程 $F(x,y,z)=0$ 中，得恒等式 $F[x,y,f(x,y)]\equiv 0$，该式两端分别对 x 和 y 求偏导数得

$$F'_x+F'_z\frac{\partial z}{\partial x}=-\frac{F'_x}{F'_z}=0,\ F'_y+F'_z\frac{\partial z}{\partial y}=-\frac{F'_x}{F'_z}=0$$

由于 F'_z 连续，且 $F'_z(x_0,y_0,z_0)\neq 0$，所以存在点 (x_0,y_0,z_0) 的某邻域，在此邻域内 $F'_z\neq 0$，于是得

$$\frac{\partial z}{\partial x}=-\frac{F'_x}{F'_z},\ \frac{\partial z}{\partial y}=-\frac{F'_y}{F'_z}$$

类似地，定理6.6可推广到由 $n+1$ 元方程 $F(x_1,x_2,\cdots x_n,z)=0$ 确定 n 元隐函数 $z=f(x_1,x_2,\cdots x_n)$ 的存在性与求偏导数的公式

$$\frac{\partial z}{\partial x_i}=-\frac{F'_{x_i}}{F'_z},(i=1,2,\cdots,n)$$

【例6.28】 设 $z=z(x,y)$ 是由方程 $2x^3+y^3+z^3-3z=0$ 确定的隐函数，求 $\frac{\partial z}{\partial x}$，$\frac{\partial z}{\partial y}$.

解： 设 $F(x,y,z)=2x^3+y^3+z^3-3z$，则

$$F'_x=6x^2,\ F'_y=3y^2,\ F'_z=3z^2-3$$

则由式6.12得

$$\frac{\partial z}{\partial x}=-\frac{F'_x}{F'_z}=-\frac{6x^2}{3z^2-3}=\frac{2x^2}{1-z^2}$$

$$\frac{\partial z}{\partial y}=-\frac{F'_y}{F'_z}=-\frac{3y^2}{3z^2-3}=\frac{y^2}{1-z^2}$$

【例6.29】 求由方程 $\frac{x}{z}=\ln\frac{z}{y}$ 所确定的隐函数 $z=F(x,y)$ 的偏导数 $\frac{\partial z}{\partial x}$，$\frac{\partial z}{\partial y}$.

解： 设 $F(x,y,z)=\frac{x}{z}-\ln\frac{z}{y}$，则 $F(x,y,z)=0$，且

$$\frac{\partial F}{\partial x}=\frac{1}{z},\ \frac{\partial F}{\partial y}=-\frac{y}{z}\left(-\frac{z}{y^2}\right)=\frac{1}{y},\ \frac{\partial F}{\partial z}=-\frac{x}{z^2}-\frac{y}{z}\cdot\frac{1}{y}=-\frac{x+z}{z^2}$$

利用隐函数求导公式，得 $\frac{\partial z}{\partial x}=-\frac{F'_x}{F'_z}=\frac{z}{x+z}$，$\frac{\partial z}{\partial y}=-\frac{F'_y}{F'_z}=\frac{z^2}{y(x+z)}$

【例 6.30】 设 $e^z - z + xy^3 = 0$，求 $\frac{\partial^2 z}{\partial x \partial y}$.

解：令函数 $F(x,y,z) = e^z - z + xy^3$，有 $F'_x = y^3$，$F'_y = 3xy^2$，$F'_z = e^z - 1$，则有

$$\frac{\partial z}{\partial x} = -\frac{F'_x}{F'_z} = \frac{y^3}{1-e^z},\quad \frac{\partial z}{\partial y} = -\frac{F'_y}{F'_z} = \frac{3xy^2}{1-e^z}$$

于是利用除法法则求导

$$\frac{\partial^2 z}{\partial x \partial y} = \frac{\partial}{\partial y}\left(\frac{y^3}{1-e^z}\right) = \frac{3y^2(1-e^z) - y^3\frac{\partial}{\partial y}(1-e^z)}{(1-e^z)^2}$$

$$= \frac{3y^2}{(1-e^z)} + \frac{3xy^5 e^z}{(1-e^z)^3}.$$

【习题 6.3】

1. 设 $z = e^{u+v}$，而 $u = \sin t, v = \cos t$，求全导数 $\frac{dz}{dt}$.

2. 设 $z = u^3 \ln v$，而 $u = \frac{x}{y}$，$v = 3x + 2y$，求 $\frac{\partial z}{\partial x}$，$\frac{\partial z}{\partial y}$.

3. 设 $z = x^2 y - xy^2$，而 $x = \rho\cos\theta, y = \rho\sin\theta$，求 $\frac{\partial z}{\partial \rho}$，$\frac{\partial z}{\partial \theta}$.

4. 求下列函数的一阶偏导数，其中 f 具有一阶连续偏导数.

（1）$z = f\left(xy, \frac{y}{x}\right)$　　（2）$u = f\left(\frac{x}{y}, \frac{y}{z}\right)$

（3）$u = f(x^2 + y^2 - z^2)$　　（4）$u = f(x, xy, xyz)$

5. 求下列函数的二阶偏导数，其中 f 具有二阶连续偏导数.

（1）$z = f(x^2 + y^2)$　　（2）$z = f(x, xy)$

6. 求下列隐函数的偏导数.

（1）$\ln y + e^x - xy^2 = 0$，求 $\frac{dy}{dx}$

（2）设 $z^2 y + xz^3 = 1$，求 $\frac{\partial z}{\partial x}$，$\frac{\partial z}{\partial y}$

（3）设 $z = f(x + y, y + z)$，求 $\frac{\partial z}{\partial x}$，$\frac{\partial z}{\partial y}$

7. 设 $e^z - xyz = 0$，求 $\frac{\partial^2 z}{\partial x^2}$.

第四节

多元函数微分学在几何上的应用

一、空间曲线的切线与法平面

设空间曲线 Γ 的参数方程为

$$x=x(t),y=y(t),z=z(t)$$

其中 $x'(t),y'(t),z'(t)$ 存在且不同时为零.

在曲线 Γ 上取对应于 $t=t_0$ 的一点 $P_0(x_0,y_0,z_0)$ 及对应于 $t=t_0+\Delta t$ 的邻近一点 $P(x_0+\Delta x,y_0+\Delta y,z_0+\Delta z)$，则曲线的割线 P_0P 的方程为

$$\frac{x-x_0}{\Delta x}=\frac{y-y_0}{\Delta y}=\frac{z-z_0}{\Delta z},$$

用 Δt 去除上式各分母，得

$$\frac{x-x_0}{\frac{\Delta x}{\Delta t}}=\frac{y-y_0}{\frac{\Delta y}{\Delta t}}=\frac{z-z_0}{\frac{\Delta z}{\Delta t}}.$$

当点 P 沿着曲线 Γ 趋于点 P_0 时，割线 P_0P 的极限位置 P_0T 就是曲线 Γ 在点 P_0 处的**切线**（见图6.9）. 令 $P\to P_0$（这时 $\Delta t\to 0$），对上式取极限，就得到曲线 Γ 在点 P_0 处的切线方程为：

$$\frac{x-x_0}{x'(t_0)}=\frac{y-y_0}{y'(t_0)}=\frac{z-z_0}{z'(t_0)}. \tag{6.13}$$

这里要求 $x'(t_0)$，$y'(t_0)$，$z'(t_0)$不全为零，如果有个别为零，则应按照空间解析几何中有关直线的对称式方程的说明来理解.

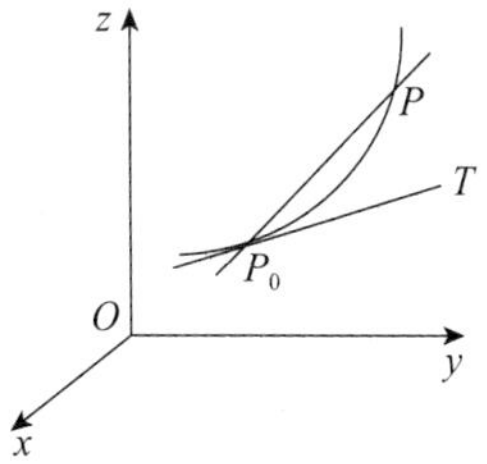

图 6.9

切线的方向向量称为**曲线的切向量**. 向量 $\boldsymbol{T}=\{x'(t_0),y'(t_0),z'(t_0)\}$就是曲线 Γ 在点 P_0 处的一个切向量.

通过点 P_0 而与切线垂直的平面称为曲线 Γ 在点 P_0 处的**法平面**. 显然它是通过点 $P_0(x_0,y_0,z_0)$且以 $\boldsymbol{T}$ 为法向量的平面，因此法平面的方程为

$$x'(t_0)(x-x_0)+y'(t_0)(y-y_0)+z'(t_0)(z-z_0)=0 \tag{6.14}$$

【例 6.31】 求曲线 $x=t,y=t^2,z=t^3$ 在点$(1,1,1)$处的切线方程与法平面方程.

解：因为 $x'_t=1,y'_t=2t,z'_t=3t^2$，而点$(1,1,1)$所对应的参数 $t=1$，所以

$$x'_t\big|_{t=1}=1,y'_t\big|_{t=1}=2,z'_t\big|_{t=1}=3$$

于是，切线方程为 $$\frac{x-1}{1}=\frac{y-1}{2}=\frac{z-1}{3}$$

法平面方程为 $$(x-1)+2(y-1)+3(z-1)=0$$

即 $$x+2y+3z=6$$

【例 6.32】 求螺旋线 $x=2\cos t, y=2\sin t, z=t$ 在 $t=\frac{\pi}{2}$ 对应点处的切线方程与法平面方程.

解：当 $t=\frac{\pi}{2}$ 时，对应点是 $P_0\left(0,2,\frac{\pi}{2}\right)$，又因为 $x'(t)\big|_{t=\frac{\pi}{2}}=-2\sin t\big|_{t=\frac{\pi}{2}}=-2$，$y'(t)\big|_{t=\frac{\pi}{2}}=2\cos t\big|_{t=\frac{\pi}{2}}=0$，$z'(t)\big|_{t=\frac{\pi}{2}}=1$. 因此在 P_0 处切线方程为：

$$\frac{x}{-2}=\frac{y-2}{0}=\frac{z-\frac{\pi}{2}}{1}$$

即
$$\begin{cases}x+2\left(z-\frac{\pi}{2}\right)=0\\ y=2\end{cases}$$

法平面方程为
$$-2x+0\cdot(y-2)+\left(z-\frac{\pi}{2}\right)=0$$

即
$$4x-2z+\pi=0$$

二、曲面的切平面与法线

若曲面 $\sum$ 上过点 P_0 的所有曲线在点 P_0 处的切线都在同一平面上，则称此平面为曲面 $\sum$ 在点 P_0 处的**切平面**.

设曲面 $\sum$ 的方程为 $F(x,y,z)=0$，在曲面 $\sum$ 上任取一条过 P_0 的曲线 Γ，设其参数方程为

$$x=x(t), y=y(t), z=z(t) \tag{6.15}$$

$t=t_0$ 对应于点 $P_0(x_0,y_0,z_0)$，且 $x'(t_0)$，$y'(t_0)$，$z'(t_0)$ 不同时为零，则曲线 Γ 在点 P_0 处的切向量为

$$\boldsymbol{T}=\{x'(t_0),y'(t_0),z'(t_0)\}$$

另一方面，由于曲线 Γ 在曲面 $\sum$ 上，所以有恒等式

$$F[x(t),y(t),z(t)]\equiv 0,$$

由全导数公式，可得在 $t=t_0$ 有

$$F'_x(x_0,y_0,z_0)x'(t_0)+F'_y(x_0,y_0,z_0)y'(t_0)+F'_z(x_0,y_0,z_0)z'(t_0)=0 \tag{6.16}$$

若记向量 $\boldsymbol{n}$ 为

$$\boldsymbol{n}=\{F'_x(x_0,y_0,z_0),F'_y(x_0,y_0,z_0),F'_z(x_0,y_0,z_0)\}$$

则式 6.16 可写成 $\boldsymbol{n}\cdot\boldsymbol{T}=0$，即 $\boldsymbol{n}$ 与 $\boldsymbol{T}$ 互相垂直. 即 $\boldsymbol{n}$ 是其切平面的一个**法向量**，利用空间解析几何知识其**切平面**方程为：

$$F'_x(x_0,y_0,z_0)(x-x_0)+F'_y(x_0,y_0,z_0)(y-y_0)+F'_z(x_0,y_0,z_0)(z-z_0)=0 \tag{6.17}$$

过点 P_0 且与切平面垂直的直线称为曲面在该点的**法线**. 从而其法线的方程为

$$\frac{x-x_0}{F'_x(x_0,y_0,z_0)}=\frac{y-y_0}{F'_y(x_0,y_0,z_0)}=\frac{z-z_0}{F'_z(x_0,y_0,z_0)} \tag{6.18}$$

如果曲面 $\sum$ 的方程是由二元函数 $z=f(x,y)$ 的形式给出，则可令

$$F(x,y,z)=f(x,y)-z$$

则曲面 $\sum$ 在点 $P_0(x_0,y_0,z_0)$ 处的一个法向量可记为

$$n=\{-f'_x(x_0,y_0),-f'_y(x_0,y_0),1\}$$

则曲面 $\sum$ 在点 $P_0(x_0,y_0,z_0)$ 的切平面方程为

$$z-z_0=f'_x(x_0,y_0)(x-x_0)+f'_y(x_0,y_0)(y-y_0) \tag{6.19}$$

法线方程为

$$\frac{x-x_0}{f'_x(x_0,y_0)}=\frac{y-y_0}{f'_y(x_0,y_0)}=\frac{z-z_0}{-1}. \tag{6.20}$$

【例 6.33】 求椭球面 $x^2+2y^2+3z^2=6$ 在点(1,1,1)处的切平面方程与法线方程.

解：设 $F(x,y,z)=x^2+2y^2+3z^2-6$，则 $F'_x=2x$，$F'_y=4y$，$F'_z=6z$

于是

$$F'_x(1,1,1)=2,\ F'_y(1,1,1)=4,\ F'_z(1,1,1)=6,$$

因此切平面方程为

$$2(x-1)+4(y-1)+6(z-1)=0,$$

即

$$x+2y+3z=6,$$

法线方程为

$$\frac{x-1}{1}=\frac{y-1}{2}=\frac{z-1}{3}.$$

【例 6.34】 求旋转抛物面 $z=\frac{1}{2}x^2+\frac{1}{2}y^2-1$ 在点 $P_0\left(2,1,\frac{3}{2}\right)$ 处的切平面方程与法线方程.

解：设 $z=f(x,y)=\frac{1}{2}x^2+\frac{1}{2}y^2-1$，则

$$f'_x(x,y)=x,\ f'_y(x,y)=y,\ f'_x(2,1)=2,\ f'_y(2,1)=1$$

因此切平面方程为

$$z-\frac{3}{2}=2(x-2)+(y-1),\ 即\ 4x+2y-2z=7$$

法线方程为

$$\frac{x-2}{2}=\frac{y-1}{1}=\frac{z-\frac{3}{2}}{-1}.$$

【习题 6.4】

1. 求下列曲线在指定点处的切线方程和法平面方程.

（1）$x=t-\sin t, y=1-\cos t, z=4\sin\frac{t}{2}$，在 $t=\frac{\pi}{2}$ 处.

（2）$x=2\sin^2 t, y=4\sin t\cos t, z=6\cos^2 t$，在 $t=\frac{\pi}{4}$ 处.

2. 在曲线 $x=t,y=t^2,z=t^3$ 上求一点，使曲线在该点处的切线平行于平面 $x+2y+3z=4$.

3. 求下列曲面在指定点处的切平面方程与法线方程.

（1）$z-e^z+2xy=3$，在点$(1,2,0)$处．

（2）$z=\arctan\frac{y}{x}$，在点$\left(1,1,\frac{\pi}{4}\right)$处．

4．在椭球面$\frac{x^2}{4}+\frac{y^2}{8}+\frac{z^2}{36}=1$上求一点，使曲面在该点处的切平面平行于平面$3x-3y+z=0$.

第五节

多元函数的极值与最值

在实际问题中，会经常遇到多元函数的最大值、最小值问题．与一元函数的情形类似，多元函数的最大值、最小值与极大值、极小值有着密切的联系．

一、多元函数的极值

【定义 6.7】 设函数$z=f(x,y)$在点$P_0(x_0,y_0)$的某邻域内有定义，如果对于该邻域内异于P_0的一切点$P(x,y)$，都有$f(x,y)<f(x_0,y_0)$，或$f(x,y)>f(x_0,y_0)$则称函数$f(x,y)$在点P_0处有**极大值或极小值**．极大值、极小值统称为极值，使函数取得极值的点$P_0(x_0,y_0)$称为极值点．注意，这里所讨论的极值点只限于定义域的内点．

【例 6.35】 函数$z=2x^2+3y^2$在点$(0,0)$处有极小值．从图 6.10 可知，$z=2x^2+3y^2$表示一开口向上的椭圆抛物面，点$(0,0,0)$是它的顶点．

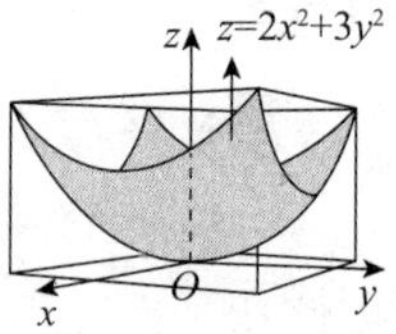

图 6.10

对于可导的一元函数的极值，极值点就是驻点．类似地，对于偏导数存在的二元函数的极值问题，也可以利用偏导数来解决．

【定理 6.7】（**极值的必要条件**）设函数$z=f(x,y)$在点$P_0(x_0,y_0)$处具有偏导数，且在点$P_0(x_0,y_0)$处取得极值，则必有$f'_x(x_0,y_0)=0$，$f'_y(x_0,y_0)=0$.

凡使$f'_x(x,y)=0,f'_y(x,y)=0$同时成立的点(x_0,y_0)也称为函数$f(x,y)$的**驻点或稳定点**．偏导数存在的函数的极值点必定是驻点，但反过来，驻点未必是极值点．

【例 6.36】 函数$z=-\sqrt{x^2+y^2}$在点$(0,0)$处有极大值．由图 6.11 可知，$z=-\sqrt{x^2+y^2}$表示一开口向下的半圆锥面，点$(0,0)$是它的是极大值点，但是在该点处的偏导数不存在．

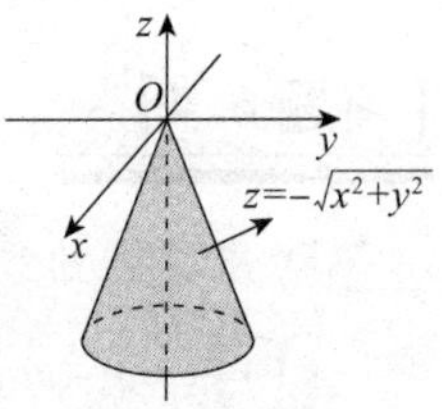

图 6.11

【定理 6.8】（极值的充分条件）设函数$z=f(x,y)$在点$P_0(x_0,y_0)$的某邻域内具有二阶连续偏导数，且$f'_x(x_0,y_0)=0,f'_y(x_0,y_0)=0$. 令

$$A=f''_{xx}(x_0,y_0),B=f''_{xy}(x_0,y_0),C=f''_{yy}(x_0,y_0),\ \Delta=B^2-AC$$

则$f(x,y)$在点$P_0(x_0,y_0)$处是否取得极值的条件如下：

（1）当 $\Delta<0$ 时，函数 $z=f(x,y)$ 在点 $P_0(x_0,y_0)$ 处有极值，且当 $A<0$ 时，有极大值，当 $A>0$ 时，有极小值；

（2）当 $\Delta>0$ 时，函数 $z=f(x,y)$ 在点 $P_0(x_0,y_0)$ 处没有极值；

（3）当 $\Delta=0$ 时，函数 $z=f(x,y)$ 在点 $P_0(x_0,y_0)$ 处可能有极值，也可能没有极值，需另作讨论．

证明略．综合定理6.7、定理6.8的结果，可以把具有二阶连续偏导数的函数 $z=f(x,y)$ 的极值求法叙述如下：

第一步：解方程组 $\begin{cases} f'_x(x,y)=0 \\ f'_y(x,y)=0 \end{cases}$ 求所有驻点；

第二步：对于每个驻点 (x_0,y_0)，求出二阶偏导数的值 A、B 及 C；

第三步：写出 $\Delta=AC-B^2$ 的符号，按定理6.8判定 $f(x_0,y_0)$ 是否为极值，是极大值还是极小值，并算出极值．

【例6.37】 求函数 $f(x,y)=3xy-x^3-y^3$ 的极值．

解：先解方程组

$$\begin{cases} f'_x(x,y)=3y-3x^2=0 \\ f'_y(x,y)=3x-3y^2=0 \end{cases}$$

求得驻点为 $(0,0)$ 和 $(1,1)$．

再求函数 $f(x,y)=3xy-x^3-y^3$ 的二阶偏导数：

$$A=f''_{xx}(x,y)=-6x,B=f''_{xy}(x,y)=3,C=f''_{yy}(x,y)=-6y$$

在点 $(0,0)$ 处，$A=0,B=3,C=0$，$\Delta=B^2-AC=9>0$，

所以，函数在点 $(0,0)$ 处没有极值．

在点 $(1,1)$ 处，$A=-6,B=3,C=-6$，$\Delta=B^2-AC=-27<0$，

所以，函数在点 $(1,1)$ 处有极值，且由 $A=-6<0$ 知，函数在点 $(1,1)$ 处有极大值 $f(1,1)=1$.

讨论函数极值问题时，如果函数在所讨论的区域内具有偏导数，则由定理6.7知，极值只可能在驻点取得，此时只需对各个驻点利用定理6.8判断即可；但如果函数在个别点处偏导数不存在，这些点当然不是驻点，但也可能是极值点．因此，在考虑函数极值时，除了考虑函数的驻点外，如果有偏导数不存在的点，那么对这些点也应当考虑．

二、多元函数的最值

如果函数 $z=f(x,y)$ 在有界闭区域 D 上连续，则 $f(x,y)$ 在 D 上必定能取到最大值和最小值．与一元函数的最值问题一样，求函数 $z=f(x,y)$ 在 D 上的最大值与最小值，只需要求出函数 $z=f(x,y)$ 在 D 内的所有驻点及偏导数不存在的点处的函数值，再求出函数 $z=f(x,y)$ 在 D 的边界上的最大值与最小值，最后将上述函数值与边界上的最大值与最小值进行比较，最大者即为最大值，最小者即为最小值．

特别地，如果可微函数 $f(x,y)$ 在 D 内只有唯一的驻点，又根据问题的实际意义知其最大值或最小值存在且在 D 内取得，则该驻点处的函数值就是所求的最大值或最小值．

【例6.38】 求 $f(x,y)=3x^2+3y^2-2x^3$ 在区域 $D=\{(x,y)\mid x^2+y^2\leqslant 2\}$ 上的最大值与

最小值．

解：解方程组$\begin{cases} f'_x(x,y)=6x-6x^2=0 \\ f'_y(x,y)=6y=0 \end{cases}$

得驻点(0,0)与(1,0)，两驻点在D的内部，且$f(0,0)=0$，$f(1,0)=1$.

下面求函数$f(x,y)=3x^2+3y^2-2x^3$在边界$x^2+y^2=2$上的最大值与最小值．由方程$x^2+y^2=2$解出$y^2=2-x^2(-\sqrt{2}\leqslant x\leqslant\sqrt{2})$，代入$f(x,y)$可得

$$g(x)=6-2x^3,\quad -\sqrt{2}\leqslant x\leqslant\sqrt{2}$$

因为$g'(x)=-6x^2\leqslant 0$，于是$g(x)=6-2x^3$在$[-\sqrt{2},\sqrt{2}]$上单调减少，所以$g(x)$在$x=-\sqrt{2}$（此时$y=0$）处有最大值$g(-\sqrt{2})=6+4\sqrt{2}$，$g(x)$在$x=\sqrt{2}$（此时$y=0$）处有最小值$g(\sqrt{2})=6-4\sqrt{2}$，即$f(x,y)$在边界上有最大值$f(-\sqrt{2},0)=6+4\sqrt{2}$，最小值$f(\sqrt{2},0)=6-4\sqrt{2}$.

将$f(x,y)$在D内驻点处的函数值及边界上的最大值与最小值比较，得$f(x,y)$在区域D上的最大值为$f(-\sqrt{2},0)=6+4\sqrt{2}$，最小值为$f(0,0)=0$.

【例 6.39】 某厂要用铁板做成一个体积为2m^3的有盖长方体水箱．问当长、宽、高各取怎样的尺寸时，才能使用料最省．

解：设水箱的长为xm 宽为ym 则其高应为$2/xy$m. 此水箱所用材料的面积

$$f(x,y)=2\left(xy+y\cdot\frac{2}{xy}+x\cdot\frac{2}{xy}\right)=2\left(xy+\frac{2}{x}+\frac{2}{y}\right)(x>0,y>0).$$

解：方程组$f'_x=2\left(y-\frac{2}{x^2}\right)=0,f'_y=2\left(x-\frac{2}{y^2}\right)=0.$

得唯一的驻点$x=\sqrt[3]{2},y=\sqrt[3]{2}$. 根据题意可断定，该驻点即为所求最小值点．

因此当水箱的长为$\sqrt[3]{2}$m、宽为$\sqrt[3]{2}$m、高为$\frac{2}{\sqrt[3]{2}\cdot\sqrt[3]{2}}=\sqrt[3]{2}$m 时，水箱所用的材料最省．

注：体积一定的长方体中，以正方体的表面积为最小．

【习题 6.5】

1. 求下列函数的极值．

(1) $z=3x^2+3y^2-x^3$　　(2) $z=e^{2x}(x+y^2+2y)$

2. 在平面$3x-z=0$上求一点，使它与点(1,1,1)和点(2,3,4)的距离平方和最小．

3. 在所有对角线为$2\sqrt{3}$的长方体中，求最大体积的长方体．

4. 求原点到曲面$z^2=xy+x-y+4$的最短距离．

【复习题六】

1. 求下列极限．

（1）$\lim\limits_{\substack{x\to 0\\ y\to 0}}\dfrac{1-\cos(x^2+y^2)}{(x^2+y^2)^2}$　　（2）$\lim\limits_{\substack{x\to 0\\ y\to 0}}\dfrac{x^2y}{x^2+y^2}$

（3）$\lim\limits_{\substack{x\to 0\\ y\to 1}}\dfrac{1}{x^4+y^4}e^{-\frac{1}{x^2+y^2}}$　　（4）$\lim\limits_{\substack{x\to 0\\ y\to 1}}\dfrac{\sqrt{xy+1}-1}{xy(x+y+2)}$

2. 讨论函数 $f(x,y)=\begin{cases}\dfrac{2xy}{x^2+y^2},(x,y)\neq(0,0)\\ 0,(x,y)=(0,0)\end{cases}$ 在分段点 $(0,0)$ 处的连续性.

3. 求下列函数的一阶偏导数.

（1）$z=x^3y-xy^3$　　（2）$z=(1+x)^y$

（3）$z=f[x^2y,\ln(x+y)]$　　（4）$u=x^{yz}$

4. 求下列函数的二阶偏导数.

（1）$z=e^{\frac{x}{y}}$　　（2）$z=y\ln\sqrt{x+y}$

5. 求下列隐函数的偏导数.

（1）$\sin y+e^x-xy^2=0$　　（2）$x+2y+z-2\sqrt{xyz}=0$

6. 求曲线 $x=\dfrac{t}{1+t^2},y=\dfrac{1+t}{2t},z=2t^3$ 在 $t=1$ 处的切线方程和法平面方程.

7. 求曲面 $x^2+2y^2+z^2=4$ 在点 $(1,1,1)$ 处的切平面和法线方程.

8. 设 $z=f(x,y)$ 是由 $x^2-6xy+10y^2-2yz-z^2+18=0$ 确定的函数，求 $z=f(x,y)$ 的极值点和极值.

第七章 二重积分

之前章节中我们学习了一元函数的定积分，知道定积分是某种确定“和式的极限”．二重积分是一元函数定积分的推广，即将被积函数从一元过渡到二元；积分范围也由坐标轴上的闭区间推广到平面上有界闭区域．本章将在二元函数的基础上介绍二重积分，可结合一元函数的定积分进行学习和对比．

第一节 二重积分的概念与性质

一、二重积分的概念

1. 曲顶柱体的体积

与一元函数的积分类似，先引入曲顶柱体的体积案例．

首先讨论一个几何问题——求**曲顶柱体**的体积，即设 $z=f(x,y)$ 是定义在有界闭区域 D 上的有界函数连续函数，我们称以曲面 $z=f(x,y)$ 为顶，D 为底，以平行于 z 轴，且沿着底面区域 D 的边界曲线的直线围成的立体称为**曲顶柱体**（见图 7.1）．

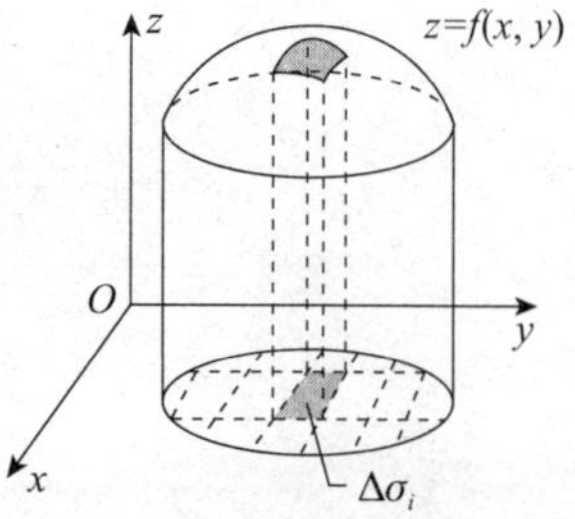

图 7.1

下面我们仿照求曲边梯形的面积的方法来求曲顶柱体的体积 V.

（1）分割——分曲顶柱体为 n 个小曲顶柱体．我们用一组曲线网将区域 D 任意分成 n 个小区域 $\Delta\sigma_1,\Delta\sigma_2,\cdots,\Delta\sigma_n$ 且以 $\Delta\sigma_i$ $(i=1,2,\cdots,n)$ 表示第 i 个小区域的面积，这样就把曲顶柱体分成了 n 个小曲顶柱体．以 ΔV_i 表示以 $\Delta\sigma_i$ 为底的第 i 个小曲顶柱体的体积，V 表示以区域 D 为底的曲顶柱体的体积．

（2）近似代替——用平顶柱体近似代替曲顶柱体．在每个小区域 $\Delta\sigma_i\,(i=1,2,\cdots,n)$ 上，任取一点 $P_i(\xi_i,\eta_i)$，把以 $f(\xi_i,\eta_i)$ 为高，$\Delta\sigma_i$ 为底的平顶柱体的体积 $f(\xi_i,\eta_i)\Delta\sigma_i$（底面积与高的乘积）作为 ΔV_i 的近似值，即

$$\Delta V_i \approx f(\xi_i,\eta_i)\Delta\sigma_i(i=1,2,\cdots,n)$$

（3）求和——求 n 个小平顶柱体体积之和 . n 个小平顶柱体体积之和可作为曲顶柱体体积的近似值 .

$$V=\sum_{i=1}^{n}\Delta V_i\approx\sum_{i=1}^{n}f(\xi_i,\eta_i)\Delta\sigma_i$$

（4）取极限——由近似值过渡到精确值．如果把 D 分的越细，则上述和式就越接近曲顶柱体的体积 V，当把区域 D 无限细分时，即当所有小区域的最大直径（一个闭区域的**直径**是指区域上任意两点间距离的最大值）$\lambda=\max\limits_{1\leqslant i\leqslant n}\{d_i\}\to 0$ 时，上述和式的极限就是所求曲顶柱体的体积 V. 即

$$V=\lim_{\lambda\to 0}\sum_{i=1}^{n}f(\xi_i,\eta_i)\Delta\sigma_i$$

上述问题可以归结为求和式的极限．有许多几何量或物理量都可归结为这种和式的极限，所以有必要一般地研究这种和式的极限，由此抽象给出下述二重积分的定义 .

2. 二重积分的概念

【定义 7.1】 设 $f(x,y)$ 是定义在有界闭区域 D 上的二元函数，将 D 任意分成 n 个小区域 $\Delta\sigma_1,\Delta\sigma_2,\cdots,\Delta\sigma_n$，其中 $\Delta\sigma_i$ 也表示第 i 个小区域的面积．在每个小区域 $\Delta\sigma_i$ 上任取一点 (ξ_i,η_i)，作乘积 $f(\xi_i,\eta_i)\Delta\sigma_i$，并作和 $\sum\limits_{i=1}^{n}f(\xi_i,\eta_i)\Delta\sigma_i$．如果当各小区域中直径的最大直径 $\lambda=\max\limits_{1\leqslant i\leqslant n}\{d_i\}\to 0$ 时，这个和式的极限存在，且其值与 D 的分法无关及点 (ξ_i,η_i) 的选取无关，则称此极限值为函数 $f(x,y)$ 在区域 D 上的二重积分，记作 $\iint\limits_D f(x,y)d\sigma$，即

$$\iint\limits_D f(x,y)d\sigma=\lim_{\lambda\to 0}\sum_{i=1}^{n}f(\xi_i,\eta_i)\Delta\sigma_i$$

其中，$f(x,y)$ 称为**被积函数**，$f(x,y)d\sigma$ 称为**被积表达式**，$d\sigma$ 称为**面积元素** . x 与 y 称为**积分变量**，D 称为**积分区域**，并称 $\sum\limits_{i=1}^{n}f(\xi_i,\eta_i)\Delta\sigma_i$ 为**积分和** .

根据上述定义，曲顶柱体的体积可表示为

$$V=\iint\limits_D f(x,y)d\sigma,[f(x,y)\geqslant 0]$$

【说明】

（1）如果二重积分 $\iint\limits_D f(x,y)d\sigma$ 存在，则称函数 $f(x,y)$ 在区域 D 上是**可积的**．可以证明，如果函数 $f(x,y)$ 在区域 D 上连续，则 $f(x,y)$ 在区域 D 上是可积的．今后我们总假定被积函数 $f(x,y)$ 在积分区域 D 上是连续的 .

（2）根据定义，如果函数 $f(x,y)$ 在区域 D 上可积，则二重积分的值与对积分区域的分割方法无关．因此，在直角坐标系中，常用平行于 x 轴和 y 轴的两组直线来分割积分区域 D，则除了包含边界点的一些小闭区域外，其余的小闭区域都是矩形闭区域．设矩形闭区域 $\Delta\sigma_i$ 的边长为 Δx_i 和 Δy_j，于是 $\Delta\sigma_i=\Delta x_i\Delta y_j$. 故在直角坐标系中，面积微元 $d\sigma$ 可记为

$dxdy$. 即 $d\sigma = dxdy$. 进而把二重积分记为

$$\iint_D f(x,y)\,d\sigma = \iint_D f(x,y)\,dxdy$$

这里我们把 $dxdy$ 称为**直角坐标系下的面积微元**.

3. 二重积分的几何意义

当被积函数 $f(x,y) \geqslant 0$ 时，$\iint_D f(x,y)\,d\sigma$ 表示曲顶柱体的体积；当 $f(x,y) \leqslant 0$ 时，$\iint_D f(x,y)\,d\sigma$ 表示曲顶柱体的体积的负值；当 $f(x,y)$ 在区域 D 的某些区域上是正的，而在其他区域上是负的，那么，$\iint_D f(x,y)\,d\sigma$ 就表示为各个区域上曲顶柱体体积的代数和.

结合定积分的几何意义，对重积分进行对称性说明：

（1）如果积分区域 D 关于 x 轴（或 y 轴）是对称的，且被积函数 $f(x,y)$ 关于 y（或 x）为奇函数，则 $\iint_D f(x,y)\,dxdy = 0$.

（2）如果积分区域 D 关于 x 轴（或 y 轴）是对称的，且被积函数 $f(x,y)$ 关于 y（或 x）为偶函数，则 $\iint_D f(x,y)\,dxdy = 2\iint_{D_1} f(x,y)\,dxdy$［其中，$D_1$ 为 D 的上（右）一半区域］.

二、二重积分的性质

类似于一元函数的定积分，二重积分也有与定积分类似的性质，且其证明也与定积分性质的证明类似，下面涉及的函数均假定在有界闭区域 D 上可积.

【性质 7.1】 被积函数中的常数因子可提到积分号外面，即

$$\iint_D kf(x,y)\,d\sigma = k\iint_D f(x,y)\,d\sigma \ (k \text{ 为常数})$$

【性质 7.2】 两个函数代数和的二重积分等于各个函数二重积分的代数和，即

$$\iint_D [f(x,y) \pm g(x,y)]\,d\sigma = \iint_D f(x,y)\,d\sigma \pm \iint_D g(x,y)\,d\sigma$$

此性质可以推广到任意有限多个函数代数和的情形.

【性质 7.3】（区域可加性）如果积分区域 D 被一曲线分成两个部分区域 D_1 和 D_2，则在 D 上的二重积分等于在 D_1 和 D_2 上二重积分的和，即

$$\iint_D f(x,y)\,d\sigma = \iint_{D_1} f(x,y)\,d\sigma + \iint_{D_2} f(x,y)\,d\sigma$$

【性质 7.4】 如果在区域 D 上，$f(x,y) \equiv 1$，且 D 的面积为 σ，则

$$\iint_D f(x,y)\,d\sigma = \iint_D 1 \cdot d\sigma = \sigma$$

【性质 7.5】 如果在区域 D 上恒有 $f(x,y) \leqslant g(x,y)$，则

$$\iint_D f(x,y)\,d\sigma \leqslant \iint_D g(x,y)\,d\sigma$$

【性质 7.6】（估值定理）设 M,m 分别是函数 $z=f(x,y)$ 在区域 D 上的最大值和最小值，σ 为 D 的面积，则

$$m\sigma \leqslant \iint_D f(x,y)d\sigma \leqslant M\sigma$$

【性质 7.7】（二重积分的中值定理）如果函数 $f(x,y)$ 在有界闭区域 D 上连续，σ 为 D 的面积，则在 D 内至少存在一点 (ξ,η)，使

$$\iint_D f(x,y)d\sigma = f(\xi,\eta)\cdot\sigma$$

【例 7.1】 比较 $\iint_D (x+y^2)d\sigma$ 与 $\iint_D (x+y)^3 d\sigma$ 的大小 $D=\{(x,y)|(x-2)^2+(y-1)^2\leqslant 2\}$.

解：如图 7.2 所示，由于点 $A(1,0)$ 在 $(x-2)^2+(y-1)^2\leqslant 2$ 上，过点 A 的切线为 $x+y=1$，那么在 D 上有 $1\leqslant x+y\leqslant (x+y)^2 \leqslant (x+y)^3$，所以 $\iint_D (x+y)^2 d\sigma < \iint_D (x+y)^3 d\sigma$.

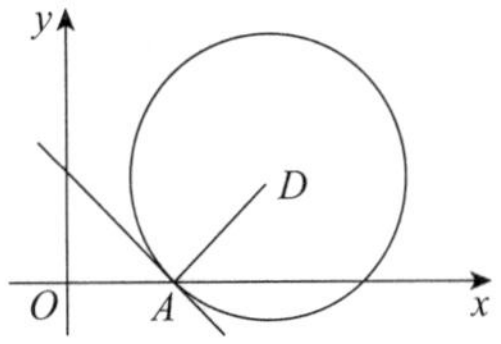

图 7.2

【例 7.2】 估计积分值 $I=\iint_D xy(x+y)d\sigma, D=\{(x,y)|0\leqslant x\leqslant 1, 0\leqslant y\leqslant 2\}$.

解：$0\leqslant xy(x^2+y^2)\leqslant 6 \Rightarrow 0\leqslant I\leqslant 12$.（注意：积分区域为矩形 $S_D=2$）

【习题 7.1】

1. 估计 $I=\iint_D \sqrt{4-x^2-y^2}d\sigma$ 的值，其中 D 是：$x^2+y^2\leqslant 4$.

2. 当 D 是由（　　）围成的区域时，$\iint_D dxdy = 1$.

A. x 轴，y 轴及 $2x+y-2=0$　　B. $x=1$，$x=2$ 及 $y=3$，$y=4$

C. $|x|=\frac{1}{2}$，$|y|=\frac{1}{2}$　　D. $|x+y|=1$，$|x-y|=1$

第二节 二重积分的计算

我们从计算曲顶柱体的体积出发来给出二重积分的计算方法，这种方法是把二重积分化为两个定积分来计算.

一、直角坐标系下的二重积分

已知函数 $z=f(x,y)$ 在有界闭区域 D 上连续，且 $f(x,y)\geqslant 0$. 设积分区域 D 由两条平

行直线 $x=a$，$x=b$（$a<b$）和两条连续曲线 $y=\varphi_1(x)$，$y=\varphi_2(x)$ $[\varphi_1(x)\leqslant\varphi_2(x)]$ 所围成（见图 7.3），即积分区域可表示成 $a\leqslant x\leqslant b,\varphi_1(x)\leqslant y\leqslant\varphi_2(x)$. 此区域 D 称为 x 型区域，其特点是：穿过 D 内部且平行于 y 轴的直线与 D 的边界曲线的交点个数不多于两个 .

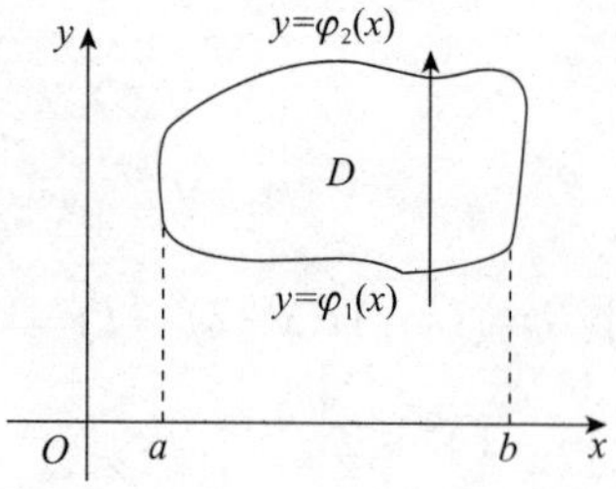

图 7.3

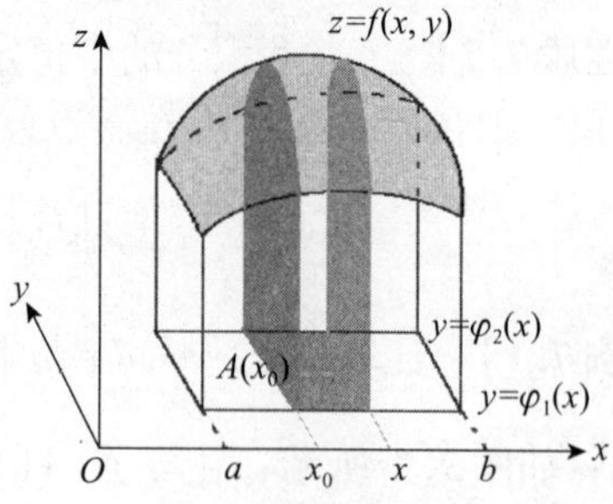

图 7.4

为了计算曲顶柱体的体积，在 $[a,b]$ 上任取一点 x，过 x 作垂直于 x 轴的平面截曲顶柱体得到一个以 $[\varphi_1(x),\varphi_2(x)]$ 为底，以曲线 $z=f(x,y)$（当 x 固定时，$z=f(x,y)$ 是 y 的一元函数）为曲边的曲边梯形（见图 7.4），其面积为 $A(x)=\int_{\varphi_1(x)}^{\varphi_2(x)}f(x,y)dy$，从而得到曲顶柱体的体积为

$$\iint_D f(x,y)d\sigma=\iint_D f(x,y)dxdy=\int_a^b\left[\int_{\varphi_1(x)}^{\varphi_2(x)}f(x,y)dy\right]dx$$

上式可简记为

$$\iint_D f(x,y)dxdy=\int_a^b dx\int_{\varphi_1(x)}^{\varphi_2(x)}f(x,y)dy$$

上式右端的的积分叫作**先对 y 后对 x 的二次积分（或累次积分）**.

这就是二重积分在直角坐标系下的计算公式，讨论中假定了 $f(x,y)\geqslant 0$，事实上，没有这个假定公式仍然成立 .

这样二重积分的计算就化为了两次定积分的计算，即先把 x 看作常量，对 y 从 $y=\varphi_1(x)$ 到 $y=\varphi_2(x)$ 积分，然后对 x 从 a 到 b 积分 .

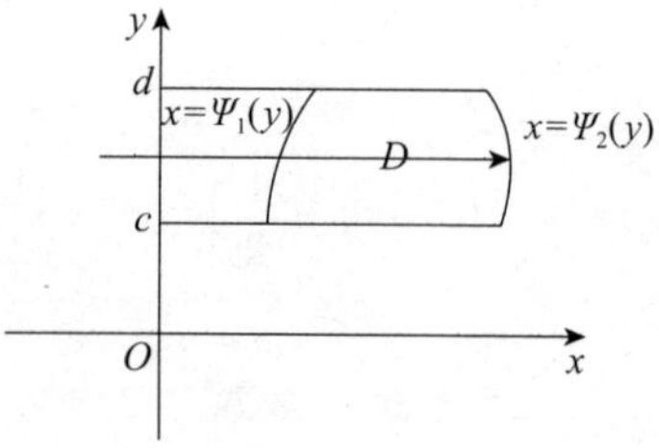

图 7.5

类似地，若积分区域 D 是由两条平行直线 $y=c$，$y=d$（$c<d$），两条曲线 $x=\psi_1(y)$，$x=\psi_2(y)$ $[\psi_1(y)\leqslant\psi_2(y)]$ 所围成（见图 7.5），用不等式表示为 $c\leqslant y\leqslant d,\psi_1(y)\leqslant x\leqslant\psi_2(y)$. 这样的区域 D 称为 y 型区域，其特点是：穿过 D 内部且平行于 x 轴的直线与 D 的边界曲线的交点个数不多于两个 . 则有

$$\iint_D f(x,y)dxdy=\int_c^d\left[\int_{\psi_1(y)}^{\psi_2(y)}f(x,y)dx\right]dy=\int_c^d dy\int_{\psi_1(y)}^{\psi_2(y)}f(x,y)dx$$

上式右端的积分叫作**先对 x、后对 y 的二次积分**.

若积分区域 D 为矩形区域，可用不等式表示为

$$a\leqslant x\leqslant b,\ c\leqslant y\leqslant d$$

则二重积分可化为先对 y、后对 x 的二次积分；也可化为先对 x、后对 y 的二次积分，即

$$\iint_D f(x,y)\,dxdy = \int_a^b dx\int_c^d f(x,y)\,dy$$

或

$$\iint_D f(x,y)\,dxdy = \int_c^d dy\int_a^b f(x,y)\,dx$$

二重积分化为二次积分时，确定积分限是一个关键．积分限是根据积分区域 D 来确定的，先画出积分区域 D 的图形，以便准确确定积分限．

【例 7.3】 计算二重积分 $\iint_D\left(1-\frac{x}{4}-\frac{y}{3}\right)dxdy$. 其中区域 D 是由直线 $x=-2$，$x=2$，$y=-1$，$y=1$ 围成的矩形．

解： 首先画出区域 D，因为 D 是一个矩形，所以它既是 x 型区域，又是 y 型区域．因此，既可以先对 x 积分，也可以先对 y 积分．

$$\iint_D\left(1-\frac{x}{4}-\frac{y}{3}\right)dxdy = \int_{-2}^{2}dx\int_{-1}^{1}\left(1-\frac{x}{4}-\frac{y}{3}\right)dy$$
$$=\int_{-2}^{2}\left[\left(1-\frac{x}{4}\right)y-\frac{y^2}{6}\right]\Big|_{-1}^{1}dx = 2\int_{-2}^{2}\left(1-\frac{x}{4}\right)dx = 8$$

【例 7.4】 计算 $\iint_D xyd\sigma$，其中区域 D 为 $y^2=x$ 和 $y=x^2$ 所围的闭区域．

解： 首先画出区域 D，可知 D 为 X 型区域，$D=\{0\leqslant x\leqslant 1, x^2\leqslant y\leqslant\sqrt{x}\}$

则有
$$\iint_D xyd\sigma = \int_0^1 dx\int_{x^2}^{\sqrt{x}}xydy = \int_0^1 x\left[\frac{y^2}{2}\right]_{x^2}^{\sqrt{x}}dx$$
$$=\frac{1}{2}\int_0^1(x^2-x^5)\,dx = \frac{1}{2}\left[\frac{x^3}{3}-\frac{x^6}{6}\right]\Big|_0^1 = \frac{1}{12}$$

【例 7.5】 计算二重积分 $\iint_D(2x-y)\,dxdy$，其中区域 D 是由直线 $y=1, 2x-y+3=0$，$x+y-3=0$ 所围成的图形．

解：方法一： 画出区域 D 的图形，若将 D 看作 y 型区域，则 D 可表示为 $1\leqslant y\leqslant 3$，$\frac{1}{2}(y-3)\leqslant x\leqslant 3-y$，因此

$$\iint_D(2x-y)\,dxdy = \int_1^3 dy\int_{\frac{1}{2}(y-3)}^{3-y}(2x-y)\,dx = \int_1^3(x^2-xy)\Big|_{\frac{1}{2}(y-3)}^{3-y}dy$$
$$=\frac{9}{4}\int_1^3(y^2-4y+3)\,dy = \frac{9}{4}\left(\frac{y^3}{3}-2y^2+3y\right)\Big|_1^3 = -3.$$

方法二： 也可将 D 看作 x 型区域，但是，由于上方边界曲线在区间 $[-1,2]$ 上的表达式不一致，所以必须用直线 $x=0$ 将区域 D 分成 D_1 和 D_2 两部分．其中

$$D_1:\begin{cases}-1\leqslant x\leqslant 0\\ 1\leqslant y\leqslant 2x+3\end{cases}\qquad D_2:\begin{cases}0\leqslant x\leqslant 2\\ 1\leqslant y\leqslant 3-x\end{cases}$$

利用二重积分的性质 7.3，则有

$$\iint_D(2x-y)\,dxdy = \iint_{D_1}(2x-y)\,dxdy + \iint_{D_2}(2x-y)\,dxdy$$

$$= \int_{-1}^{0} dx \int_{1}^{2x+3} (2x - y)dy + \int_{0}^{2} dx \int_{1}^{3-x} (2x - y)dy$$

$$= \int_{-1}^{0} \left(2xy - \frac{1}{2}y^2\right)\Big|_{1}^{2x+3} dx + \int_{0}^{2} \left(2xy - \frac{1}{2}y^2\right)\Big|_{1}^{3-x} dx$$

$$= \int_{-1}^{0} (2x^2 - 2x - 4)dx + \int_{0}^{2} \left(7x - \frac{5}{2}x^2 - 4\right)dx = -\frac{7}{3} - \frac{2}{3} = -3.$$

由此可见，方法 2 比方法 1 计算起来要麻烦得多，所以恰当地选择积分次序是化二重积分为二次积分的关键步骤．

【例 7.6】 计算 $\iint\limits_{D} xyd\sigma$，其中 D 是由抛物线 $y^2 = x$ 及直线 $y = x - 2$ 所围成的区域．

解： 画出积分区域的图形（见图 7.6），通过图形观察该积分区域 D 可视为 Y 型区域．

则 $D: \begin{cases} y^2 \leqslant x \leqslant y + 2 \\ -1 \leqslant y \leqslant 2 \end{cases}$

所以

$$\iint\limits_{D} xyd\sigma = \int_{-1}^{2} dy \int_{y^2}^{y+2} xydx$$

$$= \int_{-1}^{2} \left[\frac{1}{2}x^2 y\right]_{y^2}^{y+2} dy = \frac{1}{2}\int_{-1}^{2} [y(y+2)^2 - y^5]dy$$

$$= \frac{1}{2}\left[\frac{y^4}{4} + \frac{4}{3}y^3 + 2y^2 - \frac{1}{6}y^6\right]_{-1}^{2} = \frac{45}{8}$$

同学们可以自己尝试将这道例题中的积分区域 D 换成 X 型区域进行计算．

【例 7.7】 交换下列积分顺序 $I = \int_{0}^{2} dx \int_{0}^{\frac{x^2}{2}} f(x,y)dy + \int_{2}^{2\sqrt{2}} dx \int_{0}^{\sqrt{8-x^2}} f(x,y)dy.$

解： 首先画出积分区域图形，如图 7.7 可知积分域由以下两部分组成

$$D_1: \begin{cases} 0 \leqslant y \leqslant \frac{1}{2}x^2 \\ 0 \leqslant x \leqslant 2 \end{cases} \quad D_2: \begin{cases} 0 \leqslant y \leqslant \sqrt{8 - x^2} \\ 2 \leqslant x \leqslant 2\sqrt{2} \end{cases}$$

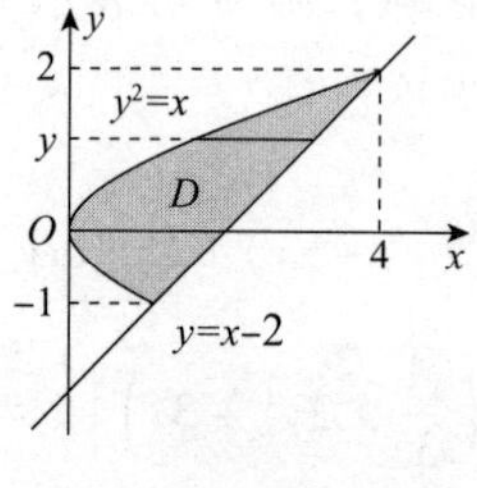

图 7.6

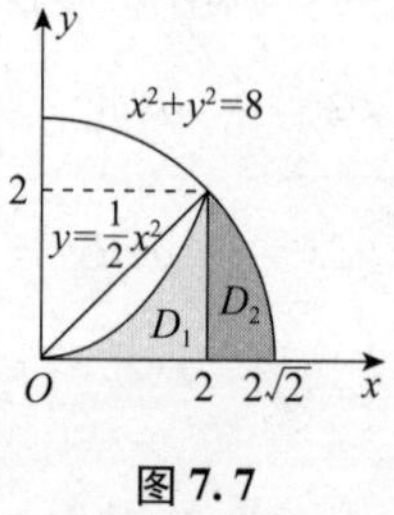

图 7.7

从而若将积分区域 D 视为 Y 型区域，则

$$D: \begin{cases} \sqrt{2y} \leqslant x \leqslant \sqrt{8 - y^2} \\ 0 \leqslant y \leqslant 2 \end{cases}$$

从而有

$$I = \iint\limits_{D} f(x,y)dxdy = \int_{0}^{2} dy \int_{\sqrt{2y}}^{\sqrt{8-y^2}} f(x,y)dx.$$

二、极坐标系下二重积分的计算

当积分区域是圆域或环域或圆域的一部分时，在直角坐标系中计算二重积分往往是很困难的，而在极坐标系中计算则比较简单．

首先，分割积分区域 D. 在极坐标系中，我们先取 r 等于一系列常数得到一族中心在极点的同心圆，再取 θ 等于一系列常数得到一族过极点的射线．这两组线将区域 D 分成许多小区域（见图 7.8）．当 dr 和 $d\theta$ 很小时，小区域面积近似等于以 $rd\theta$ 和 dr 为边的矩形面积，所以在极坐标系下的面积元素可以表示为

$$d\sigma = rdrd\theta$$

再分别用 $x=r\cos\theta, y=r\sin\theta$，代换被积函数 $f(x,y)$ 中的 x,y，这样二重积分在极坐标系下的表达式为 Δr_i

$$\iint_D f(x,y)\,d\sigma = \iint_D f(r\cos\theta, r\sin\theta)\,rdrd\theta$$

计算极坐标系下的二重积分，也要将其化为累次积分．通常是选择先对 r 积分，后对 θ 积分的次序．一般有如下三种情形：

（1）极点在区域 D 外部（如图 7.9）．

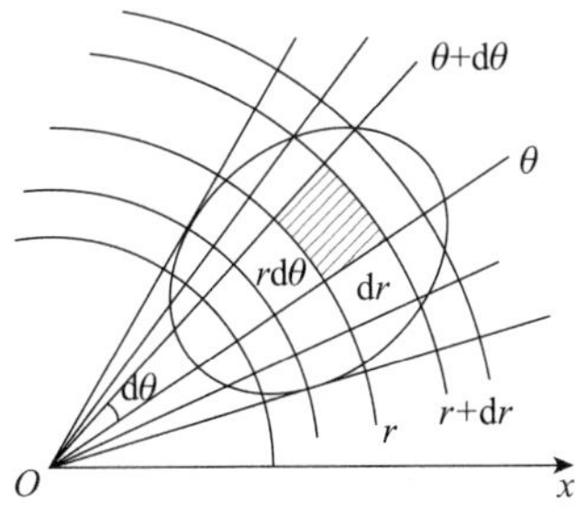

图 7.8

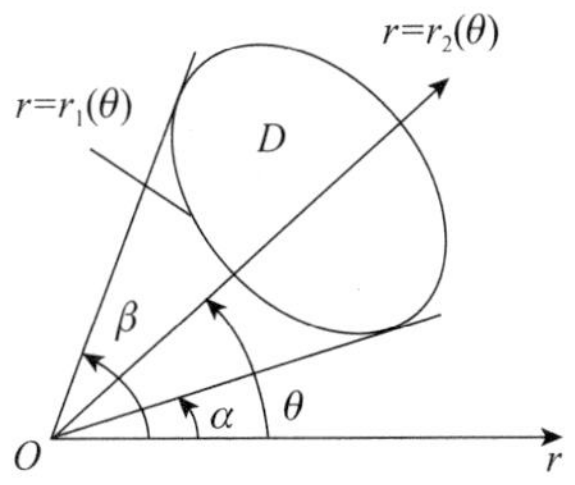

图 7.9

这时区域 D 在 $\theta=\alpha$ 与 $\theta=\beta$ 两条射线之间，这两条射线与区域 D 的边界的交点把区域边界分为两部分：$r=r_1(\theta), r=r_2(\theta)$，此时积分区域 D 可用不等式来表示，即

$$\alpha \leqslant \theta \leqslant \beta,\ r_1(\theta) \leqslant r \leqslant r_2(\theta)$$

其中 $r_1(\theta)$，$r_2(\theta)$ 在 $[\alpha,\beta]$ 上连续，$f(x,y)=f(r\cos\theta, r\sin\theta)$ 在 D 上连续，则

$$\iint_D f(r\cos\theta, r\sin\theta)\,rdrd\theta = \int_\alpha^\beta d\theta \int_{r_1(\theta)}^{r_2(\theta)} f(r\cos\theta, r\sin\theta)\,rdr$$

（2）极点在区域 D 的边界上（如图 7.10）．

此时区域 D 可表示为：$\alpha \leqslant \theta \leqslant \beta, 0 \leqslant r \leqslant r(\theta)$

于是
$$\iint_D f(r\cos\theta, r\sin\theta)\,rdrd\theta = \int_\alpha^\beta d\theta \int_0^{r(\theta)} f(r\cos\theta, r\sin\theta)\,rdr$$

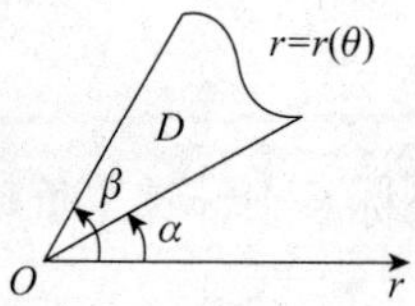

图 7.10

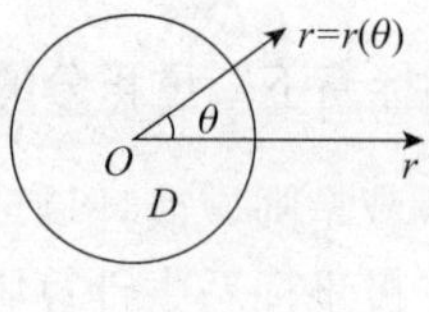

图 7.11

（3）极点在区域 D 的内部（如图 7.11）.

此时区域 D 可表示为：$0\leqslant\theta\leqslant2\pi,0\leqslant r\leqslant r(\theta)$

于是
$$\iint\limits_D f(r\cos\theta,r\sin\theta)rdrd\theta=\int_0^{2\pi}d\theta\int_0^{r(\theta)}f(r\cos\theta,r\sin\theta)rdr.$$

【例 7.8】 计算二重积分 $\iint\limits_D(1-x^2-y^2)dxdy$. 其中区域 D 是由 $y=x$，$y=0$，$x^2+y^2=1$ 在第Ⅰ象限内所围成的图形.

解： 画出区域 D. 由于积分区域是圆域的一部分，将区域 D 的边界线 $x^2+y^2=1$ 化为极坐标方程 $r=1$. 区域 D 可以表示为 $0\leqslant\theta\leqslant\dfrac{\pi}{4},0\leqslant r\leqslant1$，因此

$$\begin{aligned}\iint\limits_D(1-x^2-y^2)dxdy&=\int_0^{\frac{\pi}{4}}d\theta\int_0^1(1-r^2)rdr\\&=\int_0^{\frac{\pi}{4}}\left(\frac{1}{2}r^2-\frac{1}{4}r^4\right)\Big|_0^1d\theta=\frac{1}{4}\int_0^{\frac{\pi}{4}}d\theta=\frac{\pi}{16}\end{aligned}$$

【例 7.9】 计算 $\iint\limits_D ydxdy$ 其中 D 由 $x^2+y^2=2ax(a>0)$ 与 x 轴围成上半圆区域.

解： 画出区域 D，在极坐标系里 $0\leqslant\theta\leqslant\dfrac{\pi}{2}$，$0\leqslant r\leqslant2a\cos\theta$，

$$\begin{aligned}\iint\limits_D ydxdy&=\int_0^{\frac{\pi}{2}}d\theta\int_0^{2a\cos\theta}r\sin\theta\cdot rdr\\&=\frac{1}{3}\int_0^{\frac{\pi}{2}}r^3\Big|_0^{2a\cos\theta}\sin\theta d\theta=\frac{8a^3}{3}\int_0^{\frac{\pi}{2}}\cos^3\theta\sin\theta d\theta\\&=-\frac{2}{3}a^3\cos^4\theta\Big|_0^{\frac{\pi}{2}}=\frac{2}{3}a^3.\end{aligned}$$

【习题 7.2】

1. 计算 $\iint\limits_D(x^2+y^2)dxdy$，其中 D 是以 $|x|\leqslant1,|y|\leqslant2$ 所围区域.

2. 计算 $\iint\limits_D x\sin ydxdy$，其中 D 是由曲线 $x=1,y=2,y=\dfrac{\pi}{2}$ 及 y 轴所围区域.

3. 计算 $\iint\limits_D xydxdy$，其中 D 是由曲线 $xy=1$，$x+y=\dfrac{5}{2}$ 所围区域.

4. 计算 $\iint\limits_D (x^2+y^2-y)d\sigma$，其中 D 是由曲线 $y=x, y=x+1, y=1, y=3$ 所围区域.

5. 计算 $\iint\limits_D e^{-y^2}dxdy$，其中 D 由 $y=x$，$y=1$ 和 y 轴所围区域.

6. 交换 $\int_1^2 dx\int_{2-x}^{\sqrt{2x-x^2}} f(x,y)dy$ 的积分顺序.

7. 交换 $\int_0^2 dx\int_x^{2x} f(x,y)dy$ 的积分顺序.

8. 交换 $\int_{-6}^2 dx\int_{\frac{x^2}{4}-1}^{2-x} f(x,y)dy$ 的积分顺序.

9. 计算 $\iint\limits_D e^{-x^2-y^2}d\sigma$，其中 D 由 $x^2+y^2\leqslant 9, x\leqslant 0, y\leqslant 0$ 与 x 轴围成上半圆区域.

10. 计算 $\iint\limits_D ydxdy$，其中 D 由 $x^2+y^2=4x$ 与 x 轴围成上半圆区域.

11. 计算 $\iint\limits_D (x^2+y^2)d\sigma$，其中 D 由 $x^2+y^2\leqslant 4, x^2+y^2\geqslant 1, y\leqslant x, y\geqslant 0$ 与 x 轴围成区域.

12. 计算 $\iint\limits_D xd\sigma$，其中 D 由 $x^2+y^2\leqslant 2x$，$x^2+y^2\geqslant x$ 与 x 轴围成上半圆区域.

第三节 二重积分的应用

一、曲顶柱体的体积

【例 7.10】 求由球面 $x^2+y^2+z^2=4a^2$ 与柱面 $x^2+y^2=2ay$ 所围成的公共部分的立体体积.

解： 由于所求体积在 xOy 平面上方的这一部分也关于 yOz 平面对称，因此我们可以计算它在第一象限的部分，然后再乘以 4. 这一部分是上面覆盖着的球面.

$$z=\sqrt{4a^2-x^2-y^2}$$

并以半圆 $x=\sqrt{2ay-y^2}$ 作底的曲顶柱体. 所以

$$\frac{1}{4}v=\iint\limits_D \sqrt{4a^2-x^2-y^2}\,d\sigma$$

化成极坐标

$$v=4\int_0^{\frac{\pi}{2}}\int_0^{2a\sin\theta}\sqrt{4a^2-\rho^2}\,\rho d\rho d\theta=4\int_0^{\frac{\pi}{2}}\left[-\frac{(4a^2-\rho^2)^{\frac{3}{2}}}{3}\right]_0^{2a\sin\theta}d\theta$$

$$=\frac{32a^3}{3}\int_0^{\frac{\pi}{2}}(1-\cos^3\theta)d\theta=\frac{16}{9}a^3(3\pi-4)$$

二、平面图形的面积

【例 7.11】 求半径为 R 的球面面积.

解：取球心为坐标原点，则该球面方程为 $x^2+y^2+z^2=R^2$. 由球面的对称性知，该球面面积是它在第Ⅰ象限部分的 8 倍，因为第Ⅰ象限内球面方程为

$$z=\sqrt{R^2-x^2-y^2},$$

所以
$$f'_x=\frac{-x}{\sqrt{R^2-x^2-y^2}},\quad f'_y=\frac{-y}{\sqrt{R^2-x^2-y^2}},$$

区域 D 是第Ⅰ象限内球面的投影：$0\leqslant r\leqslant R, 0\leqslant\theta\leqslant\frac{\pi}{2}$, 故所求球面的面积为

$$S=8\iint_D\sqrt{1+f'_x+f'_y}d\sigma=8\iint_D\frac{R}{\sqrt{R^2-x^2-y^2}}d\sigma$$

$$=8\int_0^{\frac{\pi}{2}}d\theta\int_0^R\frac{R}{\sqrt{R^2-r^2}}rdr=4\pi R(-\sqrt{R^2-r^2})\Big|_0^R=4\pi R^2.$$

三、平面薄板的质量

【例 7.12】 设平面薄板 D 是由 $x+y=2, y=x$ 和 x 轴所围成的区域，它的密度为 $f(x,y)=x^2+y^2$，求该薄板的质量.

解：所给平面薄板，通过计算可知其交点坐标为(1,1)，因而选择积分类型为先积 x 后积 y，即积分区域为：$0\leqslant y\leqslant 1, y\leqslant x\leqslant 2-y$,

所以有

$$M=\iint_D f(x,y)dxdy=\int_0^1 dy\int_y^{2-y}(x^2+y^2)dx$$

$$=\int_0^1\left(\frac{1}{3}x^3+y^2x\right)_y^{2-y}dy=\int_0^1\left[\frac{1}{3}(2-y)^3+2y^2-\frac{7}{3}y^3\right]dy=\frac{5}{3}$$

【习题 7.3】

1. 求下面曲面围成的立体的体积.

(1) $x=0, y=0, z=0, x=2, y=2, x+y+z=4$;

(2) $z^2=x^2+y^2$ 与 $z=\sqrt{8-x^2-y^2}$.

2. 计算平面 $6x+3y+2z=12$ 在第Ⅰ象限部分的面积.

3. 求曲面 $z=x^2+y^2$ 在圆柱面 $x^2+y^2=4$ 内的曲面面积.

4. 求平板的质量，其外形是由曲线 $xy=1, x=2$ 与 $y=2$ 所围成，其密度为 $f(x,y)=xy^2$.

【复习题七】

1. 计算 $\iint\limits_D \frac{\sin x}{x} dxdy$，其中 D 是由曲线 $y=x, y=0, x=\pi$ 所围区域.

2. 交换 $I = \int_0^2 dx \int_0^{\frac{x^2}{2}} f(x,y)dy + \int_2^{2\sqrt{2}} dx \int_0^{\sqrt{8-x^2}} f(x,y)dy$ 的积分顺序.

3. 将二重积分 $\iint\limits_D f(x,y)d\sigma$ 化为极坐标形式的二次积分，其中 D 是曲线 $x^2+y^2=a^2$，$\left(x-\frac{a}{2}\right)^2+y^2=\frac{a^2}{4}$ 及直线 $x+y=0$ 所围成上半平面的区域.

4. 计算 $\iint\limits_D \frac{dxdy}{1+x^2+y^2}$，其中 D 是由 $x^2+y^2 \leqslant 1$ 所确定的圆域.

5. 计算 $\iint\limits_D \frac{y^2}{x^2} dxdy$，其中 D 是由曲线 $x^2+y^2=2x$ 所围成的平面区域.

6. 求两个底圆半径都等于 R 的直交圆柱面所围成的立体的体积.

7. 求曲线 $(x^2+y^2)^2=2a^2(x^2-y^2)$ 和 $x^2+y^2 \geqslant a$ 所围成区域 D 的面积.

第八章 无穷级数

无穷级数是高等数学课程的重要内容，它以极限理论为基础，是研究函数的性质及进行数值计算方面的重要工具．本章首先讨论常数项级数，介绍无穷级数的一些基本概念和基本内容，然后讨论函数项级数．

第一节 常数项级数的概念与性质

一、常数项级数的概念

一般的，给定一个数列

$$u_1, u_2, u_3, \cdots, u_n, \cdots$$

则由这个数列构成的表达式

$$u_1 + u_2 + u_3 + \cdots + u_n + \cdots$$

叫作（常数项）**无穷级数**，简称（常数项）级数，记为 $\sum_{n=1}^{\infty} u_n$，即

$$\sum_{n=1}^{\infty} u_n = u_1 + u_2 + u_3 + \cdots + u_n + \cdots$$

其中第 n 项 u_n 叫作级数的**一般项**．

作级数 $\sum_{n=1}^{\infty} u_n$ 的前 n 项和

$$s_n = \sum_{i=1}^{n} u_i = u_1 + u_2 + u_3 + \cdots + u_n$$

称为级数 $\sum_{n=1}^{\infty} u_n$ 的**部分和**．当 n 依次取 $1,2,3,\cdots$时，它们构成一个新的数列

$$s_1 = u_1,\ s_2 = u_1 + u_2,\ s_3 = u_1 + u_2 + u_3,\ \cdots$$
$$s_n = u_1 + u_2 + \cdots + u_n,\ \cdots$$

根据这个数列有没有极限，我们引进无穷级数的收敛与发散的概念．

【定义 8.1】 如果级数 $\sum_{n=1}^{\infty} u_n$ 的部分和数列 $\{s_n\}$ 有极限 s，即 $\lim_{n\to\infty} s_n = s$，则称无穷级数 $\sum_{n=1}^{\infty} u_n$ 收敛，这时极限 s 叫作该**级数的和**，并写成

$$s = \sum_{n=1}^{\infty} u_n = u_1 + u_2 + u_3 + \cdots + u_n + \cdots;$$

如果 $\{s_n\}$ 没有极限，则称无穷级数 $\sum_{n=1}^{\infty} u_n$ **发散**.

当级数 $\sum_{n=1}^{\infty} u_n$ 收敛时，其部分和 s_n 是级数 $\sum_{n=1}^{\infty} u_n$ 的和 s 的近似值，它们之间的差值

$$r_n = s - s_n = u_{n+1} + u_{n+2} + \cdots$$

叫作级数 $\sum_{n=1}^{\infty} u_n$ 的**余项**.

【例 8.1】 讨论等比级数（几何级数）$\sum_{n=0}^{\infty} aq^n\,(a \neq 0)$ 的敛散性.

解： 如果 $q \neq 1$，则部分和

$$s_n = a + aq + aq^2 + \cdots + aq^{n-1} = \frac{a - aq^n}{1-q} = \frac{a}{1-q} - \frac{aq^n}{1-q}.$$

当 $|q| < 1$ 时，因为 $\lim_{n\to\infty} s_n = \frac{a}{1-q}$，所以此时级数 $\sum_{n=0}^{\infty} aq^n$ 收敛，其和为 $\frac{a}{1-q}$.

当 $|q| > 1$ 时，因为 $\lim_{n\to\infty} s_n = \infty$，所以此时级数 $\sum_{n=0}^{\infty} aq^n$ 发散.

如果 $|q| = 1$，则当 $q = 1$ 时，$s_n = na \to \infty$，因此级数 $\sum_{n=0}^{\infty} aq^n$ 发散.

当 $q = -1$ 时，级数 $\sum_{n=0}^{\infty} aq^n$ 成为

$$a - a + a - a + \cdots,$$

因为 s_n 随着 n 为奇数或偶数而等于 a 或零，所以 s_n 的极限不存在，从而这时级数 $\sum_{n=0}^{\infty} aq^n$ 发散.

综上所述，如果 $|q| < 1$，则级数 $\sum_{n=0}^{\infty} aq^n$ 收敛，其和为 $\frac{a}{1-q}$；如果 $|q| \geq 1$，则级数 $\sum_{n=0}^{\infty} aq^n$ 发散.

【例 8.2】 判别无穷级数 $\sum_{n=1}^{\infty} \ln\left(1 + \frac{1}{n}\right)$ 的收敛性.

解： 由于

$$u_n = \ln\left(1 + \frac{1}{n}\right) = \ln(n+1) - \ln n,$$

因此

$s_n=(\ln 2-\ln 1)+(\ln 3-\ln 2)+(\ln 4-\ln 3)+\cdots+[\ln(n+1)-\ln n]=\ln(n+1)$，而 $\lim\limits_{n\to\infty}S_n=\infty$，故该级数发散.

【例 8.3】 判别无穷级数 $\sum\limits_{n=1}^{\infty}\dfrac{1}{n(n+1)}$ 的收敛性.

解： 因为

$$u_n=\frac{1}{n(n+1)}=\frac{1}{n}-\frac{1}{n+1},$$

所以

$$\begin{aligned}s_n&=\frac{1}{1\cdot 2}+\frac{1}{2\cdot 3}+\frac{1}{3\cdot 4}+\cdots+\frac{1}{n(n+1)}\\&=\left(1-\frac{1}{2}\right)+\left(\frac{1}{2}-\frac{1}{3}\right)+\cdots+\left(\frac{1}{n}-\frac{1}{n+1}\right)=1-\frac{1}{n+1},\end{aligned}$$

从而

$$\lim_{n\to\infty}s_n=\lim_{n\to\infty}\left(1-\frac{1}{n+1}\right)=1,$$

所以这级数收敛，它的和是 1.

二、收敛级数的基本性质

根据无穷级数收敛、发散的概念，可以得到收敛级数的基本性质.

【性质 8.1】 如果级数 $\sum\limits_{n=1}^{\infty}u_n$ 收敛于和 s，则它的各项同乘以一个常数 k 所得的级数 $\sum\limits_{n=1}^{\infty}ku_n$ 也收敛，且其和为 ks.

证明： 设 $\sum\limits_{n=1}^{\infty}u_n$ 与 $\sum\limits_{n=1}^{\infty}ku_n$ 的部分和分别为 s_n 与 σ_n，则

$\lim\limits_{n\to\infty}\sigma_n=\lim\limits_{n\to\infty}(ku_1+ku_2+\cdots+ku_n)=k\lim\limits_{n\to\infty}(u_1+u_2+\cdots+u_n)=k\lim\limits_{n\to\infty}s_n=ks$，这表明级数 $\sum\limits_{n=1}^{\infty}ku_n$ 收敛，且和为 ks.

【性质 8.2】 如果级数 $\sum\limits_{n=1}^{\infty}u_n$、$\sum\limits_{n=1}^{\infty}v_n$ 分别收敛于和 s、σ，则级数 $\sum\limits_{n=1}^{\infty}(u_n\pm v_n)$ 也收敛，且其和为 $s\pm\sigma$.

证明： 如果 $\sum\limits_{n=1}^{\infty}u_n$、$\sum\limits_{n=1}^{\infty}v_n$、$\sum\limits_{n=1}^{\infty}(u_n\pm v_n)$ 的部分和分别为 s_n、σ_n、τ_n，则

$$\begin{aligned}\lim_{n\to\infty}\tau_n&=\lim_{n\to\infty}[(u_1\pm v_1)+(u_2\pm v_2)+\cdots+(u_n\pm v_n)]\\&=\lim_{n\to\infty}[(u_1+u_2+\cdots+u_n)\pm(v_1+v_2+\cdots+v_n)]\\&=\lim_{n\to\infty}(s_n\pm\sigma_n)=s\pm\sigma.\end{aligned}$$

【性质 8.3】 在级数中去掉、加上或改变有限项，不会改变级数的收敛性.

比如，级数$\dfrac{1}{1\cdot 2}+\dfrac{1}{2\cdot 3}+\dfrac{1}{3\cdot 4}+\cdots+\dfrac{1}{n(n+1)}+\cdots$是收敛的；

级数 $10000+\frac{1}{1\cdot 2}+\frac{1}{2\cdot 3}+\frac{1}{3\cdot 4}+\cdots+\frac{1}{n(n+1)}+\cdots$ 也是收敛的；

级数 $\frac{1}{3\cdot 4}+\frac{1}{4\cdot 5}+\cdots+\frac{1}{n(n+1)}+\cdots$ 也是收敛的.

【性质 8.4】 如果级数 $\sum\limits_{n=1}^{\infty}u_n$ 收敛，则对这级数的项任意加括号后所成的级数仍收敛，且其和不变.

应注意的问题：如果加括号后所成的级数收敛，则不能断定去括号后原来的级数也收敛. 例如，级数 $(1-1)+(1-1)+\cdots$ 收敛于零，但级数 $1-1+1-1+\cdots$ 却是发散的.

【推论 8.1】 如果加括号后所成的级数发散，则原来级数也发散.

【性质 8.5】 如果 $\sum\limits_{n=1}^{\infty}u_n$ 收敛，则它的一般项 u_n 趋于零，即 $\lim\limits_{n\to\infty}u_n=0$.

证明： 设级数 $\sum\limits_{n=1}^{\infty}u_n$ 的部分和为 s_n，且 $\lim\limits_{n\to\infty}s_n=s$，则

$$\lim_{n\to\infty}u_n=\lim_{n\to\infty}(s_n-s_{n-1})=\lim_{n\to\infty}s_n-\lim_{n\to\infty}s_{n-1}=s-s=0.$$

注： 级数的一般项趋于零并不是级数收敛的充分条件.

【例 8.4】 证明调和级数

$$\sum_{n=1}^{\infty}\frac{1}{n}=1+\frac{1}{2}+\frac{1}{3}+\cdots+\frac{1}{n}+\cdots$$

是发散的.

证明： 假若级数 $\sum\limits_{n=1}^{\infty}\frac{1}{n}$ 收敛且其和为 s，s_n 是它的部分和.

显然有 $\lim\limits_{n\to\infty}s_n=s$ 及 $\lim\limits_{n\to\infty}s_{2n}=s$. 于是 $\lim\limits_{n\to\infty}(s_{2n}-s_n)=0$.

但另一方面，

$$s_{2n}-s_n=\frac{1}{n+1}+\frac{1}{n+2}+\cdots+\frac{1}{2n}>\frac{1}{2n}+\frac{1}{2n}+\cdots+\frac{1}{2n}=\frac{1}{2},$$

故 $\lim\limits_{n\to\infty}(s_{2n}-s_n)\neq 0$，矛盾. 这矛盾说明级数 $\sum\limits_{n=1}^{\infty}\frac{1}{n}$ 必定是发散的.

【习题 8.1】

1. 写出下列级数的前四项.

(1) $\sum\limits_{n=1}^{\infty}\frac{n!}{n^n}$　　　　(2) $\sum\limits_{n=1}^{\infty}(-1)^n\left[1-\frac{(n-1)^2}{n+1}\right]$

2. 写出下列级数的一般项（通项）.

(1) $-1+\frac{1}{2}-\frac{1}{4}+\frac{1}{8}-\cdots$　　　　(2) $\frac{a^2}{3}-\frac{a^3}{5}+\frac{a^4}{7}-\frac{a^5}{9}+\cdots$

(3) $1+\frac{1}{3}+\frac{1}{5}+\frac{1}{7}+\cdots$

3. 根据级数收敛性的定义，判断下列级数的敛散性.

(1) $\sum_{n=1}^{\infty}\ln\left(1+\frac{1}{n}\right)$　　(2) $\sum_{n=1}^{\infty}(\sqrt{n+1}-\sqrt{n})$.

4. 判断下列级数的敛散性.

(1) $\sum_{n=1}^{\infty}\frac{1}{2n-1}$　　(2) $\sum_{n=1}^{\infty}\frac{n}{2n+1}$

第二节

常数项级数的收敛法则

一、正项级数及其收敛法则

现在我们讨论各项都是正数或零的级数，这种级数称为**正项级数**.

设级数

$$u_1+u_2+u_3+\cdots+u_n+\cdots \tag{8.1}$$

是一个正项级数，它的部分和为 s_n. 显然，数列 $\{s_n\}$ 是一个单调增加数列，即：

$$s_1\leqslant s_2\leqslant\cdots\leqslant s_n\leqslant\cdots$$

如果数列 $\{s_n\}$ 有界，即 s_n 总不大于某一常数 M，根据单调有界的数列必有极限的准则，级数式 8.1 必收敛于和 s，且 $s_n\leqslant s\leqslant M$. 反之，如果正项级数式（8.1）收敛于和 s. 根据有极限的数列是有界数列的性质可知，数列 $\{s_n\}$ 有界. 因此，有如下重要结论：

【定理 8.1】 正项级数 $\sum_{n=1}^{\infty}u_n$ 收敛的充分必要条件是它的部分和数列 $\{s_n\}$ 有界.

【定理 8.2】（比较审敛法）设 $\sum_{n=1}^{\infty}u_n$ 和 $\sum_{n=1}^{\infty}v_n$ 都是正项级数，且 $u_n\leqslant v_n(n=1,2,\cdots)$. 若级数 $\sum_{n=1}^{\infty}v_n$ 收敛，则级数 $\sum_{n=1}^{\infty}u_n$ 收敛；反之，若级数 $\sum_{n=1}^{\infty}u_n$ 发散，则级数 $\sum_{n=1}^{\infty}v_n$ 发散.

证明： 设级数 $\sum_{n=1}^{\infty}v_n$ 收敛于和 σ，则级数 $\sum_{n=1}^{\infty}u_n$ 的部分和

$$s_n=u_1+u_2+u_3+\cdots+u_n\leqslant v_1+v_2+\cdots v_n\leqslant\sigma(n=1,2,\cdots)$$

即部分和数列 $\{s_n\}$ 有界，由定理 8.1 知级数 $\sum_{n=1}^{\infty}u_n$ 收敛.

反之，设级数 $\sum_{n=1}^{\infty}u_n$ 发散，则级数 $\sum_{n=1}^{\infty}v_n$ 必发散. 因为若级数 $\sum_{n=1}^{\infty}v_n$ 收敛，由上已证明的结论，将有级数 $\sum_{n=1}^{\infty}u_n$ 也收敛，与假设矛盾.

【推论 8.2】 设 $\sum_{n=1}^{\infty}u_n$ 和 $\sum_{n=1}^{\infty}v_n$ 都是正项级数，如果级数 $\sum_{n=1}^{\infty}v_n$ 收敛，且存在自然数 N，使当 $n\geqslant N$ 时有 $u_n\leqslant kv_n(k>0)$ 成立，则级数 $\sum_{n=1}^{\infty}u_n$ 收敛；如果级数 $\sum_{n=1}^{\infty}v_n$ 发散，且当 n

$\geqslant N$ 时有 $u_n \geqslant kv_n(k>0)$ 成立，则级数 $\sum_{n=1}^{\infty} u_n$ 发散.

【例 8.5】 讨论 p－级数

$$\sum_{n=1}^{\infty} \frac{1}{n^p} = 1 + \frac{1}{2^p} + \frac{1}{3^p} + \frac{1}{4^p} + \cdots + \frac{1}{n^p} + \cdots$$

的收敛性，其中常数 $p>0$.

解：设 $p \leqslant 1$. 这时 $\frac{1}{n^p} \geqslant \frac{1}{n}$，而调和级数 $\sum_{n=1}^{\infty} \frac{1}{n}$ 发散，由比较审敛法知，当 $p \leqslant 1$ 时级数 $\sum_{n=1}^{\infty} \frac{1}{n^p}$ 发散.

设 $p>1$. 此时有

$$\frac{1}{n^p} = \int_{n-1}^{n} \frac{1}{n^p} dx \leqslant \int_{n-1}^{n} \frac{1}{x^p} dx = \frac{1}{p-1}\left(\frac{1}{(n-1)^{p-1}} - \frac{1}{n^{p-1}}\right)(n = 2,3,\cdots)$$

对于级数 $\sum_{n=2}^{\infty}\left(\frac{1}{(n-1)^{p-1}} - \frac{1}{n^{p-1}}\right)$，其部分和

$$s_n = \left(1 - \frac{1}{2^{p-1}}\right) + \left(\frac{1}{2^{p-1}} - \frac{1}{3^{p-1}}\right) + \cdots + \left(\frac{1}{n^{p-1}} - \frac{1}{(n-1)^{p-1}}\right) = 1 - \frac{1}{(n-1)^{p-1}}$$

因为 $\lim\limits_{n\to\infty} s_n = \lim\limits_{n\to\infty}\left(1 - \frac{1}{(n+1)^{p-1}}\right) = 1$. 所以级数 $\sum_{n=2}^{\infty}\left(\frac{1}{(n-1)^{p-1}} - \frac{1}{n^{p-1}}\right)$ 收敛. 从而根据比较审敛法的推论 8.1 可知，级数 $\sum_{n=1}^{\infty} \frac{1}{n^p}$ 当 $p>1$ 时收敛.

综上所述，p－级数 $\sum_{n=1}^{\infty} \frac{1}{n^p}$ 当 $p>1$ 时收敛，当 $p \leqslant 1$ 时发散.

【例 8.6】 证明级数 $\sum_{n=1}^{\infty} \frac{1}{\sqrt{n(n+1)}}$ 是发散的.

证明：因为 $\frac{1}{\sqrt{n(n+1)}} > \frac{1}{\sqrt{(n+1)^2}} = \frac{1}{n+1}$，而级数 $\sum_{n=1}^{\infty} \frac{1}{n+1} = \frac{1}{2} + \frac{1}{3} + \cdots + \frac{1}{n+1} + \cdots$ 是发散的，根据比较审敛法可知所给级数也是发散的.

【定理 8.3】（比较审敛法的极限形式）

设 $\sum_{n=1}^{\infty} u_n$ 和 $\sum_{n=1}^{\infty} v_n$ 都是正项级数，如果 $\lim\limits_{n\to\infty} \frac{u_n}{v_n} = l(0<l<+\infty)$，则级数 $\sum_{n=1}^{\infty} u_n$ 和级数 $\sum_{n=1}^{\infty} v_n$ 同时收敛或同时发散.

证明：由极限的定义可知，对 $\varepsilon = \frac{1}{2}l$，存在自然数 N，当 $n>N$ 时，有不等式

$$l - \frac{1}{2}l < \frac{u_n}{v_n} < l + \frac{1}{2}l$$

即 $\frac{1}{2}lv_n < u_n < \frac{3}{2}lv_n$.

再根据比较审敛法的推论 8.1，即得所要证的结论.

【例 8.7】 判别级数 $\sum_{n=1}^{\infty}\sin\frac{1}{n}$ 的收敛性.

解：因为 $\lim_{n\to\infty}\frac{\sin\frac{1}{n}}{\frac{1}{n}}=1$，而级数 $\sum_{n=1}^{\infty}\frac{1}{n}$ 发散，根据比较审敛法的极限形式，级数 $\sum_{n=1}^{\infty}\sin\frac{1}{n}$ 发散.

用比较审敛法时，需要适当地选取一个已知其收敛性的级数 $\sum_{n=1}^{\infty}v_n$ 作为比较的基准. 最常选用做基准级数的是等比级数和 p - 级数.

【定理 8.4】（比值审敛法，达朗贝尔判别法）若正项级数 $\sum_{n=1}^{\infty}u_n$ 的后项与前项之比值的极限等于 ρ，即

$$\lim_{n\to\infty}\frac{u_{n+1}}{u_n}=\rho$$

则当 $\rho<1$ 时级数收敛，当 $\rho>1$（或 $\lim_{n\to\infty}\frac{u_{n+1}}{u_n}=\infty$）时级数发散；当 $\rho=1$ 时级数可能收敛也可能发散.

【例 8.8】 判别级数 $\sum_{n=1}^{\infty}\frac{1}{n!}$ 的收敛性.

解：因为

$$\lim_{n\to\infty}\frac{u_{n+1}}{u_n}=\lim_{n\to\infty}\frac{\frac{1}{(n+1)!}}{\frac{1}{n!}}=\lim_{n\to\infty}\frac{1}{n+1}=0<1$$

根据比值审敛法可知，所给级数收敛.

【例 8.9】 判别级数 $\sum_{n=1}^{\infty}\frac{n!}{3^n}$ 的收敛性.

解：因为

$$\lim_{n\to\infty}\frac{u_{n+1}}{u_n}=\lim_{n\to\infty}\frac{\frac{(n+1)!}{3^{n+1}}}{\frac{n!}{3^n}}=\lim_{n\to\infty}\frac{n+1}{3}=+\infty$$

根据比值审敛法可知，所给级数发散.

【定理 8.5】（根值审敛法，柯西判别法）

设 $\sum_{n=1}^{\infty}u_n$ 是正项级数，如果它的一般项 u_n 的 n 次根的极限等于 ρ，即

$$\lim_{n\to\infty}\sqrt[n]{u_n}=\rho$$

则当$\rho<1$时级数收敛；当$\rho>1$（或$\lim\limits_{n\to\infty}\sqrt[n]{u_n}=+\infty$）时级数发散；当$\rho=1$时级数可能收敛也可能发散.

【定理8.6】（极限审敛法）设$\sum\limits_{n=1}^{\infty}u_n$为正项级数

（1）如果$\lim\limits_{n\to\infty}nu_n=l>0$（或$\lim\limits_{n\to\infty}nu_n=+\infty$），则级数$\sum\limits_{n=1}^{\infty}u_n$发散；

（2）如果$p>1$，而$\lim\limits_{n\to\infty}n^pu_n=l(0\leqslant l<+\infty)$，则级数$\sum\limits_{n=1}^{\infty}u_n$收敛.

证明：（1）在极限形式的比较审敛法中，取$v_n=\dfrac{1}{n}$，由调和级数$\sum\limits_{n=1}^{\infty}\dfrac{1}{n}$发散，知结论成立.

（2）在极限形式的比较审敛法中，取$v_n=\dfrac{1}{n^p}$，当$p>1$时，p-级数$\sum\limits_{n=1}^{\infty}\dfrac{1}{n^p}$收敛，故结论成立.

【例8.10】 判定级数$\sum\limits_{n=1}^{\infty}\ln\left(1+\dfrac{1}{n^2}\right)$的收敛性

解：因$\ln\left(1+\dfrac{1}{n^2}\right)\sim\dfrac{1}{n^2}(n\to+\infty)$，故

$$\lim_{n\to\infty}n^2u_n=\lim_{n\to\infty}n^2\ln\left(1+\frac{1}{n^2}\right)=\lim_{n\to\infty}n^2\cdot\frac{1}{n^2}=1$$

根据极限审敛法，知所给级数收敛.

二、交错级数及其审敛法则

下列形式的级数

$$u_1-u_2+u_3-u_4\cdots,$$

称为**交错级数**. 交错级数的一般形式为$\sum\limits_{n=1}^{\infty}(-1)^{n-1}u_n$，其中$u_n>0$.

【定理8.7】（莱布尼茨定理）如果交错级数$\sum\limits_{n=1}^{\infty}(-1)^{n-1}u_n$满足条件：

（1）$u_n\geqslant u_{n+1}(n=1,2,3,\cdots)$；

（2）$\lim\limits_{n\to\infty}u_n=0$.

则级数收敛，且其和$s\leqslant u_1$，其余项r_n的绝对值$|r_n|\leqslant u_{n+1}$.

证明：设前n项部分和为s_n，由

$$s_{2n}=(u_1-u_2)+(u_3-u_4)+\cdots(u_{2n-1}-u_{2n})$$

及

$$s_{2n}=u_1-(u_2-u_3)+(u_4-u_5)+\cdots(u_{2n-2}-u_{2n-1})-u_{2n}$$

看出数列$\{s_{2n}\}$单调增加且有界$(s_{2n}\leqslant u_1)$，所以收敛.

设$s_{2n}\to s(n\to\infty)$，则也有$s_{2n+1}=s_{2n}+u_{2n+1}\to s(n\to\infty)$，所以$s_n\to s(n\to\infty)$，从而级

数是收敛的，且 $s < u_1$.

因为 $|r_n| \leqslant u_{n+1} - u_{n+2} + \cdots$ 也是收敛的交错级数，所以 $|r_n| \leqslant u_{n+1}$.

三、绝对收敛与条件收敛

对于一般的级数

$$u_1 + u_2 + \cdots + u_n + \cdots,$$

若级数 $\sum_{n=1}^{\infty}|u_n|$ 收敛，则称级数 $\sum_{n=1}^{\infty}u_n$ 绝对收敛；若级数 $\sum_{n=1}^{\infty}u_n$ 收敛，而级数 $\sum_{n=1}^{\infty}|u_n|$ 发散，则称级数 $\sum_{n=1}^{\infty}u_n$ 条件收敛.

级数绝对收敛与级数收敛有如下关系：

【定理 8.8】 如果级数 $\sum_{n=1}^{\infty}u_n$ 绝对收敛，则级数 $\sum_{n=1}^{\infty}u_n$ 必定收敛.

证明：令

$$v_n = \frac{1}{2}(u_n + |u_n|) \quad (n = 1, 2, \cdots)$$

显然 $v_n \geqslant 0$ 且 $v_n \leqslant |u_n| (n = 1, 2, \cdots)$. 因级数 $\sum_{n=1}^{\infty}|u_n|$ 收敛，故由比较审敛法知道，级数 $\sum_{n=1}^{\infty}v_n$ 收敛，从而级数 $\sum_{n=1}^{\infty}2v_n$ 也收敛. 而 $u_n = 2v_n - |u_n|$，由收敛级数的基本性质可知：

$$\sum_{n=1}^{\infty}u_n = \sum_{n=1}^{\infty}2v_n - \sum_{n=1}^{\infty}|u_n|$$

所以级数 $\sum_{n=1}^{\infty}u_n$ 收敛.

定理 8.8 表明，对于一般的级数 $\sum_{n=1}^{\infty}u_n$，如果我们用正项级数的审敛法判定级数 $\sum_{n=1}^{\infty}|u_n|$ 收敛，则此级数收敛. 这就使一大类级数的收敛性判定问题，转化成为正项级数的收敛性判定问题.

一般来说，如果级数 $\sum_{n=1}^{\infty}|u_n|$ 发散，我们不能断定级数 $\sum_{n=1}^{\infty}u_n$ 也发散. 但是，如果我们用比值法或根值法判定级数 $\sum_{n=1}^{\infty}|u_n|$ 发散，则我们可以断定级数 $\sum_{n=1}^{\infty}u_n$ 必定发散. 这是因为，此时 $|u_n|$ 不趋向于零，从而 u_n 也不趋向于零，因此级数 $\sum_{n=1}^{\infty}u_n$ 也是发散的.

【例 8.11】 判别级数 $\sum_{n=1}^{\infty}\frac{\sin na}{n^2}$ 的收敛性.

解：因为 $\left|\frac{\sin na}{n^2}\right| \leqslant \frac{1}{n^2}$，而级数 $\sum_{n=1}^{\infty}\frac{1}{n^2}$ 是收敛的，所以级数 $\sum_{n=1}^{\infty}\left|\frac{\sin na}{n^2}\right|$ 也收敛，从而

级数 $\sum_{n=1}^{\infty}\frac{\sin na}{n^2}$ 绝对收敛.

【例 8.12】 判别级数 $\sum_{n=1}^{\infty}\frac{a^n}{n^3}$（$a$ 为常数）的收敛性.

解： 因为

$$\frac{|u_{n+1}|}{|u_n|}=\frac{|a|^{n+1}n^3}{|a|^n(n+1)^3}=\left(\frac{n}{n+1}\right)^3|a|\to|a|\quad(n\to\infty)$$

所以当 $a=\pm1$ 时，级数 $\sum_{n=1}^{\infty}\frac{(\pm1)^n}{n^3}$ 均收敛；当 $|a|\leqslant1$ 时，级数 $\sum_{n=1}^{\infty}\frac{a^n}{n^3}$ 绝对收敛；当 $|a|>1$ 时，级数 $\sum_{n=1}^{\infty}\frac{a^n}{n^3}$ 发散.

【习题 8.2】

1. 用比较审敛法判定下列级数的敛散性.

(1) $\sum_{n=1}^{\infty}\frac{1}{3n+2}$　　(2) $\sum_{n=1}^{\infty}\frac{3}{2^n+1}$

(3) $\sum_{n=1}^{\infty}\frac{1}{n^2+n}$　　(4) $\sum_{n=1}^{\infty}\sin\frac{\pi}{2^n}$

2. 用比值审敛法判定下列级数的敛散性.

(1) $\sum_{n=1}^{\infty}\frac{n^3}{3^n}$　　(2) $\sum_{n=1}^{\infty}\frac{n!}{4^n}$

3. 判定下列级数是否收敛？若收敛，是绝对收敛还是条件收敛.

(1) $\sum_{n=1}^{\infty}(-1)^{n+1}\frac{1}{\sqrt{n}}$　　(2) $\sum_{n=1}^{\infty}(-1)^{n-1}\frac{n^2}{2^n}$

第三节
幂　级　数

一、函数项级数的概念

给定一个定义在区间 I 上的函数列 $\{u_n(x)\}$，由这函数列构成的表达式

$$u_1(x)+u_2(x)+u_3(x)+\cdots+u_n(x)+\cdots$$

称为定义在区间 I 上的**函数项级数**，记为 $\sum_{n=1}^{\infty}u_n(x)$.

对于区间 I 内的一定点 x_0，若常数项级数 $\sum_{n=1}^{\infty}u_n(x_0)$ 收敛，则称点 x_0 是级数 $\sum_{n=1}^{\infty}u_n(x)$

的**收敛点**. 若常数项级数 $\sum_{n=1}^{\infty} u_n(x_0)$ 发散，则称点 x_0 是级数 $\sum_{n=1}^{\infty} u_n(x)$ 的**发散点**.

函数项级数 $\sum_{n=1}^{\infty} u_n(x)$ 的所有收敛点的全体称为它的**收敛域**，所有发散点的全体称为它的**发散域**.

在收敛域上，函数项级数 $\sum_{n=1}^{\infty} u_n(x)$ 的和是 x 的函数 $s(x)$，$s(x)$ 称为函数项级数 $\sum_{n=1}^{\infty} u_n(x)$ 的**和函数**，并写成 $s(x) = \sum_{n=1}^{\infty} u_n(x)$. 函数项级数 $\sum_{n=1}^{\infty} u_n(x)$ 的前 n 项的部分和记作 $s_n(x)$，即

$$s_n(x) = u_1(x) + u_2(x) + u_3(x) + \cdots + u_n(x)$$

在收敛域上有 $\lim\limits_{n\to\infty} s_n(x) = s(x)$.

函数项级数 $\sum_{n=1}^{\infty} u_n(x)$ 的和函数 $s(x)$ 与部分和 $s_n(x)$ 的差

$$r_n(x) = s(x) - s_n(x)$$

叫作函数项级数 $\sum_{n=1}^{\infty} u_n(x)$ 的**余项**. 并有 $\lim\limits_{n\to\infty} r_n(x) = 0$.

二、幂级数及其收敛性

函数项级数中简单而常见的一类级数就是各项都是幂函数的函数项级数，这种形式的级数称为**幂级数**，它的形式是

$$\sum_{n=0}^{\infty} a_n x^n = a_0 + a_1 x + a_2 x^2 + \cdots + a_n x^n + \cdots$$

其中常数 $a_0, a_1, a_2, \cdots, a_n, \cdots$ 叫作**幂级数的系数**.

【定理 8.9】 （阿贝尔定理）对于级数 $\sum_{n=0}^{\infty} a_n x^n$，当 $x = x_0 (x_0 \neq 0)$ 时收敛，则适合不等式 $|x| < |x_0|$ 的一切 x 使这幂级数绝对收敛. 反之，如果级数 $\sum_{n=0}^{\infty} a_n x^n$ 当 $x = x_0$ 时发散，则适合不等式 $|x| > |x_0|$ 的一切 x 使这幂级数发散.

证： 先设 x_0 是幂级数 $\sum_{n=0}^{\infty} a_n x^n$ 的收敛点，即级数 $\sum_{n=0}^{\infty} a_n x_0^n$ 收敛. 根据级数收敛的必要条件，有 $\lim\limits_{n\to\infty} a_n x_0^n = 0$，于是存在一个常数 M，使

$$|a_n x_0^n| \leqslant M (n = 1, 2, \cdots)$$

这样级数 $\sum_{n=0}^{\infty} a_n x^n$ 的一般项的绝对值

$$|a_n x^n| = \left| a_n x_0^n \cdot \frac{x^n}{x_0^n} \right| = |a_n x_0^n| \cdot \left| \frac{x}{x_0} \right|^n \leqslant M \cdot \left| \frac{x}{x_0} \right|^n$$

因为当 $|x| < |x_0|$ 时，等比级数 $\sum_{n=0}^{\infty} M \cdot \left| \frac{x}{x_0} \right|^n$ 收敛，所以级数 $\sum_{n=0}^{\infty} |a_n x^n|$ 收敛，也就是级数

$\sum_{n=0}^{\infty} a_n x^n$ 绝对收敛.

定理的第二部分可用反证法证明.

倘若幂级数当 $x = x_0$ 时发散而有一点 x_1 适合 $|x_1| > |x_0|$ 使级数收敛，则根据本定理的第一部分，级数当 $x = x_0$ 时应收敛，这与所设矛盾. 定理得证.

【推论 8.3】 如果级数 $\sum_{n=0}^{\infty} a_n x^n$ 不是仅在点 $x=0$ 一点收敛，也不是在整个数轴上都收敛，则必有一个完全确定的正数 R 存在，使

当 $|x| < R$ 时，幂级数绝对收敛；

当 $|x| > R$ 时，幂级数发散；

当 $x = R$ 与 $x = -R$ 时，幂级数可能收敛也可能发散.

正数 R 通常叫作幂级数 $\sum_{n=0}^{\infty} a_n x^n$ 的**收敛半径**. 开区间 $(-R, R)$ 叫作幂级数 $\sum_{n=0}^{\infty} a_n x^n$ 的**收敛区间**.再由幂级数在 $x = \pm R$ 处的收敛性就可以决定它的**收敛域**. 幂级数 $\sum_{n=0}^{\infty} a_n x^n$ 的收敛域是 $(-R, R)$ 或 $[-R, R)$、$(-R, R]$、$[-R, R]$ 之一.

若幂级数 $\sum_{n=0}^{\infty} a_n x^n$ 只在 $x=0$ 处收敛，则规定收敛半径 $R=0$，若幂级数 $\sum_{n=0}^{\infty} a_n x^n$ 对一切 x 都收敛，则规定收敛半径 $R = +\infty$，这时收敛域为 $(-\infty, +\infty)$.

【定理 8.10】 如果 $\lim_{n\to\infty}\left|\frac{a_{n+1}}{a_n}\right| = \rho$，其中 a_n、a_{n+1} 是幂级数 $\sum_{n=0}^{\infty} a_n x^n$ 的相邻两项的系数，则这幂级数的收敛半径

$$R = \begin{cases} +\infty & \rho = 0 \\ \dfrac{1}{\rho} & \rho \neq 0 \\ 0 & \rho = +\infty \end{cases}$$

证明： $\lim_{n\to\infty}\left|\frac{a_{n+1}x^{n+1}}{a_n x^n}\right| = \lim_{n\to\infty}\left|\frac{a_{n+1}}{a_n}\right| \cdot |x| = \rho|x|$

(1) 如果 $0 < \rho < +\infty$，则只当 $\rho|x| < 1$ 时幂级数收敛,故 $R = \frac{1}{\rho}$.

(2) 如果 $\rho = 0$，则幂级数总是收敛的，故 $R = +\infty$.

(3) 如果 $\rho = +\infty$，则只当 $x = 0$ 时幂级数收敛，故 $R = 0$.

【例 8.13】 求幂级数 $\sum_{n=1}^{\infty} \frac{x^n}{n^2}$ 的收敛半径与收敛域

解： 因为

$$\rho = \lim_{n\to\infty}\left|\frac{a_{n+1}}{a_n}\right| = \lim_{n\to\infty}\frac{n^2}{(n+1)^2} = 1$$

所以收敛半径为 $R = \frac{1}{\rho} = 1$. 即收敛区间为 $(-1, 1)$.

当$x=\pm 1$时，有$\left|\frac{(\pm 1)^n}{n^2}\right|=\frac{1}{n^2}$，由于级数$\sum\limits_{n=1}^{\infty}\frac{1}{n^2}$收敛，所以级数$\sum\limits_{n=1}^{\infty}\frac{x^n}{n^2}$在$x=\pm 1$时也收敛．因此，收敛域为$[-1,1]$.

【例 8.14】 求幂级数

$$\sum_{n=0}^{\infty}\frac{1}{n!}x^n=1+x+\frac{1}{2!}x^2+\frac{1}{3!}x^3+\cdots+\frac{1}{n!}x^n+\cdots$$

的收敛域．

解：因为

$$\rho=\lim_{n\to\infty}\left|\frac{a_{n+1}}{a_n}\right|=\lim_{n\to\infty}\frac{\frac{1}{(n+1)!}}{\frac{1}{n!}}=\lim_{n\to\infty}\frac{n!}{(n+1)!}=0$$

所以收敛半径为$R=+\infty$，从而收敛域为$(-\infty,+\infty)$.

【例 8.15】 求幂级数$\sum\limits_{n=0}^{\infty}n!x^n$的收敛半径

解：因为

$$\rho=\lim_{n\to\infty}\left|\frac{a_{n+1}}{a_n}\right|=\lim_{n\to\infty}\frac{(n+1)!}{n!}=+\infty$$

所以收敛半径为$R=0$，即级数仅在$x=0$处收敛．

【例 8.16】 求幂级数$\sum\limits_{n=0}^{\infty}\frac{(2n)!}{(n!)^2}x^{2n}$的收敛半径

解：级数缺少奇次幂的项，定理 8.2 不能应用．可根据比值审敛法来求收敛半径．

幂级数的一般项记为$u_n(x)=\frac{(2n)!}{(n!)^2}x^{2n}$. 因为

$$\lim_{n\to\infty}\left|\frac{u_{n+1}(x)}{u_n(x)}\right|=4|x|^2$$

当$4|x|^2<1$即$|x|<\frac{1}{2}$时级数收敛；当$4|x|^2>1$即$|x|>\frac{1}{2}$时级数发散，所以收敛半径为$R=\frac{1}{2}$.

三、幂级数的运算

设幂级数$\sum\limits_{n=0}^{\infty}a_nx^n$及$\sum\limits_{n=0}^{\infty}b_nx^n$分别在区间$(-R,R)$及$(-R',R')$内收敛，则在$(-R,R)$与$(-R',R')$中较小的区间内有

加法：$\sum\limits_{n=0}^{\infty}a_nx^n+\sum\limits_{n=0}^{\infty}b_nx^n=\sum\limits_{n=0}^{\infty}(a_n+b_n)x^n$

减法：$\sum\limits_{n=0}^{\infty}a_nx^n-\sum\limits_{n=0}^{\infty}b_nx^n=\sum\limits_{n=0}^{\infty}(a_n-b_n)x^n$

乘法：$\left(\sum_{n=0}^{\infty}a_nx^n\right)\cdot\left(\sum_{n=0}^{\infty}b_nx^n\right)=a_0b_0+(a_0b_1+a_1b_0)x+(a_0b_2+a_1b_1+a_2b_0)x^2+\cdots$

$$+(a_0b_n+a_1b_{n-1}+\cdots+a_nb_0)x^n+\cdots.$$

除法：$\dfrac{a_0+a_1x+a_2x^2+\cdots+a_nx^n+\cdots}{b_0+b_1x+b_2x^2+\cdots+b_nx^n+\cdots}=c_0+c_1x+c_2x^2+\cdots+c_nx^n+\cdots.$

关于幂级数的和函数有下列重要性质：

【性质 8.6】 幂级数 $\sum_{n=0}^{\infty}a_nx^n$ 的和函数 $s(x)$ 在其收敛域 I 上连续．

【性质 8.7】 幂级数 $\sum_{n=0}^{\infty}a_nx^n$ 的和函数 $s(x)$ 在其收敛域 I 上可积，并且有逐项积分公式．

$$\int_0^x s(x)dx=\int_0^x\left(\sum_{n=0}^{\infty}a_nx^n\right)dx=\sum_{n=0}^{\infty}\int_0^x a_nx^ndx=\sum_{n=0}^{\infty}\frac{a_n}{n+1}x^{n+1}\ (x\in I)$$

逐项积分后所得到的幂级数和原级数有相同的收敛半径．

【性质 8.8】 幂级数 $\sum_{n=0}^{\infty}a_nx^n$ 的和函数 $s(x)$ 在其收敛区间 $(-R,R)$ 内可导，并且有逐项求导公式

$$s'(x)=\left(\sum_{n=0}^{\infty}a_nx^n\right)'=\sum_{n=0}^{\infty}(a_nx^n)'=\sum_{n=1}^{\infty}na_nx^{n-1}\quad(|x|<R)$$

逐项求导后所得到的幂级数和原级数有相同的收敛半径．

【例 8.17】 求幂级数 $\sum_{n=0}^{\infty}\frac{1}{n+1}x^n$ 的和函数．

解：求得幂级数的收敛域为 $[-1,1)$．设和函数为 $s(x)$，即

$$s(x)=\sum_{n=0}^{\infty}\frac{1}{n+1}x^n,x\in[-1,1)$$

显然 $s(0)=1$．在 $xs(x)=\sum_{n=0}^{\infty}\frac{1}{n+1}x^{n+1}$ 的两边求导

得

$$[xs(x)]'=\sum_{n=0}^{\infty}\left(\frac{1}{n+1}x^{n+1}\right)'=\sum_{n=0}^{\infty}x^n=\frac{1}{1-x}$$

对上式从 0 到 x 积分，得

$$xs(x)=\int_0^x\frac{1}{1-x}dx=-\ln(1-x)$$

于是，当 $x\neq0$ 时，有 $s(x)=-\frac{1}{x}\ln(1-x)$．从而

$$s(x)=\begin{cases}-\dfrac{1}{x}\ln(1-x) & x\in[-1,0)\cup(0,1)\\ 1 & x=0\end{cases}$$

提示：应用公式 $\int_0^x F'(x)dx=F(x)-F(0)$，即 $F(x)=F(0)+\int_0^x F'(x)dx$

$$\frac{1}{1-x}=1+x+x^2+x^3+\cdots+x^n+\cdots$$

【习题 8.3】

1. 求下列幂级数的收敛区间.

(1) $\sum\limits_{n=1}^{\infty}(n+1)x^n$　　(2) $\sum\limits_{n=1}^{\infty}\frac{(-1)^{n-1}}{n^2+1}x^n$　　(3) $\sum\limits_{n=1}^{\infty}\frac{x^n}{n\cdot 3^n}$

2. 利用逐项求导法或逐项积分法，求下列级数的和函数.

(1) $\sum\limits_{n=1}^{\infty}nx^{n-1}\ |x|<1$　　(2) $\sum\limits_{n=1}^{\infty}\frac{(-1)^{n+1}x^{2n-1}}{2n-1}$

第四节 函数的幂级数展开

给定函数 $f(x)$，要考虑它是否能在某个区间内“展开成幂级数”，就是说，是否能找到这样一个幂级数，它在某区间内收敛，且其和恰好就是给定的函数 $f(x)$. 如果能找到这样的幂级数，我们就说，函数 $f(x)$ 能展开成幂级数，而该级数在收敛区间内就表达了函数 $f(x)$.

如果 $f(x)$ 在点 x_0 的某邻域内具有各阶导数

$$f'(x),f''(x),\cdots f^{(n)}(x),\cdots$$

则当 $n\to\infty$ 时，$f(x)$ 在点 x_0 的泰勒多项式

$$p_n(x)=f(x_0)+f'(x_0)(x-x_0)+\frac{f''(x_0)}{2!}(x-x_0)^2+\cdots+\frac{f^{(n)}(x_0)}{n!}(x-x_0)^n$$

成为幂级数

$$f(x_0)+f'(x_0)(x-x_0)+\frac{f''(x_0)}{2!}(x-x_0)^2+\cdots+\frac{f^{(n)}(x_0)}{n!}(x-x_0)^n+\cdots$$

这一幂级数称为函数 $f(x)$ 的**泰勒级数**.

显然，当 $x=x_0$ 时，$f(x)$ 的泰勒级数收敛于 $f(x_0)$.

需要解决的问题：除了 $x=x_0$ 外，$f(x)$ 的泰勒级数是否收敛？如果收敛，它是否一定收敛于 $f(x)$？

【定理 8.11】 设函数 $f(x)$ 在点 x_0 处的某一邻域 $U(x_0)$ 内具有各阶导数，则 $f(x)$ 在该邻域内能展开成泰勒级数的充分必要条件是 $f(x)$ 的泰勒公式中的余项 $R_n(x)$ 当 $n\to\infty$ 时的极限为零，即

$$\lim_{n\to\infty}R_n(x)=0\qquad [x\in U(x_0)]$$

证明：先证必要性. 设 $f(x)$ 在 $U(x_0)$ 内能展开为泰勒级数，即

$$f(x)=f(x_0)+f'(x_0)(x-x_0)+\frac{f''(x_0)}{2!}(x-x_0)^2+\cdots+\frac{f^{(n)}(x_0)}{n!}(x-x_0)^n+\cdots,$$

又设 $s_{n+1}(x)$ 是 $f(x)$ 的泰勒级数的前 $n+1$ 项的和，则在 $U(x_0)$ 内

$$s_{n+1}(x)\to f(x)\ (n\to\infty)$$

而 $f(x)$ 的 n 阶泰勒公式可写成 $f(x)=s_{n+1}(x)+R_n(x)$，于是

$$R_n(x)=f(x)-s_{n+1}(x)\to 0\ (n\to\infty)$$

再证充分性．设 $R_n(x)\to 0\ (n\to\infty)$ 对一切 $x\in U(x_0)$ 成立．

因为 $f(x)$ 的 n 阶泰勒公式可写成 $f(x)=s_{n+1}(x)+R_n(x)$，于是

$$s_{n+1}(x)=f(x)-R_n(x)\to f(x)$$

即 $f(x)$ 的泰勒级数在 $U(x_0)$ 内收敛，并且收敛于 $f(x)$.

在泰勒级数中取 $x_0=0$，得

$$f(0)+f'(0)x+\frac{f''(0)}{2!}x^2+\cdots+\frac{f^{(n)}(0)}{n!}x^n+\cdots$$

此级数称为 $f(x)$ 的**麦克劳林级数**．

要把函数 $f(x)$ 展开成 x 的幂级数，可以按照下列步骤进行：

第一步　求出 $f(x)$ 的各阶导数：$f'(x),f''(x),f'''(x),\cdots,f^{(n)}(x),\cdots$

第二步　求函数及其各阶导数在 $x_0=0$ 处的值．

$$f'(0),f''(0),f'''(0),\cdots,\ f^{(n)}(0),\cdots$$

第三步　写出幂级数

$$f(0)+f'(0)x+\frac{f''(0)}{2!}x^2+\cdots+\frac{f^{(n)}(0)}{n!}x^n+\cdots$$

并求出收敛半径 R.

第四步　考察在区间 $(-R,R)$ 内时是否 $R_n(x)\to 0\ (n\to\infty)$

即
$$\lim_{n\to\infty}R_n(x)=\lim_{n\to\infty}\frac{f^{(n+1)}(\xi)}{(n+1)!}x^{n+1}$$

是否为零．如果 $R_n(x)\to 0\ (n\to\infty)$，则 $f(x)$ 在 $(-R,R)$ 内有展开式

$$f(x)=f(0)+f'(0)x+\frac{f''(0)}{2!}x^2+\cdots+\frac{f^{(n)}(0)}{n!}x^n+\cdots\ (-R<x<R)$$

【例 8.18】　试将函数 $f(x)=e^x$ 展开成 x 的幂级数

解：所给函数的各阶导数为 $f^{(n)}(x)=e^x\ (n=1,2,\cdots)$，因此 $f^{(n)}(0)=1\ (n=1,2,\cdots)$.

得到幂级数

$$1+x+\frac{1}{2!}x^2+\cdots+\frac{1}{n!}x^n+\cdots$$

该幂级数的收敛半径 $R=+\infty$.

由于对于任何有限的数 x,ξ（ξ 介于 0 与 x 之间），有

$$|R_n(x)|=\left|\frac{e^{\xi}}{(n+1)!}x^{n+1}\right|\leqslant e^{|x|}\cdot\frac{|x|^{n+1}}{(n+1)!}$$

而 $\lim\limits_{n\to\infty}\frac{|x|^{n+1}}{(n+1)!}=0$，所以 $\lim\limits_{n\to\infty}|R_n(x)|=0$，从而有展开式

$$e^x = 1 + x + \frac{1}{2!}x^2 + \cdots + \frac{1}{n!}x^n + \cdots \quad (-\infty < x < +\infty)$$

【例 8.19】 将函数 $f(x) = \sin x$ 展开成 x 的幂级数

解：因为
$$f^{(n)}(x) = \sin\left(x + n \cdot \frac{\pi}{2}\right)(n = 1, 2, \cdots)$$

所以 $f^{(n)}(0)$ 顺序循环地取 $0, 1, 0, -1, \cdots (n = 0, 1, 2, 3, \cdots)$，于是得级数

$$x - \frac{x^3}{3!} + \frac{x^5}{5!} - \cdots + (-1)^n \frac{x^{2n+1}}{(2n+1)!} + \cdots$$

它的收敛半径为 $R = +\infty$.

对于任何有限的数 x, ξ（ξ 介于 0 与 x 之间），有

$$|R_n(x)| = \left| \frac{\sin\left(\xi + \frac{(n+1)\pi}{2}\right)}{(n+1)!} x^{n+1} \right| \leqslant \frac{|x|^{n+1}}{(n+1)!} \to 0 \quad n \to \infty$$

因此得展开式

$$\sin x = x - \frac{x^3}{3!} + \frac{x^5}{5!} + \cdots + (-1)^n \frac{x^{2n+1}}{(2n+1)!} + \cdots \quad (-\infty < x < +\infty)$$

【例 8.20】 将函数 $f(x) = (1 + x)^m$ 展开成 x 的幂级数，其中 m 为任意常数

解：$f(x)$ 的各阶导数为

$$f'(x) = m(1 + x)^{m-1}$$
$$f''(x) = m(m-1)(1 + x)^{m-2}$$
$$\cdots$$
$$f^{(n)}(x) = m(m-1)(m-2)\cdots(m-n+1)(1 + x)^{m-n}$$
$$\cdots$$

所以

$$f(0) = 1, f'(0) = m, f''(0) = m(m-1), \cdots, f^{(n)}(0) = m(m-1)(m-2)\cdots(m-n+1), \cdots$$

且 $R_n(x) \to 0$

于是得幂级数

$$1 + mx + \frac{m(m-1)}{2!}x^2 + \cdots + \frac{m(m-1)\cdots(m-n+1)}{n!}x^n + \cdots$$

以上例题是直接按照公式计算幂级数的系数，最后考察余项是否趋于零．这种直接展开的方法计算量较大，而且研究余项即使在初等函数中也不是一件容易的事．下面介绍间接展开的方法，也就是利用一些已知的函数展开式，通过幂级数的运算以及变量代换等，将所给函数展开成幂级数．这样做不但计算简单，而且可以避免研究余项．

【例 8.21】 将函数 $f(x) = \cos x$ 展开成 x 的幂级数

解：已知

$$\sin x = x - \frac{x^3}{3!} + \frac{x^5}{5!} + \cdots + (-1)^n \frac{x^{2n+1}}{(2n+1)!} + \cdots (-\infty < x < +\infty)$$

对上式两边求导得

$$\cos x = 1 - \frac{x^2}{2!} + \frac{x^4}{4!} - \cdots + (-1)^n \frac{x^{2n}}{(2n)!} + \cdots (-\infty < x < +\infty)$$

【例 8.22】 将函数$f(x)=\ln(1+x)$展开成x的幂级数

解：因为$f'(x)=\dfrac{1}{1+x}$，而$\dfrac{1}{1+x}$是等比级数$\sum\limits_{n=0}^{\infty}(-1)^n x^n(-1<x<1)$的和函数

$$\frac{1}{1+x}=1-x+x^2-x^3+\cdots+(-1)^n x^n+\cdots$$

所以将上式从 0 到x逐项积分，得

$$f(x)=\ln(1+x)=\int_0^x[\ln(1+x)]'dx=\int_0^x\frac{1}{1+x}dx$$

$$=\int_0^x\left[\sum_{n=0}^{\infty}(-1)^n x^n\right]dx=\sum_{n=0}^{\infty}(-1)^n\frac{x^{n+1}}{n+1}(-1<x\leqslant 1)$$

上述展开式对$x=1$也成立，这是因为上式右端的幂级数当$x=1$时收敛，而$\ln(1+x)$在$x=1$处有定义且连续.

常用展开式小结：

$$\frac{1}{1-x}=1+x+x^2+\cdots+x^n+\cdots\quad(-1<x<1)$$

$$e^x=1+x+\frac{1}{2!}x^2+\cdots+\frac{1}{n!}x^n+\cdots\quad(-\infty<x<+\infty)$$

$$\sin x=x-\frac{x^3}{3!}+\frac{x^5}{5!}+\cdots+(-1)^n\frac{x^{2n+1}}{(2n+1)!}+\cdots\quad(-\infty<x<+\infty)$$

$$\cos x=1-\frac{x^2}{2!}+\frac{x^4}{4!}-\cdots+(-1)^n\frac{x^{2n}}{(2n)!}+\cdots\quad(-\infty<x<+\infty)$$

$$\ln(1+x)=x-\frac{x^2}{2}+\frac{x^3}{3}-\frac{x^4}{4}+\cdots+(-1)^n\frac{x^{n+1}}{n+1}+\cdots\quad(-1<x\leqslant 1)$$

$$(1+x)^m=1+mx+\frac{m(m-1)}{2!}x^2+\cdots+\frac{m(m-1)\cdots(m-n+1)}{n!}x^n+\cdots\quad(-1<x<1)$$

【习题 8.4】

1. 将下列函数展开成x的幂级数，并求展开式成立的区间.

（1）$y=\ln(2+x)$　　（2）$y=\dfrac{1}{(1+x)^2}$

2. 将函数$f(x)=\ln x$展开成$(x-1)$的幂级数.

【复习题八】

1. 判别下列正项级数的敛散性.

（1）$\sum\limits_{n=2}^{\infty}\dfrac{1}{\ln^2 n}$　　（2）$\sum\limits_{n=1}^{\infty}\dfrac{1}{n\sqrt[n]{n}}$

（3）$\sum\limits_{n=1}^{\infty}\left(1-\cos\dfrac{2}{n}\right)$　　（4）$\sum\limits_{n=1}^{\infty}\dfrac{n^n}{(n!)^2}$

2. 判别下列级数：是绝对收敛？条件收敛？还是发散？

(1) $\sum_{n=1}^{\infty} \frac{(-1)^{n-1}}{\ln(2+n)}$　　(2) $\sum_{n=1}^{\infty} \frac{n^{10}}{(-3)^n}$

(3) $\sum_{n=1}^{\infty} (-1)^n \frac{n}{n+1}$　　(4) $\sum_{n=1}^{\infty} (-1)^n \frac{(n+1)!}{n^{n+1}}$

3. 求下列幂级数的收敛域.

(1) $\sum_{n=0}^{\infty} (2n)!x^n$　　(2) $\sum_{n=1}^{\infty} \frac{x^{2n}}{(2n-1)!}$

(3) $\sum_{n=1}^{\infty} \frac{3^n+5^n}{n}x^n$　　(4) $\sum_{n=1}^{\infty} \frac{(x+4)^n}{n}$

(5) $\sum_{n=0}^{\infty} 10^n (x-1)^n$　　(6) $\sum_{n=0}^{\infty} \frac{(-1)^n}{n^2}(x-3)^n$

4. 求下列幂级数的和函数及收敛域.

(1) $\sum_{n=1}^{\infty} n^2 x^{n-1}$　　(2) $\sum_{n=0}^{\infty} (n+1)x^{n+1}$

(3) $\sum_{n=0}^{\infty} \frac{1}{2^{n-1}}x^n$　　(4) $\sum_{n=1}^{\infty} \frac{1}{n(n+1)}x^{n+1}$

附录

参考答案

习题 1.1

1. （1）$[-2,1]$，（2）$(-1,1)$，（3）$(-\infty,-2)\cup(2,+\infty)$，（4）$x\neq\frac{k\pi}{3}+\frac{\pi}{6}-\frac{1}{3}$

2. $f(2)=3$ $f(0)=0$ $f\left(-\frac{\pi}{2}\right)=-1$

3. （1）非奇非偶，（2）奇函数，（3）偶函数，（4）非奇非偶

4. （1）$y=\sin u, u=\ln v, v=2x$，（2）$y=e^{u}, u=3x+2$，（3）$y=\sqrt{u}, u=\tan v, v=3x$
（4）$y=\ln u, u=\sin v, v=3x+2$

习题 1.2

1. （1）B （2）B （3）D （4）B （5）B

2. 左右极限都存在都等于2，所以极限存在等于2

3. （1）2 （2）$\frac{e^2-1}{2}$ （3）0 （4）9 （5）$\frac{2}{3}$ （6）1 （7）4 （8）$\frac{1}{2}$
（9）$\frac{1}{2}$ （10）$\frac{1}{2}$

4. $a=-3, b=2$

习题 1.3

1. （1）C （2）C （3）B （4）A

2. （1）4 （2）0 （3）2 （4）π （5）$\cos a$ （6）1

3. （1）e^{-1} （2）e^{6} （3）e^{2} （4）e^{3} （5）e^{3} （6）e^{2}

习题 1.4

1. （1）D （2）C （3）B （4）A （5）A

2. （1）无穷大 （2）无穷小 （3）无穷小 （4）既不是无穷小也不是无穷大
（5）无穷小 （6）无穷小

3. x^2-2x^3 是较高阶的无穷小

4. （1）0 （2）3 （3）$\frac{1}{2}$ （4）1 （5）2 （6）$\frac{1}{2}$

习题 1.5

1. （1）D （2）A （3）A （4）A

2. $k=2$ 时，$f(x)$在其定义域内连续.

3. $a=\frac{1}{2}, b=1$.

4. 略

复习题一

1. （1）1　（2）$\frac{1}{81}$　（3）等价　（4）$\frac{1}{2}$　（5）$[-1,3)\cup(3,+\infty)$　（6）$\frac{1}{2}$

2. （1）B　（2）B　（3）C

3. （1）$+\infty$　（2）$\frac{3}{2}$　（3）e^5　（4）3　（5）$\frac{2\sqrt{2}}{3}$　（6）$\frac{1}{2}$

4. （1）同阶不等阶无穷小　（2）等价无穷小　（3）同阶不等阶无穷小　（4）等价无穷小

5. 不存在

6. $a=0$

7. $x=0$ 为跳跃间断点

8. 略

习题 2. 1

1. （1）C　（2）B　（3）A

2. （1）$-f'(x_0)$　（2）$2f'(x_0)$

3. 连续，不可导

4. 切线方程：$y+1=4(x-1)$，法线方程：$y+1=-\frac{1}{4}(x-1)$

习题 2. 2

1. $\frac{\sqrt{3}+1}{2}$

2. （1）$15x^2-2^x\ln2+3e^x$　（2）$\frac{1-\ln x}{x^2}$　（3）$\frac{1+\cos x+\sin x}{(1+\cos x)^2}$　（4）$e^x2^x(1+\ln2)$

（5）$\cos x\ln x+\frac{\sin x}{x}$　（6）$2x\sin e$　（7）$2^x\ln2$　（8）$2^xe^x\pi^x(\ln2+\ln\pi+1)$

3. （1）$3\sin^2x\cos x$　（2）$-e^{-\frac{x}{2}}\left(\frac{1}{2}\cos3x+\sin3x\right)$　（3）$\frac{1}{x^2}\sin\frac{1}{x}$

（4）$\frac{2x\cos2x-\sin2x}{x^2}$　（5）$\frac{1}{x+\sqrt{a^2-x^2}}\left(1-\frac{x}{\sqrt{a^2-x^2}}\right)$

（6）$\frac{2x}{\ln\ln(x^2+1)\ln(x^2+1)(x^2+1)}$　（7）$\frac{1}{2\sqrt{x+\sqrt{x}}}\left(1+\frac{1}{2\sqrt{x}}\right)$

（8）$\sin\frac{x}{2}+\frac{x}{2}\cos\frac{x}{2}-\frac{x}{\sqrt{4-x^2}}$　（9）$-\frac{1}{x\sqrt{x^2-1}}$

4. （1）$e^{f(x)}[f'(e^x)e^x+f(e^x)f'(x)]$ （2）$\sin 2x[f'(\sin^2 x)-f'(\cos^2 x)]$

5. （1）$\frac{y}{y-x}$ （2）$\frac{ay-x^2}{y^2-ax}$ （3）$\frac{y-e^{x+y}}{e^{x+y}-x}$ （4）$\frac{-e^y}{1+xe^y}$

（5）$\frac{\cos(x+y)+\sin x\ln y}{\frac{\cos x}{y}-\cos(x+y)}$ （6）$-\sqrt{\frac{y}{x}}$ （7）$-\frac{x^2}{y^2}$

6. （1）$\left[\ln\left(\frac{x}{1+x}\right)-\frac{x}{1+x}+1\right]\left(\frac{x}{1+x}\right)^x$

（2）$\left[\frac{1}{2(x+2)}-\frac{4}{3-x}-\frac{5}{x+1}\right]\frac{\sqrt{x+2}(3-x)^4}{(x+1)^5}$

7. （1）$3\sin xe^{2x-1}+4\cos xe^{2x-1}$ （2）$\frac{2\ln x-3}{x^3}$

8. $f'''(2)=120\times 12^3$

习题 2.3

1. （1）$2x+C$ （2）$\ln(1+x)+C$ （3）$2\sqrt{x}+C$ （4）$-\frac{1}{2}e^{-2x}+C$

2. （1）$-\frac{1}{\sqrt{1-x^2}}dx$ （2）$\frac{e^x}{1+e^x}dx$

习题 2.4

1. （1）A

2. （1）2 （2）$-\frac{3}{5}$ （3）$-\frac{1}{8}$ （4）-1 （5）1

习题 2.5

1. 略

2. （1）增区间$(-\infty,-1]$，$[3,+\infty)$，减区间$[-1,3]$

（2）增区间$[-1,1]$，减区间$(-\infty,-1]$，$[1,+\infty)$

3. （1）极大值$=17$，极小值$=-47$ （2）极小值$=0$

4. （1）最大值$=80$，最小值$=-5$ （2）最大值$=1.25$，最小值$=-5+\sqrt{6}$

5. 围成长为 10m，宽为 5m 的长方形

6. $r=\sqrt[3]{\frac{v}{2\pi}},h=2\sqrt[3]{\frac{v}{2\pi}},d:h=1:1$

习题 2.7

1. （1）凸区间$\left(-\infty,\frac{5}{3}\right]$，凹区间$\left[\frac{5}{3},+\infty\right)$

（2）凸区间$(-\infty,-1]$，$[1,+\infty)$，凹区间$[-1,1]$

2. $a=-\frac{3}{2},b=\frac{9}{2}$

复习题二

1. (1) B (2) C (3) D (4) C (5) C (6) B (7) B (8) C (9) A (10) C

2. (1) $-\frac{2}{e}$ (2) $\lim\limits_{\Delta x\to 0^-}\frac{\Delta y}{\Delta x}=-1$，$\lim\limits_{\Delta x\to 0^+}\frac{\Delta y}{\Delta x}=1$，$f'(0)$不存在 (3) $4x-y-5=0$

(4) $f'(x)=\frac{1}{2\sqrt{x}}\cdot\cos\sqrt{x}$ (5) $y'=(\ln\sin x+x\cot x)\cdot(\sin x)^x$

(6) $\frac{dy}{dx}=\frac{2\cos t-\sin t}{2\cos t+\sin t}$ (7) $dy=\frac{1}{\sqrt{4+x^2}}\cdot dx$ (8) $[e,+\infty)$

(9) 凸区间$(-\infty,-1)$，凹区间$(-1,+\infty)$，拐点为$(-1,2)$

(10) 水平渐近线$y=2$，铅垂渐近线$x=0$

3. (1) 2 (2) $-\frac{1}{6}$ (3) 1 (4) $\frac{n}{m}a^{n-m}$ (5) $-\frac{1}{2}$ (6) $\frac{1}{3}$

(7) 1 (8) 1

4. (1) $y'=\frac{2\sqrt{3x}+3}{4\sqrt{3x^2+3x}}$ (2) $y'=\frac{9\left(\arctan\frac{x}{3}\right)^2}{9+x^2}$

(3) $y'=\frac{2}{3\sin\frac{2x}{3}}-\cos x\ln\cot x+\frac{1}{\cos x}$ (4) $y'=3x^2\cdot\arctan x+\frac{1+x^3}{1+x^2}$

(5) $y'=\frac{8x-x^4}{2\sqrt{(2-x^3)^3}}$ (6) $y'=\frac{-4}{16+x^2}$

5. (1) $y'=\frac{e^{x+y}-y^2}{2xy-e^{x+y}}$ (2) $y''=\frac{e^{2y}(2-xe^y)}{(1-xe^y)^3}$

6. (1) $y'=\left[\ln\left(\frac{x}{2+x}\right)+\frac{2}{2+x}\right]\cdot\left(\frac{x}{2+x}\right)^x$

(2) $y'=\left[\frac{1}{2(x+3)}-\frac{5}{(x-4)}-\frac{3}{(x+2)}\right]\cdot\frac{\sqrt{x+3}(4-x)^5}{(x+2)^3}$

7. (1) $\frac{dy}{dx}=\frac{\sin\theta+\theta\cos\theta}{1-\cos\theta+\theta\sin\theta}$

(2) $\frac{dy}{dx}=\frac{5bt^4}{3at^2}=\frac{5b}{3a}t^2$，$\frac{d^2y}{dx^2}=\frac{\left(\frac{5b}{3a}t^2\right)'}{3at^2}=\frac{10b}{9a^2t}$

8. (1) $y^{(n)}=-2^{n-1}\sin\left[\frac{(n-1)\pi}{2}+2x\right]$

(2) $y^{(n)}=\begin{cases}\ln x+1,n=1\\(-1)^{n-2}(n-2)!\ x^{-(n-2)},n>1\end{cases}$

9. （1）$dy=\dfrac{-x}{\sqrt{2-x^2}\cdot\sqrt{1-(2-x^2)^2}}\cdot dx$

（2）$dy=e^{-3x}[-3\sin(5-2x)-2\cos(5-2x)]\cdot dx$

10. （1）函数的单调递增区间为$(-\infty,-2)$和$(4,+\infty)$，单调递减区间为$[-2,4]$，函数的极大值为$f(-2)=32$，极小值为$f(4)=-76$.

（2）函数的单调递增区间为$(-\infty,-1)$和$(1,+\infty)$，单调递减区间为$[-1,1]$，函数的极大值为$f(-1)=0$，极小值为$f(1)=-3\sqrt[3]{4}$.

11. （1）函数的凹区间为$(1,+\infty)$，函数的凸区间为$(-\infty,1]$，拐点为$(1,6)$.

（2）函数的凹区间为$[0,+\infty)$，函数的凸区间为$(-\infty,-1)$和$(-1,0)$，拐点为$(0,0)$.

12. $\begin{cases}a=0\\b=-3\\c=1\end{cases}$

13. $\begin{cases}a=-\dfrac{3}{2}\\b=\dfrac{9}{2}\end{cases}$

14. $\begin{cases}a=3\\b=0\\c=-1\end{cases}$ 函数的极大值为$f(-2)=3$.

15. 当每天的产量为$Q=140$时，平均成本最低，最低成本为176元.

16. 略

习题 3.1

1. （1）$\sin x+C$ （2）$\ln x+C$，$\dfrac{1}{x}+C$ （3）$2(e^{2x}+1)$

2. （1）$-3\cos x+\tan x+C$ （2）$e^x+\dfrac{1}{x}+C$ （3）$-2x^{-\frac{1}{2}}-4x^{\frac{1}{2}}+\dfrac{2}{3}x^{\frac{3}{2}}+C$

（4）$-\tan x-\cot x+C$

3. $y=\dfrac{1}{3}x^3+\dfrac{2}{3}$

习题 3.2

1. （1）成立 （2）不成立

2. （1）$-\dfrac{1}{40}(1-5x)^8+C$ （2）$2e^{\sqrt{x}}+C$ （3）$2\sqrt{1+\ln x}+C$

（4）$x-\dfrac{1}{2}\ln(1+x^2)-3\arctan x+C$ （5）$-e^{\arccos x}+C$ （6）$\sqrt{1+2\tan x}+C$

（7）$\dfrac{1}{3}\sin^3x-\dfrac{2}{5}\sin^5x+\dfrac{1}{7}\sin^7x+C$ （8）$-\cos x+\dfrac{2}{3}\cos^3x-\dfrac{1}{5}\cos^5x+C$

3. （1）$\frac{2}{5}(x-2)^{\frac{5}{2}}+\frac{4}{3}(x-2)^{\frac{3}{2}}+C$　（2）$\sqrt{2x-3}-\ln(1+\sqrt{2x-3})+C$

（3）$\frac{6}{7}x^{\frac{7}{6}}-\frac{6}{5}x^{\frac{5}{6}}+2x^{\frac{1}{2}}-6x^{\frac{1}{6}}+6\arctan x^{\frac{1}{6}}+C$　（4）$\frac{x}{\sqrt{1+x^2}}+C$

（5）$\frac{\sqrt{x^2-1}}{x}+C$　（6）$2\arcsin\frac{x}{2}-\frac{x}{2}\sqrt{4-x^2}+C$

习题 3.3

（1）$-(x+1)e^{-x}+C$

（2）$-2x\cos\frac{x}{2}+4\sin\frac{x}{2}+C$

（3）$\left(\frac{1}{3}x^2-\frac{2}{27}\right)\sin 3x+\frac{2}{9}x\cos 3x+C$

（4）$\left(\frac{1}{3}x^2+\frac{1}{9}x-\frac{1}{27}\right)e^{3x}+C$

（5）$\left(\frac{1}{2}x^2+x\right)\ln x-\frac{1}{4}x^2-x+C$

（6）$x\arcsin x+\sqrt{1-x^2}+C$

（7）$\frac{1}{13}e^{3x}(3\sin 3x+2\cos 3x)+C$

（8）$\frac{1}{2}x+\frac{1}{2}\sqrt{x}\sin 2\sqrt{x}+\frac{1}{4}\cos 2\sqrt{x}+C$

复习题三

1. （1）错误　（2）正确　（3）错误　（4）错误　（5）错误　（6）正确
2. $y=\ln x+2$
3. 略
4. （1）$\frac{1}{4}x^4+\frac{4^x}{2\ln 2}-7\ln|x|+x+C$　（2）$\frac{1}{2}x^2-3\ln|x|+x+\frac{3}{x}+C$

（3）$3x+\frac{5}{\ln 3-2\ln 2}\left(\frac{3}{4}\right)^x+C$　（4）$\frac{1}{2}e^{2x}+e^x+x+C$　（5）$\tan x-\cot x+C$

（6）$-\cot x-2\tan x+C$　（7）$\frac{1}{2}\ln\left|\frac{1+x}{1-x}\right|-\frac{1}{x}+C$　（8）$x-\arctan x+C$

5. （1）$-\frac{1}{2}\cos(2x-1)+C$　（2）$\arcsin x+\sqrt{1-x^2}+C$　（3）$\frac{1}{7}\ln\left|\frac{x-2}{x+5}\right|+C$

（4）$\frac{1}{3}\arctan 3x+C$　（5）$e^{\sin^2 x}+C$　（6）$\frac{x^2}{2}-\frac{1}{2}\ln(1+x^2)+C$　（7）$\frac{1}{2}\ln^2 x+1+C$

（8）$-\frac{3}{7}\cos^{\frac{7}{3}}x+C$　（9）$\tan x+\frac{1}{3}\tan^3 x+C$　（10）$\frac{1}{9}\sec^9 x-\frac{1}{7}\sec^7 x+C$

（11）$-\ln\left|\cos\sqrt{1+x^2}\right|+C$　（12）$\frac{1}{2}(\ln\tan x)^2+C$

6. （1）$\frac{3}{2}x^{\frac{3}{2}}-3x^{\frac{1}{3}}+3\ln\left|1+x^{\frac{1}{3}}\right|+C$

（2）$\sqrt{2x+1}+\frac{3}{2}\sqrt[3]{2x+1}+3\sqrt[6]{2x+1}+3\ln\left|\sqrt[6]{2x+1}-1\right|+C$

（3）$\ln\left|\frac{1-\sqrt{1-x^2}}{x}\right|+C$

（4）$-\frac{1}{x}\sqrt{x^2+9}+\ln\left|x+\sqrt{x^2+9}\right|+C$

（5）$\frac{1}{2}\ln(\sqrt{x^2+1}+x^2)+\ln\left|\frac{\sqrt{1+x^4}-1}{x^2}\right|+C$

（6）$\sqrt{x^2+2x+2}-\ln\left|x+1+\sqrt{x^2+2x+2}\right|+C$

（7）$\arcsin\frac{2\sqrt{5}\left(x+\frac{1}{2}\right)}{5}+C$　（8）$\ln\left|\frac{\sqrt{1+e^x}-1}{\sqrt{1+e^x}+1}\right|+C$

7. （1）$\frac{1}{4}\left(x^2-x\sin2x-\frac{1}{2}\cos2x\right)+C$　（2）$x\ln(1+x^2)-2x+2\arctan x+C$

（3）$\frac{1}{2}(x^2+1)\arctan x-\frac{1}{2}x+C$　（4）$\frac{1}{5}x^5\ln x-\frac{1}{25}x^5+C$

（5）$\frac{1}{2}\left(x^2-x+\frac{1}{2}\right)e^{2x}+C$　（6）$-\frac{1}{5}(\sin2x+2\cos2x)e^{-x}+C$

（7）$-\frac{1}{2}\left(\frac{x}{\sin^2x}+\cot x\right)+C$　（8）$2e^{\sqrt{x}}(\sqrt{x}-1)+C$

8. $\cos x-\frac{2\sin x}{x}+C$

习题 4.1

1. （1）0　（2）$\frac{1}{4}\pi a^2$　（3）$\frac{3}{2}$　（4）0

2. （1）$\geqslant$　（2）$<$　（3）$\leqslant$　（4）$\geqslant$

3. （1）$[1,2\sqrt[3]{2}]$　（2）$[-2e^{-1},0]$

习题 4.2

1. （1）e^{x^2-x}　（2）$2xe^{-x^4}-e^{-x^2}$　（3）$\frac{1}{2}\sin2xe^{2\sin x}$　（4）$-\sin x^2$

2. （1）$\frac{1}{2}$　（2）$\frac{1}{2}$　（3）1

3. （1）8　（2）$\frac{271}{6}$　（3）$\frac{2\sqrt{3}}{3}$　（4）$\frac{5}{2}$

4. $\frac{3}{4}+e^3-e$

习题 4.3

1. （1）$-\ln2$　（2）$e-\sqrt{e}$　（3）$\frac{3}{2}$　（4）$\sin1$　（5）$\frac{\pi}{2}$　（6）$\frac{1}{4}$

2. （1）$-\frac{4}{3}$　（2）$\ln\frac{\sqrt{3}}{3}-\ln(\sqrt{2}-1)$　（3）$-\frac{\pi}{12}$　（4）$\frac{\sqrt{3}}{3}-\frac{\pi}{6}$

3. （1）0　（2）$4(2\ln2-1)$　（3）$\pi-2$　（4）$\frac{\pi}{12}+\frac{\sqrt{3}-2}{2}$　（5）$\frac{e^{\pi}-2}{5}$　（6）$\pi-2$

4. （1）0　（2）$\frac{\pi^2}{2}-4$　（3）2

习题 4.4

1. （1）发散　（2）发散　（3）π　（4）-1　（5）发散　（6）发散
2. 略

习题 4.5

1. $\frac{3}{2}-\ln2$

2. $\frac{125}{96}$

3. $\frac{72}{5}\pi$

4. $\frac{\pi}{2}gR^2H^2(kJ)$

5. （1）$Q(t)=100t+6t^2-0.2t^3$　（2）总产量为 260.8
6. 5.1

复习题四

1. （1）$\leqslant$　（2）$\geqslant$　（3）$\geqslant$　（4）$\geqslant$
2. 略
3. （1）$\sqrt{1+2x}$　（2）$-e^{2x}\cos x$　（3）$2x^3e^x$　（4）$\sin^3x+\cos^3x$
4. （1）$\frac{1}{4}$　（2）$\frac{1}{2}$

5. （1）$\frac{3^{\pi}-1}{\ln3}+2$　（2）$-\frac{3}{2}$　（3）$1-\frac{\pi}{4}$　（4）36　（5）4　（6）$\frac{5}{2}$

（7）$\frac{\pi}{8}+\frac{1}{4}+\frac{\sqrt{2}}{12}$

6. （1）$3(1-e^{-\frac{1}{3}})$　（2）$\frac{1}{2}$　（3）$\frac{1}{4}$　（4）$2(\sqrt{2}-1)$　（5）$-\sin\frac{2}{\pi}$　（6）$\ln2+\frac{\pi}{4}$

7. （1）$8\ln2-5$　（2）$\frac{1}{6}$　（3）$\frac{1-2\sqrt{2}}{3}$　（4）$\frac{\pi}{12}$

8. （1）$2-5e^{-1}$ （2）$\frac{1}{9}(1+2e^{3})$ （3）$\frac{\pi}{4}-\frac{1}{2}\ln 2$ （4）$2\sin 2-2\sin 1-2\cos 2$

（5）$\frac{3}{2}e^{-2}-\frac{5}{2}e^{-4}$ （6）$2e^{2}+2$

9. （1）0 （2）6 （3）$2(e-1)$ （4）$\ln 3$ （5）$\frac{\pi^{3}}{96}$

10. （1）发散 （2）$\frac{1}{3}$ （3）$1-\frac{\pi}{4}$ （4）发散 （5）发散 （6）$\frac{\pi}{4}+\frac{1}{2}\ln 2$

11. （1）$\frac{4}{3}$ （2）$e+e^{-1}-2$ （3）$\frac{9}{2}$ （4）3

12. $\frac{4}{3}\pi ab^{2}$，$\frac{4}{3}\pi ba^{2}$

13. $2k\frac{mM}{\pi R^{2}}$

14. $0.18k(J)$

15. （1）$C(x)=1+4x+\frac{1}{8}x^{2}$ $R(x)=8x-\frac{1}{2}x^{2}$ $L(x)=-1+4x-\frac{5}{8}x^{2}$

（2）$C=19$（万元）， $R=20$（万元）

（3）3.2（台）

习题 5.1

1. （1）是 （2）是
2. （1）一阶 （2）二阶 （3）三阶 （4）一阶
3. 略

习题 5.2

1. （1）$y=Ce^{\arcsin x}$ （2）$y=\ln\left(\frac{x^{2}}{2}+C\right)$ （3）$y=\frac{1}{1-Cx}$ （4）$y=1-\frac{1}{C(1+x)}$

2. $y=\frac{2x}{x+1}$

3. （1）$y=Ce^{x}$ （2）$y=\frac{-1}{2}e^{x}+Ce^{3x}$ （3）$y=\frac{1}{4}xe^{x}-\frac{1}{16}e^{x}+Ce^{-3x}$

（4）$y=-(x+1)^{3}+C(x+1)^{4}$

4. （1）$y=\frac{x}{\cos x}$ （2）$y=\frac{\sin x+\pi}{x}$

习题 5.3

1. （1）$y=e^{x}+\frac{1}{9}\sin 3x+C_{1}x+C_{2}$ （2）$y=\frac{Cx^{2}}{2}+C_{1}$

2. $y=\frac{x^{2}}{2}-x-2e^{-x}+4$

习题 5.4

1. (1) $y=C_1e^{-x}+C_2$ (2) $y=C_1e^{-x}+C_2e^{-3x}$ (3) $y=C_1e^{-x}+C_2e^{3x}$
(4) $y=(C_1+C_2x)e^{-x}$
2. $y=4e^x+2e^{3x}$
3. (1) $y=C_1e^{-x}+C_2e^{\frac{x}{2}}+e^x$ (2) $y=C_1e^{3x}+C_2e^{4x}+\dfrac{x}{12}+\dfrac{7}{144}$
(3) $y=(C_1+C_2x)e^{2x}+\dfrac{3}{2}x^2e^{2x}$ (4) $y=C_1\cos3x+C_2\sin3x+\dfrac{x}{36}\cos3x+\dfrac{x^2}{12}\sin3x$

复习题五

1. (1) 齐次线性微分方程 它自己 (2) 二 (3) 可分离变量的
2. (1) $y=\dfrac{e^x}{x}$ (2) $y=e^{-x}(C_1\cos x+C_2\sin x)$ (3) $y=-\dfrac{1}{4}(x+1)e^x+C_1e^{-x}+C_2e^{3x}$
(4) $y=\dfrac{1}{9}e^{3x}+x$ (5) $y=\dfrac{3\ln x}{4}-\dfrac{3}{16}+\dfrac{C}{x^4}$ (6) $y=\left(-\dfrac{1}{3}\cos3x+C\right)x^2$
3. $y=-\dfrac{1}{2}x\cos x+\cos x+\dfrac{1}{2}\sin x$

习题 6.1

1. (1) $x^2-y^2\neq0$ (2) $x>0,y>0$ (3) $x-y^2>0,2\leqslant x^2+y^2\leqslant4$
(4) $2k\pi\leqslant x^2+y^2\leqslant2k\pi+\pi$
2. (1) $\dfrac{3}{2}$ (2) $\ln2$ (3) 0 (4) 2
3. (1) $x+y=0$ (2) $x^2+y^2=\dfrac{\pi}{2}+k\pi$

习题 6.2

1. (1) $z'_x=2x+3y,z'_y=3x+2y$
(2) $z'_x=\dfrac{y}{x^2+y^2},z'_y=-\dfrac{x}{x^2+y^2}$
(3) $z'_x=\ln(x+y)+\dfrac{x}{x+y},z'_y=\dfrac{x}{x+y}$
(4) $z'_x=-x(x^2+y^2)^{-\frac{3}{2}},z'_y=-y(x^2+y^2)^{-\frac{3}{2}}$
(5) $u'_x=-\dfrac{y}{x^2}-\dfrac{1}{z},u'_y=\dfrac{1}{x}-\dfrac{z}{y^2},u'_z=\dfrac{1}{y}+\dfrac{x}{z^2}$
(6) $u'_x=zy(xy)^{z-1},u'_y=zx(xy)^{z-1},u'_z=(xy)^z\ln xy$
2. (1) $z''_{xx}=6x-6y^2,z''_{xy}=-12xy,z''_{yy}=6y-6x^2$
(2) $z''_{xx}=2\cos(x^2-y)-4x^2\sin(x^2-y),z''_{xy}=2x\sin(x^2-y)z''_{yy}=-\sin(x^2-y)$
3. 略
4. 不存在

5. （1） $dz=-\frac{y}{x^2}dx+\frac{1}{x}dy$

（2） $dz=yx^{y-1}dx+x^y\ln xdy$

（3） $dz=(e^{xy}+xye^{xy})dx+x^2e^{xy}dy$

（4） $du=\frac{2x}{x^2+y^2+z^2}dx+\frac{2y}{x^2+y^2+z^2}dy+\frac{2z}{x^2+y^2+z^2}dz$

6. （1） 1.04 （2） $\sqrt{5}-\frac{0.3}{\sqrt{5}}$

习题 6.3

1. $\frac{dz}{dt}=e^{\sin t+\cos t}(\cos t-\sin t)$

2. $\frac{\partial z}{\partial x}=\frac{3x^2}{y^3}\ln(3x+2y)+\frac{3x^3}{y^3(3x+2y)},\frac{\partial z}{\partial y}=-\frac{3x^3}{y^4}\ln(3x+2y)+\frac{2x^3}{y^3(3x+2y)}$

3. $\frac{\partial z}{\partial \rho}=3\rho^2\cos^2\theta\sin\theta-3\rho^2\cos\theta\sin^2\theta$

$\frac{\partial z}{\partial \theta}=\frac{1}{2}\rho^3\left(2\sqrt{2}\cos2\theta\sin\left(\theta-\frac{\pi}{4}\right)+\sqrt{2}\sin2\theta\cos\left(\theta-\frac{\pi}{4}\right)\right)$

4. （1） $z'_x=yf'_1-\frac{y}{x^2}f'_2,z'_y=xf'_1+\frac{1}{x}f'_2$

（2） $u'_x=\frac{1}{y}f'_1,u'_y=-\frac{x}{y^2}f'_1+\frac{1}{z}f'_2,u'_z=-\frac{y}{z^2}f'_2$

（3） $u'_x=2xf'(x^2+y^2-z^2),u'_y=2yf'(x^2+y^2-z^2),u'_z=-2zf'(x^2+y^2-z^2)$

（4） $u'_x=f'_1+yf'_2+yzf'_3,u'_y=xf'_2+xzf'_3,u'_z=xyf'_3$

5. （1） $z''_{xx}=2f'+4x^2f'',z''_{xy}=4xyf'',z''_{yy}=2f'+4y^2f''$

（2） $z''_{xx}=f''_{11}+yf''_{12}+y(f''_{21}+yf''_{22}),z''_{xy}=f'_2+x(f''_{21}+yf''_{22}),z''_{yy}=x(f''_{21}+yf''_{22})$

6. （1） $\frac{dy}{dx}=\frac{e^xy-y^3}{2xy^2-1}$ （2） $\frac{\partial z}{\partial x}=\frac{-z^2}{2y+3xz},\frac{\partial z}{\partial y}=\frac{-z}{2y+3xz}$ （3） $\frac{\partial z}{\partial x}=\frac{-f'_1}{f'_2-1},\frac{\partial z}{\partial y}=-\frac{f'_1+f'_2}{f'_2-1}$

7. $\frac{\partial^2 z}{\partial x^2}=\frac{2y^2z}{(e^z-xy)^2}-\frac{y^2z^2e^z}{(e^z-xy)^3}$或者$\frac{2y^2ze^z-2y^3zx-y^2z^2e^z}{(e^z-xy)^3}$

习题 6.4

1. （1） 切线方程为：$\frac{x-\frac{\pi}{2}+1}{1}=\frac{y-1}{1}=\frac{z-2\sqrt{2}}{\sqrt{2}}$

法平面方程为：$x+y+\sqrt{2}z-\frac{\pi}{2}-4=0$

（2） 切线方程：$\frac{x-1}{2}=\frac{y-2}{0}=\frac{z-3}{-6}$

法平面方程：$x-3z+8=0$

2. (1,1,1)

3. (1) 切平面方程为：$2x+y-4=0$，法线方程为：$\frac{x-1}{4}=\frac{y-2}{2}=\frac{z-0}{0}$

(2) 切平面方程为：$x-y+2z-\frac{\pi}{2}=0$，法线方程为：$\frac{x-1}{-\frac{1}{2}}=\frac{y-1}{\frac{1}{2}}=\frac{z-\frac{\pi}{4}}{-1}$

4. (6, -12,18)

习题6.5

1. (1) 极小值$f(0,0)=0$　(2) 极小值$f\left(\frac{1}{2},-1\right)=-\frac{e}{2}$.

2. $\left(\frac{9}{10},2,\frac{27}{10}\right)$

3. 边长都为2

4. $\sqrt{3}$

复习题六

1. (1) $\frac{1}{2}$　(2) 0　(3) e^{-1}　(4) $\frac{1}{6}$

2. 不连续

3. (1) $z'_x=3x^2y-y^3, z'_y=x^3-3xy^2$

(2) $z'_x=y(1+x)^{y-1}, z'_y=(1+x)^y\ln(1+x)$

(3) $z'_x=2xyf'_1+\frac{1}{x+y}f'_2, z'_y=x^2f'_1+\frac{1}{x+y}f'_2$

(4) $u'_x=yzx^{(yz-1)}, u'_y=zx^{yz}\ln x, u'_z=yx^{yz}\ln x$

4. (1) $z''_{xx}=\frac{1}{y^2}e^{\frac{x}{y}}, z''_{xy}=-\frac{1}{y^2}e^{\frac{x}{y}}+\frac{x}{y^3}e^{\frac{x}{y}}, z''_{yy}=\frac{2x}{y^3}e^{\frac{x}{y}}+\frac{x^2}{y^4}e^{\frac{x}{y}}$

(2) $z''_{xx}=-\frac{y}{2(x+y)^2}, z''_{xy}=\frac{x}{2(x+y)^2}, z''_{yy}=\frac{2x+y}{2(x+y)^2}$

5. (1) $y'_x=\frac{e^x-y^2}{2xy-\cos y}$　(2) $z'_x=\frac{\sqrt{xyz}-yz}{xy-\sqrt{xyz}}, z'_y=\frac{2\sqrt{xyz}-xz}{xy-\sqrt{xyz}}$

6. 切线方程：$\frac{x-\frac{1}{2}}{0}=\frac{y-1}{-\frac{1}{2}}=\frac{z-2}{6}$，法平面方程：$12z-y-23=0$

7. $x+2y+z-4=0, \frac{x-1}{2}=\frac{y-1}{4}=\frac{z-1}{2}$

8. 极小值为$f(9,3)=3$，极大值$f(-9,-3)=-3$

习题 7.1

1. $[0,16\pi]$
2. C

习题 7.2

1. $\frac{40}{3}$
2. $-\frac{1}{2}\cos 2$
3. $\frac{165}{128}-\ln 2$
4. 10
5. $\frac{1}{2}\left(1-\frac{1}{e}\right)$
6. $\int_0^1 dy\int_{2-y}^{\sqrt{1-y^2}+1} f(x,y)\,dx$
7. $\int_0^2 dy\int_{\frac{y}{2}}^{y} f(x,y)\,dx+\int_2^4 dy\int_{\frac{y}{2}}^{2} f(x,y)\,dx$
8. $\int_0^8 dy\int_{-2\sqrt{y+1}}^{2-y} f(x,y)\,dx+\int_{-1}^0 dy\int_{-2\sqrt{y+1}}^{2\sqrt{y+1}} f(x,y)\,dx$
9. $\frac{\pi}{4}(1-e^{-9})$
10. $\frac{16}{3}$
11. $\frac{15}{16}\pi$
12. $\frac{7\pi}{8}$

习题 7.3

1. （1）8　（2）$\frac{32\pi}{3}(\sqrt{2}-1)$
2. 14
3. $\frac{\pi}{63}(17\sqrt{17}-1)$
4. $\frac{9}{2}$

复习题七

1. 2
2. $I=\iint_D f(x,y)\,\mathrm{d}x\mathrm{d}y=\int_0^2 \mathrm{d}y\int_{\sqrt{2y}}^{\sqrt{8-y^2}} f(x,y)\,\mathrm{d}x$

3. $\int_0^{\pi/2} d\theta \int_{a\cos\theta}^{a} f(r\cos\theta, r\sin\theta) r dr + \int_{\pi/2}^{3\pi/4} d\theta \int_0^a f(r\cos\theta, r\sin\theta) r dr$

4. $\pi\ln 2$

5. π

6. $V = 8V_1 = 16R^3/3$

7. $a^2\left(\sqrt{3} - \frac{\pi}{3}\right)$

习题 8.1

1. （1）$1, \frac{2!}{2^2}, \frac{3!}{3^2}, \frac{4!}{4^2}$　（2）$-1, \frac{2}{3}, 0, -\frac{4}{5}$

2. （1）$a_n = (-1)^n \frac{1}{2^{n-1}}$　（2）$a_n = (-1)^{n+1} \frac{a^{n+1}}{2n+1}$　（3）$a_n = \frac{1}{2n-1}$

3. （1）发散　（2）发散

4. （1）发散　（2）发散

习题 8.2

1. （1）发散　（2）收敛　（3）收敛　（4）收敛

2. （1）收敛　（2）发散

3. （1）条件收敛　（2）绝对收敛

习题 8.3

1. （1）$(-1,1)$　（2）$(-1,1)$　（3）$(-3,3)$

2. （1）$\frac{1}{(1-x)^2}, (-1 < x < 1)$　（2）$\arctan x, (-1 < x < 1)$

习题 8.4

1. （1）$\ln 2 + \sum_{n=1}^{\infty} \frac{(-1)^{n+1}}{n \cdot 2^n} x^n, (-2, 2]$　（2）$\sum_{n=1}^{\infty} (-1)^n (n+1) x^n, (-1, 1)$

2. $(x-1) - \frac{(x-1)^2}{2} + \frac{(x-1)^3}{3} + \cdots (-1)^{n-1} \frac{(x-1)^n}{n} + \cdots, x \in (0, 2]$

复习题八

1. （1）发散　（2）发散　（3）收敛　（4）收敛

2. （1）条件收敛　（2）绝对收敛　（3）发散　（4）绝对收敛

3. （1）收敛域 $x = 0$　（2）$(-\infty, +\infty)$　（3）$\left[-\frac{1}{5}, \frac{1}{5}\right]$　（4）$[-5, -3]$

（5）$\left[\frac{9}{10}, \frac{11}{10}\right]$　（6）$[2, 4]$

4. （1）$\dfrac{1+x}{(1-x)^3}$,$(-1,1)$　（2）$\dfrac{x}{(1-x)^2}$,$(-1,1)$　（3）$\dfrac{1}{2-x}$,$(-2,2)$

（4）$x+\ln(1-x)-x\ln(1-x)$,$[-1,1]$